教育部高等学校软件工程专业教学指导委员会推荐教材

数据科学与大数据技术专业系列规划教材

Hadoop+Spark
大数据技术 微课版

曾国荪 曹洁 ◎ 编著

U0129750

人民邮电出版社

北京

图书在版编目（CIP）数据

Hadoop+Spark大数据技术：微课版 / 曾国荪，曹洁
编著. -- 北京：人民邮电出版社，2022.9
数据科学与大数据技术专业系列规划教材
ISBN 978-7-115-58327-7

Ⅰ．①H… Ⅱ．①曾… ②曹… Ⅲ．①数据处理软件—
高等学校—教材 Ⅳ．①TP274

中国版本图书馆CIP数据核字(2021)第259529号

内 容 提 要

本书将系统介绍 Hadoop、Spark 两种大数据处理框架，全书共 12 章，内容包括 Hadoop 大数据开发环境、HDFS 大数据分布式存储、MapReduce 分布式计算框架、HBase 分布式数据库、Scala 基础编程、Spark 大数据处理框架、Spark RDD 编程、Windows 环境下 Spark 综合编程、Spark SQL 结构化数据处理、Spark Streaming 流计算、Spark GraphX 图计算以及《平凡的世界》中部分人物关系图分析的项目实训。

本书可作为高等院校计算机、信息管理、软件工程、大数据、人工智能等相关专业的大数据课程的教材，也可供从事大数据开发的工程师和科技工作者参考。

◆ 编　著　曾国荪　曹　洁
　　责任编辑　祝智敏
　　责任印制　王　郁　陈　犇
◆ 人民邮电出版社出版发行　　北京市丰台区成寿寺路 11 号
　　邮编　100164　电子邮件　315@ptpress.com.cn
　　网址　https://www.ptpress.com.cn
　　三河市兴达印务有限公司印刷
◆ 开本：787×1092　1/16
　　印张：17　　　　　　　　　　　　2022 年 9 月第 1 版
　　字数：412 千字　　　　　　　　　2022 年 9 月河北第 1 次印刷

定价：59.80 元

读者服务热线：(010)81055256　印装质量热线：(010)81055316
反盗版热线：(010)81055315
广告经营许可证：京东市监广登字 20170147 号

随着数字经济在全球的加速推进，以及 5G、人工智能、自动驾驶、物联网、社交媒体等相关技术的快速发展，数据已成为国家基础性战略资源，大数据正日益对全球生产、流通、分配、消费活动、经济运行机制、社会生活方式产生重要影响。2020 年 4 月 9 日，中共中央、国务院印发《关于构建更加完善的要素市场化配置体制机制的意见》，将数据与土地、劳动力、资本、技术并称为 5 种要素。海量数据隐含的价值得以发掘的关键是大数据技术。大数据技术涉及的知识点非常多，本书从高校各专业对大数据技术需求的实际情况出发，详细阐述流行的 Hadoop、Spark 两种大数据处理框架。

全书共 12 章，主要内容如下。

第 1 章　Hadoop 大数据开发环境。主要介绍 Hadoop 概述，在 VirtualBox 上安装虚拟机，在虚拟机上安装与配置 Hadoop 系统。

第 2 章　HDFS 大数据分布式存储。主要介绍 HDFS 的基本特征，HDFS 的存储架构及组件功能，HDFS 的 Shell 操作，HDFS 编程。

第 3 章　MapReduce 分布式计算框架。主要介绍 MapReduce 概述，MapReduce 体系架构，MapReduce 工作原理，MapReduce 编程。

第 4 章　HBase 分布式数据库。主要介绍 HBase 系统架构和数据访问流程，HBase 数据表，HBase 安装与配置，HBase 的 Shell 操作，HBase 的 Java API 操作和 HBase 编程。

第 5 章　Scala 基础编程。主要介绍 Scala 特性，Scala 安装，Scala 基础语法，Scala 控制结构，Scala 数组、列表、集合、元组和映射，Scala 函数，Scala 模式匹配，Scala 面向对象编程和 Scala 读写文件。

第 6 章　Spark 大数据处理框架。主要介绍 Spark 概述，Spark 的运行机制，Spark 的安装及配置，使用 Spark Shell 编写 Scala 代码和使用 PySpark Shell 编写 Python 代码。

第 7 章　Spark RDD 编程。主要介绍 RDD 的创建方式，RDD 的操作方法，RDD 之间的依赖关系，RDD 的持久化，Spark RDD 实现词频统计的实战案例和 Spark 读写 HBase 数据。

第 8 章　Windows 环境下 Spark 综合编程。主要介绍如何在 Windows 系统上搭建 Spark、Hadoop 和 Maven 的开发环境，以及 Spark RDD 学生考试成绩分析的实战案例。

第9章 Spark SQL 结构化数据处理。主要介绍 Spark SQL 概述，创建 DataFrame 对象的方式，将 DataFrame 保存为不同格式的文件，DataFrame 对象的常用操作，创建 Dataset，以及瓜子二手车数据分析的实战案例。

第 10 章 Spark Streaming 流计算。主要介绍流计算概述，Spark Streaming 工作原理，Spark Streaming 编程模型，创建 DStream 对象，DStream 操作，以及实时统计文件流的词频的实战案例。

第 11 章 Spark GraphX 图计算。主要介绍 GraphX 图计算概述，GraphX 图计算模型，GraphX 属性图的创建，属性图操作。

第 12 章 项目实训：《平凡的世界》中部分人物关系图分析。主要基于《平凡的世界》中部分人物关系图，构建属性图，利用属性图的操作方法进行图的各种分析并进行图的可视化。

在本书的编写和出版过程中，得到了同济大学、郑州轻工业大学和人民邮电出版社的大力支持和帮助，在此表示感谢。在编写本书的过程中，编者参考了大量专业书籍和网络资料，在此向这些作者表示感谢。

由于编者水平有限，书中难免会有缺点和不足，热切期望得到专家和读者的批评指正，在此表示感谢。您如果遇到任何问题，或有宝贵意见，欢迎发送邮件至我的邮箱 42675492@qq.com，期待收到您的反馈。

编　者

2021 年 12 月于同济大学

目录
Contents

第 6 章　Spark 大数据处理框架

第 7 章　Spark RDD 编程

第 8 章　Windows 环境下 Spark 综合编程

第 11 章　Spark GraphX 图计算

第 12 章　项目实训：《平凡的世界》中部分人物关系图分析

第1章 Hadoop 大数据开发环境

Hadoop 是一个开源软件框架，可安装在一个计算机集群中，使计算机可彼此通信并协同工作，以分布式的方式共同存储和处理大量数据。用户可以轻松地在 Hadoop 上开发和运行处理海量数据的应用程序。本章主要介绍 Hadoop 的优势，在 VirtualBox 上安装虚拟机，以及在虚拟机上安装 Hadoop 系统的操作步骤。

1.1 Hadoop 概述

Hadoop 概述

1.1.1 Hadoop 简介

Hadoop 是基于 Java 语言开发的，可以部署在计算机集群上的开源的、可靠的、可扩展的分布式并行计算框架，具有很好的跨平台特性。Hadoop 的核心是 HDFS（Hadoop distributed file system，Hadoop 分布式文件系统）和 MapReduce（分布式并行计算编程模型）。HDFS 能可靠地在集群的大量机器中以数据块序列的形式存储大量的文件，文件中除了最后一个数据块，其他数据块都有相同的大小。使用数据块存储数据文件的优势是：文件的大小可以大于网络中任意一个磁盘的容量，文件的所有数据块不需要存储在同一个磁盘上，可以利用计算机集群中的任意一个磁盘进行存储；数据块更适用于数据备份，进而提高数据容错能力和可用性。MapReduce 的主要思想是"Map"（映射）和"Reduce"（规约）。

1.1.2 Hadoop 的优势

Hadoop 作为分布式并行计算框架，能够处理海量数据，经过长时间的发展已经形成了如下几点优势。

（1）高可靠性

Hadoop 开发之初就假设计算和存储会失败，它能维护多个工作数据副本，以确保能够针对失败的节点重新进行分布处理。

（2）高扩展性

Hadoop 能在计算机集群中数以千计的节点上分配数据并完成计算任务。

（3）高效性

Hadoop 能够并行处理数据，能够在节点之间动态地移动数据，并保证各个节点的动态负载平衡，因此处理数据的速度是非常快的。

（4）低成本

Hadoop 能够为企业用户提供可缩减成本的数据处理与存储解决方案。Hadoop 可部署在廉价的服务器集群上，成本比较低，用户在普通的 PC 上也能搭建 Hadoop 运行环境。

1.2　在 VirtualBox 上安装虚拟机

1.2.1　Master 节点的安装

VirtualBox 是一款开源的虚拟机（也称为虚拟电脑）软件。下载 VirtualBox 软件后，在 Windows 操作系统中安装 VirtualBox，一直单击"下一步"按钮即可完成。在 VirtualBox 里可以创建多个虚拟机（在这些虚拟机上可以安装 Windows 操作系统、Linux 操作系统等），这些虚拟机共用物理机的 CPU、内存等。本节介绍如何在 VirtualBox 上安装 Linux 操作系统。

1．创建虚拟机

（1）新建一个虚拟机。启动 VirtualBox 软件，在界面左上方单击"新建"按钮，创建一个虚拟机，在弹出的图 1-1 所示的对话框中，在"名称"后面的文本框中输入虚拟机名称 Master；在"类型"后面的下拉列表框中选择 Linux；在"版本"后面的下拉列表框中选择要安装的 Linux 系统的版本，本书选择安装的是 64 位 Ubuntu 系统。然后，单击"下一步"按钮。

（2）设置虚拟机的内存大小。根据 PC 配置设置虚拟机的内存大小，一般情况下没有特殊要求，设置默认内存大小即可。这里将虚拟机的内存大小设置为 2048MB，如图 1-2 所示。设置好以后，单击"下一步"按钮。

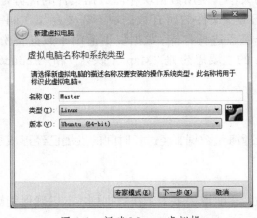
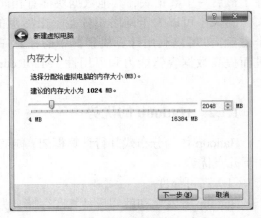

图 1-1　新建 Master 虚拟机　　　　　图 1-2　设置 Master 虚拟机的内存大小

（3）创建虚拟硬盘。选择"现在创建虚拟硬盘"单选按钮，如图 1-3 所示，单击"创建"按钮。

（4）设置虚拟硬盘文件类型。虚拟硬盘文件类型选择"VDI（VirtualBox 磁盘映像）"，如图 1-4 所示，单击"下一步"按钮。

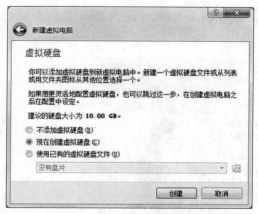

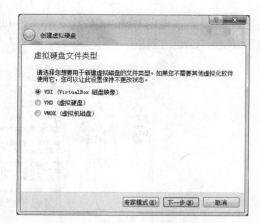

图 1-3 为 Master 虚拟机创建虚拟硬盘　　　　　图 1-4 设置虚拟硬盘文件类型

（5）设置虚拟硬盘文件的存放方式。如果物理硬盘空间较大，就选择"固定大小"，这样可以获得较好的性能；如果物理硬盘空间比较"紧张"，就选择"动态分配"，如图 1-5 所示。本书选择"固定大小"，单击"下一步"按钮。

（6）设置虚拟硬盘文件的存放位置。单击"浏览"图标，选择一个存储空间充足的硬盘来存放虚拟硬盘文件，然后单击"创建"按钮，如图 1-6 所示。

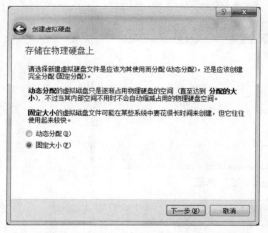
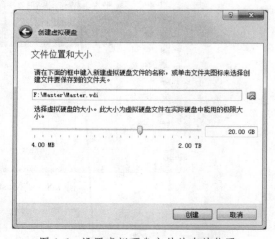

图 1-5 设置虚拟硬盘文件的存放方式　　　　　图 1-6 设置虚拟硬盘文件的存放位置

到此为止，虚拟机的创建完成，然后，就可以在这个新建的虚拟机上安装 Linux 系统了。

2．在虚拟机上安装 Linux 系统

按照上面的步骤完成虚拟机的创建以后，会返回图 1-7 所示的界面。

（1）在图 1-7 所示的界面中，请勿直接单击"启动"按钮，否则，有可能会导致安装失败。选中刚刚创建的 Master 虚拟机，单击上方的"设置"按钮，打开图 1-8 所示的"Master-设置"界面。

（2）在"Master-设置"界面中，单击"存储"选项卡，打开存储设置界面，然后单击"没有盘片"按钮，再单击"光盘"按钮，单击"选择一个虚拟光盘"按钮，找到并选中之

前已经下载到本地的Ubuntu系统安装文件ubuntu-16.04.4-desktop-amd64.iso，如图1-9所示，然后单击"OK"按钮。

图1-7　创建虚拟机以后的界面

图1-8　"Master-设置"界面

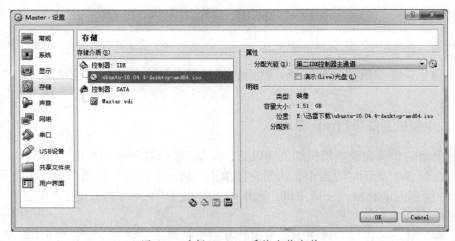

图1-9　选择Ubuntu系统安装文件

（3）在单击"OK"按钮后返回的界面中，选中创建的 Master 虚拟机，单击"启动"按钮。启动后会看到 Ubuntu 安装欢迎界面，如图 1-10 所示，安装语言选择"中文（简体）"，然后单击"安装 Ubuntu"按钮。

图 1-10　Ubuntu 安装欢迎界面

（4）在弹出的图 1-11 所示的界面中，需要选择安装类型，这里选择"其他选项"，然后单击"继续"按钮。在弹出的界面中，单击"新建分区表"按钮，在随后弹出的界面中单击"继续"按钮。

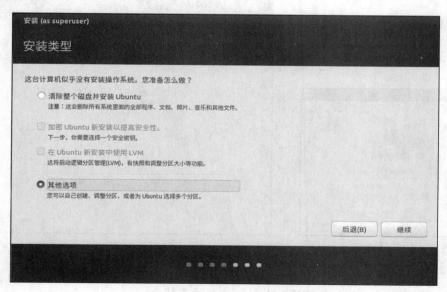

图 1-11　安装类型的选择界面

（5）在弹出的图 1-12 所示的界面中选中"空闲"复选框，然后单击"+"按钮，创建交换空间。在单击"+"按钮后弹出的创建分区界面中，设置交换空间的大小为 512MB，如图 1-13 所示，设置完成后单击"确定"按钮。

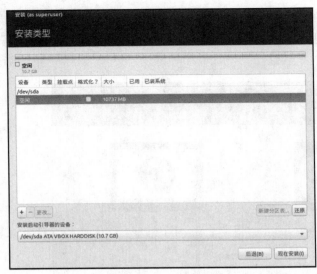

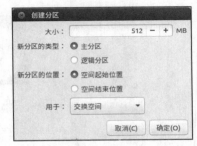

图 1-12　创建分区　　　　　　　　　　　　　图 1-13　交换空间设置界面

（6）在图 1-13 所示的界面中单击"确定"按钮，在弹出的界面中选中"空闲"复选框，然后单击"+"按钮，在弹出的图 1-14 所示的界面中创建根目录，设置完成后单击"确定"按钮。

（7）在弹出的界面中单击"现在安装"按钮，在新弹出的界面中单击"继续"按钮。在出现的"您在什么地方？"的设置界面中，采用默认值 shanghai 即可，单击"继续"按钮，直到出现"您是谁？"的设置界面，如图 1-15 所示。

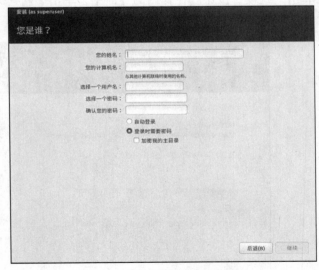

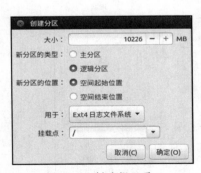

图 1-14　创建根目录　　　　　　　　　　　　图 1-15　"您是谁?"的设置界面

在"您是谁？"的设置界面中输入用户名和密码，然后单击"继续"按钮，安装过程正式开始，不要单击"Skip"按钮，而是等待自动安装完成。

1.2.2　复制虚拟机

在 VirtualBox 系统中，可将已经安装配置好的一个虚拟机实例像复制文件那样复制，以得到相同的虚拟机系统，这称为复制虚拟机，具体的实现步骤如下。

（1）选中要复制的虚拟机。打开 VirtualBox，进入 VirtualBox 界面，选中要导出的虚拟机实例，这里选中的是 Slave1 虚拟机，如图 1-16 所示。然后选择"管理"→"导出虚拟电脑"命令，如图 1-17 所示。在弹出的界面中单击"下一步"按钮，如图 1-18 所示。

图 1-16　选中 Slave1 虚拟机

图 1-17　选择"导出虚拟电脑"命令

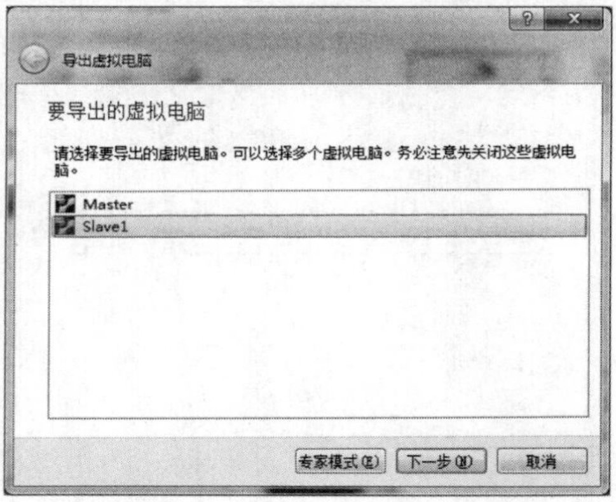

图 1-18　单击"下一步"按钮

（2）选择导出文件的保存路径。在单击"下一步"按钮后弹出的界面中，选择导出文件的保存路径，如图 1-19 所示，然后单击"下一步"按钮。在之后弹出的界面中单击"导出"按钮，如图 1-20 所示。

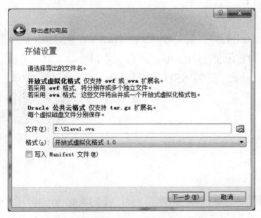

图 1-19　选择导出文件的保存路径

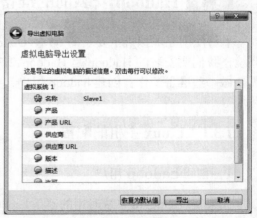

图 1-20　单击"导出"按钮

（3）图 1-21 所示为导出操作的示意图。导出结束后得到 Slave1.ova 文件。

（4）在 VirtualBox 界面中选择"管理"→"导入虚拟电脑"命令，如图 1-22 所示。在弹出的界面中选择前面得到的 Slave1.ova 文件，如图 1-23 所示，然后单击"下一步"按钮。在弹出的界面中勾选"重新初始化所有网卡的 MAC 地址"复选框，如图 1-24 所示，最后单击"导入"按钮即可创建一个新的虚拟机实例。

图 1-21　导出操作

图 1-22　选择"导入虚拟电脑"命令

图 1-23　选择前面得到的 Slave1.ova 文件

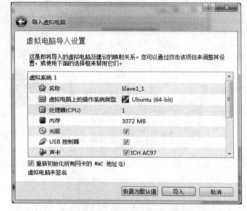

图 1-24　重新初始化所有网卡的 MAC 地址

1.3　Hadoop 安装前的准备工作

本书使用在虚拟机下安装的 64 位 Ubuntu 16.04.4 系统作为安装 Hadoop 的 Linux 系统环境，我们要安装的 Hadoop 是 Hadoop 2.7.1。在安装 Hadoop 之前，我们需要做一些准备工作：创建 hadoop 用户、更新 apt、安装 SSH 和安装 Java 环境等。

Hadoop 安装准备

1.3.1　Linux 主机的配置

1．创建 hadoop 用户

如果安装 Ubuntu 系统时用的不是 hadoop 用户，那么需要增加一个名为 hadoop 的用户，这样做是为了方便后续软件的安装。

首先打开一个终端（可以使用 Ctrl+Alt+T 组合键），执行如下命令创建 hadoop 用户：

```
$ sudo useradd -m hadoop -s /bin/bash
```

这条命令创建了可以登录的 hadoop 用户，并使用/bin/bash 作为 Shell。

sudo 是 Linux 系统的管理指令，是允许系统管理员让普通用户执行一些或者全部的 root 命令的一个工具。这样不仅可减少 root 用户的登录和管理时间，还可提高安全性。当使用 sudo 命令时，需要输入当前所使用用户的密码。

接着执行如下命令为 hadoop 用户设置登录密码，可简单地将密码设置为 hadoop，以方便记忆，并按提示输入两次密码：

```
$ sudo passwd hadoop
```

还可以为 hadoop 用户增加管理员权限，以方便部署，并避免出现一些对新手来说比较棘手的权限问题，命令如下：

```
$ sudo adduser hadoop sudo
```

使用 su hadoop 命令可切换到 hadoop 用户，或者注销当前用户、选择用 hadoop 用户登录。

2．更新 apt

切换到 hadoop 用户后，先更新 apt 软件，后续会使用 apt 安装软件，如果不更新 apt 则可能有一些软件安装不了。执行如下命令更新 apt：

```
$ sudo apt-get update
```

1.3.2　安装 SSH、配置 SSH 免密码登录

SSH（secure shell，安全外壳）是建立在应用层基础上的安全协议，由 IETF（Internet engineering task force，因特网工程任务组）的网络小组制定。SSH 是目前较可靠的，专为远程登录会话和其他网络服务提供安全性的协议。利用 SSH 协议可以有效防止远程管理过程中的信息泄露问题。SSH 由客户端和服务器组成，它在后台运行并响应来自客户端的连接请求，客户端包含 ssh 程序及 scp（远程复制）、slogin（远程登录）和 sftp（安全文件传输）等其他应用程序。SSH 的工作机制是，本地的客户端发送一个连接请求到远程的服务器，服务器检查申请的包和 IP 地址再发送密钥给 SSH 的客户端，本地再将密钥发回给服务器，自此建立连接。

Hadoop 的 NameNode（名称节点）需要通过 SSH 来启动 Slave 列表中各台主机的守护进程。由于 SSH 需要用户密码进行登录，但 Hadoop 并没有提供以 SSH 输入密码登录的形式，因此，为了能够在系统运行中完成节点的免密码登录和访问，需要将 Slave 列表中的各台主机配置为 NameNode。配置 SSH 的主要工作是创建一个认证文件，使得用户以 public key 方式登录，而不用手动输入密码。Ubuntu 默认已安装了 SSH 客户端，此外还需要执行如下命令安装 SSH 服务器：

```
$ sudo apt-get install openssh-server
```

安装好 SSH 服务器后，可以执行如下命令登录本机：

```
$ ssh localhost
```

此时会有登录提示，要求用户输入"yes"以便确认连接。输入"yes"，然后按提示

输入密码"hadoop"，这样就可以登录到本机。但这样登录是需要每次都输入密码的，下面我们将其配置成 SSH 免密码登录，配置步骤如下。

（1）生成密钥对

```
$ cd ~/.ssh/                        #若没有该目录，需先执行一次 ssh localhost
$ ssh-keygen -t rsa                 #生成密钥对，会有提示，按 Enter 键即可
```

（2）加入授权

```
$ cat ./id_rsa.pub >> ./authorized_keys        #加入授权
```

此时，再执行 ssh localhost 命令，不用输入密码就可以直接登录了。

1.3.3　安装 Java 环境

（1）下载 JDK 到"/home/hadoop/下载"目录下

这里下载的 JDK 是 jdk-8u181-linux-x64.tar.gz。

（2）将 JDK 解压到/opt/jvm 目录下

操作步骤如下：

```
$ sudo mkdir /opt/jvm                              #创建目录
$ sudo tar -zxvf /home/hadoop/下载/jdk-8u181-linux-x64.tar.gz -C /opt/jvm
```

（3）配置 JDK 的环境变量

编辑/etc/profile 文件（命令为 sudo vim /etc/profile），在文件末尾添加如下语句：

```
export JAVA_HOME=/opt/jvm/jdk1.8.0_181
export JRE_HOME=${JAVA_HOME}/jre
export CLASSPATH=.:${JAVA_HOME}/lib:${JRE_HOME}/lib
export PATH=${JAVA_HOME}/bin:$PATH
```

保存文件后退出，执行如下命令使其立即生效：

```
$ source /etc/profile
```

查看 Java 环境是否安装成功。在终端执行 java -version，如果出现图 1-25 所示的界面，说明 JDK 安装成功。

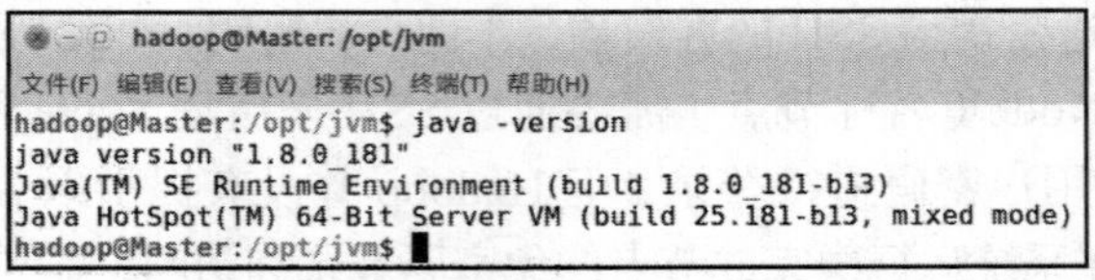

图 1-25　执行 java -version 的结果

1.4　Hadoop 的安装与配置

1.4.1　Hadoop 的安装

Hadoop 2 系列版本可以从其官网下载，一般选择下载最新的稳定版本，即下载 stable 下的 hadoop-2.×.×.tar.gz 这个格式的文件，这是编译好的版本。另一个包含 src 的是 Hadoop

源代码，需要进行编译才可使用。

若 Ubuntu 系统是使用虚拟机的方式安装的，可使用虚拟机中的 Ubuntu 系统自带的火狐浏览器在网站中选择 hadoop-2.7.1.tar.gz 下载。火狐浏览器会默认把下载的文件保存到当前用户的下载目录下，即保存到"/home/当前登录用户名/下载"目录下。

下载安装文件之后，需要对文件进行解压。按照 Linux 系统使用的默认规范，用户安装的软件一般都存放在/usr/local 目录下。使用 hadoop 用户登录 Linux 系统，打开一个终端执行如下命令：

```
$ sudo tar -zxf ~/下载/hadoop-2.7.1.tar.gz -C /usr/local   #解压到/usr/local 目录中
$ cd /usr/local/
$ sudo mv ./hadoop-2.7.1/ ./hadoop                          #将文件夹名改为 hadoop
$ sudo chown -R hadoop ./hadoop                             #修改文件权限
```

其中"~/"表示"/home/ hadoop/"这个目录。

Hadoop 安装文件解压后即可使用。执行如下命令可检查 Hadoop 是否可用，可用则会显示 Hadoop 的版本信息：

```
$ cd /usr/local/hadoop
$ ./bin/hadoop version
```

相对路径与绝对路径：本章后续出现的./bin/...、./etc/...等包含"./"的路径，均为相对路径，以"/usr/local/hadoop"为当前目录。例如，在"/usr/local/hadoop"目录下执行./bin/hadoop version，等同于执行/usr/local/hadoop/bin/hadoop version。

1.4.2　Hadoop 单机模式的配置

Hadoop 默认的运行模式为非分布式模式（即单机模式），Hadoop 解压后无须进行其他配置就可运行单机模式，非分布式表示单 Java 进程。Hadoop 单机模式只在一台机器上运行，存储采用本地文件系统，而不是 HDFS。无须任何守护进程（daemon），所有的应用程序都在单个 JVM（Java virtual machine，Java 虚拟机）上执行。在单机模式下调试 MapReduce 程序非常高效方便，这种模式适用于开发阶段。

Hadoop 不会启动 NameNode、JobTracker、TaskTracker 等守护进程，Map 和 Reduce 操作作为同一个进程的不同部分执行。

Hadoop 附带了丰富的例子，执行如下命令可以查看附带的所有例子：

```
$ cd /usr/local/hadoop
$ ./bin/hadoop jar ./share/hadoop/mapreduce/hadoop-mapreduce-examples-2.7.1.jar
```

执行上述命令后，会显示所有例子的简介信息，包括 wordcount、terasort、join、grep 等。下面运行用于单词计数的 wordcount 例子，wordcount 是最简单也是最能体现 MapReduce 思想的程序之一，可以称为 MapReduce 版的 Hello World 程序，wordcount 例子的主要功能是统计一系列文本文件中每个单词出现的次数。可以先在/usr/local/hadoop 目录下创建一个 input 文件夹，并复制一些文件到该文件夹下；然后运行 wordcount 程序，将 input 文件夹中的所有文件作为 wordcount 的输入；最后，把统计结果输出到/usr/local/hadoop/output 文件夹中。完成上述操作的具体命令如下：

```
$ cd /usr/local/hadoop
$ mkdir input                     #创建文件夹
```

```
$ cp ./etc/hadoop/*.xml ./input     #将配置文件复制到 input 文件夹下
$ ./bin/hadoop jar ./share/hadoop/mapreduce/hadoop-mapreduce-examples-*.jar wordcount
./input ./output
$ cat ./output/*                    #查看运行结果
```

Hadoop 默认不会覆盖结果文件，因此，再次运行上面的实例会提示出错。如果要再次运行，需要先使用如下命令把 output 文件夹删除：

```
$ rm -r ./output
```

1.4.3 Hadoop 伪分布式模式的配置

Hadoop 可以在单个节点（一台机器）上以伪分布式模式运行，同一个节点既作为 NameNode，又作为 DataNode，读取的是 HDFS 的文件。

1. 配置相关文件

需要配置相关文件，才能够使 Hadoop 在伪分布式模式下运行。Hadoop 的配置文件位于/usr/local/hadoop/etc/hadoop 中，进行伪分布式模式的配置时，需要修改两个配置文件，即 core-site.xml 和 hdfs-site.xml。

可以使用 Vim 编辑器打开 core-site.xml 文件：

```
$ vim /usr/local/hadoop/etc/hadoop/core-site.xml
```

core-site.xml 文件的初始内容如下：

```
<configuration>
</configuration>
```

core-site.xml 文件修改后的内容如下：

```
<configuration>
    <property>
        <name>hadoop.tmp.dir</name>
        <value>file:/usr/local/hadoop/tmp</value>
        <description>Abase for other temporary directories.</description>
    </property>
    <property>
        <name>fs.defaultFS</name>
        <value>hdfs://localhost:9000</value>
    </property>
</configuration>
```

在上面的配置文件中，hadoop.tmp.dir 用于保存临时文件。fs.defaultFS 用于设置访问 HDFS 的地址，其中 9000 是端口号。

此外，需要修改配置文件 hdfs-site.xml，该文件修改后的内容如下：

```
<configuration>
    <property>
        <name>dfs.replication</name>
        <value>1</value>
    </property>
    <property>
        <name>dfs.namenode.name.dir</name>
```

```
            <value>file:/usr/local/hadoop/tmp/dfs/name</value>
        </property>
        <property>
            <name>dfs.datanode.data.dir</name>
            <value>file:/usr/local/hadoop/tmp/dfs/data</value>
        </property>
</configuration>
```

在 hdfs-site.xml 文件中，dfs.replication 用于指定副本的数量，这是因为 HDFS 出于可靠性和可用性的考虑，进行冗余存储，以便某个节点发生故障时，能够使用冗余数据继续进行处理。但由于这里采用伪分布式模式，总共只有一个节点，所以，只可能有一个副本，因此将 dfs.replication 的值设置为 1。dfs.namenode.name.dir 用于设置 NameNode 的元数据的保存目录。dfs.datanode.data.dir 用于设置 DataNode 的数据保存目录。

⚠️ 注意：Hadoop 的运行模式（即单机模式或伪分布式模式）是由配置文件决定的，启动 Hadoop 时会读取配置文件，然后根据配置文件决定运行在什么模式下。因此，如果需要从伪分布式模式切换回单机模式，只需要删除 core-site.xml 中的配置项即可。

2．NameNode 格式化

修改配置文件以后，还要执行 NameNode 格式化，命令如下：
```
$ cd /usr/local/hadoop
$ ./bin/hdfs namenode -format
```

3．启动 Hadoop

执行下面的命令启动 Hadoop：
```
$ cd /usr/local/hadoop
$ ./sbin/start-dfs.sh
```

4．使用 Web 页面查看 HDFS 信息

Hadoop 成功启动后，可以在 Linux 系统中打开浏览器，在地址栏输入 http://localhost: 50070，按 Enter 键，就可以查看 NameNode 和 DataNode 的信息，如图 1-26 所示，还可以在线查看 HDFS 中的文件。

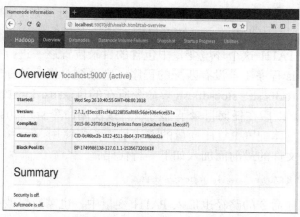

图 1-26　使用 Web 页面查看 HDFS 信息

5．运行 Hadoop 伪分布式实例

要使用 HDFS，首先需要在 HDFS 中创建用户目录，命令如下：

```
$ cd /usr/local/hadoop
$ ./bin/hdfs dfs -mkdir -p /user/hadoop
```

接下来，把本地文件系统的/usr/local/hadoop/etc/hadoop 目录中的所有.xml 文件作为输入文件，复制到 HDFS 的/user/hadoop/input 目录下，命令如下：

```
$ cd /usr/local/hadoop
$ ./bin/hdfs dfs -mkdir input              #在 HDFS 中创建 hadoop 用户的 input 目录
$ ./bin/hdfs dfs -put ./etc/hadoop/*.xml input    #把本地文件复制到 input 目录下
```

现在可以以伪分布式模式运行 Hadoop 中自带的 wordcount 程序，命令如下：

```
$ ./bin/hadoop jar ./share/hadoop/mapreduce/hadoop-mapreduce-examples-*.jar wordcount
input output
```

运行结束后，可以通过如下命令查看 HDFS 中 output 文件夹中的内容：

```
$ ./bin/hdfs dfs -cat output/*
```

需要强调的是，Hadoop 运行程序时，输出目录不能存在，否则会提示错误信息。因此，若要再次执行 wordcount 程序，需要先执行如下命令删除 HDFS 中的 output 文件夹：

```
$ ./bin/hdfs dfs -rm -r output              #删除 output 文件夹
```

6．关闭 Hadoop

如果要关闭 Hadoop，可以执行如下命令：

```
$ cd /usr/local/hadoop
$ ./sbin/stop-dfs.sh
```

7．配置 PATH 变量

前面在启动 Hadoop 时，都是先进入/usr/local/hadoop 目录中，再执行./sbin/start-dfs.sh，等同于执行/usr/local/hadoop/sbin/start-dfs.sh。实际上，通过设置 PATH 变量，可以在执行命令时不用带上命令本身所在的路径。例如，打开一个 Linux 终端，在任何一个目录下执行 ls 命令时，都没有带上 ls 命令的路径。执行 ls 命令时，执行的是/bin/ls 这个程序，之所以不需要带上命令路径，是因为 Linux 系统已经把 ls 命令的路径加入 PATH 变量中。当执行 ls 命令时，系统根据 PATH 这个环境变量中包含的目录位置逐一进行查找，直至在这些目录位置下找到匹配的 ls 程序（若没有匹配的程序，则系统会提示该命令不存在）。

同样，可以把 start-dfs.sh、stop-dfs.sh 等命令所在的目录/usr/local/hadoop/sbin 加入环境变量 PATH 中，这样，以后在任何目录下都可以直接使用命令 start-dfs.sh 启动 Hadoop，而不用带上命令路径。具体配置 PATH 变量的方法是，首先使用 Vim 编辑器打开~/.bashrc 这个文件，然后在这个文件的最前面加入如下一行代码：

```
export PATH=$PATH:/usr/local/hadoop/sbin
```

如果要继续把其他命令的路径也加入 PATH 变量中，也需要修改~/.bashrc 这个文件，在上述路径的后面用英文冒号隔开，把新的路径加到后面即可。

将这些命令路径添加到 PATH 变量后，执行命令 source ~/.bashrc 使设置生效。然后在任何目录下只需要直接执行 start-dfs.sh 命令就可启动 Hadoop，执行 stop-dfs.sh 命令即可停止 Hadoop。

1.4.4　Hadoop 分布式模式的配置

考虑到机器的性能，本书简单使用两个虚拟机来搭建分布式集群环境：一个虚拟机作为 Master 节点，另一个虚拟机作为 Slave1 节点。由 3 个及以上节点构建分布式集群，也可以采用类似的方法完成安装部署。

Hadoop 集群的安装配置大致包括以下步骤。

（1）在 Master 节点上创建 hadoop 用户、安装 SSH、安装 Java 环境。

（2）在 Master 节点上安装 Hadoop，并完成配置。

（3）在 Slave1 节点上创建 hadoop 用户、安装 SSH、安装 Java 环境。

（4）将 Master 节点上的/usr/local/hadoop 目录复制到 Slave1 节点上。

（5）在 Master 节点上启动 Hadoop。

根据前面讲述的内容完成步骤（1）到步骤（3），然后继续下面的操作。

1．网络配置

由于搭建本分布式集群在两个虚拟机上进行，需要将两个虚拟机的网络连接方式都改为"桥接网卡"模式，如图 1-27 所示，以实现两个节点的互连。一定要确保各个节点的 MAC 地址不能相同，否则会出现 IP 地址冲突。

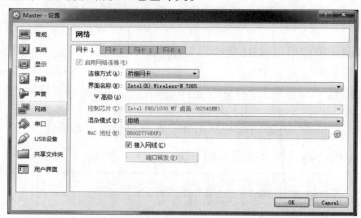

图 1-27　设置网络连接方式

设置网络连接方式以后，通过 ifconfig 命令查看两个虚拟机的 IP 地址，本书所用的 Master 节点的 IP 地址为 192.168.0.115，Slave1 节点的 IP 地址为 192.168.0.114。

在 Master 节点上执行如下命令可修改 Master 节点中的/etc/hosts 文件：

```
# vim /etc/hosts
```

在 hosts 文件中增加如下两条 IP 地址和主机名的映射关系，即集群中两个节点与对应 IP 地址的映射关系：

```
192.168.0.115  Master
192.168.0.114  Slave1
```

需要注意的是，hosts 文件中只能有一个 127.0.0.1 映射关系，其对应的主机名为 localhost，如果有多个 127.0.0.1 映射关系，则应删除。hosts 文件修改完成后，需要重启 Master 节点的 Linux 系统。

参照 Master 节点的配置方法，修改 Slave1 节点中的/etc/hosts 文件，在 hosts 文件中增加如下两条 IP 地址和主机名的映射关系：

```
192.168.0.115   Master
192.168.0.114   Slave1
```

hosts 文件修改完成后，同样需要重启 Slave1 节点的 Linux 系统。

这样就完成了 Master 节点和 Slave 节点的配置，然后需要在两个节点上测试它们是否相互 ping 得通，如果 ping 不通，后面就无法顺利配置成功。

```
$ ping Slave1 -c 3      #在 Master 节点上 ping 3 次 Slave1 节点，可按 Ctrl+C 组合键中断 ping
                        #命令的执行
$ ping Master -c 3      #在 Slave1 节点上 ping 3 次 Master 节点
```

在 Master 节点上 ping 3 次 Slave1 节点，如果 ping 得通的话，会显示下述信息：

```
PING Slave1 (192.168.0.114) 56(84) bytes of data.
64 bytes from Slave1 (192.168.0.114): icmp_seq=1 ttl=64 time=1.78 ms
64 bytes from Slave1 (192.168.0.114): icmp_seq=2 ttl=64 time=0.634 ms
64 bytes from Slave1 (192.168.0.114): icmp_seq=3 ttl=64 time=0.244 ms
--- Slave1 ping statistics ---
3 packets transmitted, 3 received, 0% packet loss, time 2018ms
rtt min/avg/max/mdev = 0.244/0.887/1.785/0.655 ms
```

2. SSH 免密码登录 Slave1 节点

下面要让 Master 节点可以 SSH 免密码登录 Slave1 节点。首先，生成 Master 节点的公钥，具体命令如下：

```
$ cd ~/.ssh
$ rm ./id_rsa*          #删除之前生成的公钥（如果已经存在）
$ ssh-keygen -t rsa     #Master 节点生成公钥，遇到提示信息，一直按 Enter 键即可
```

Master 节点生成公钥的界面如图 1-28 所示。

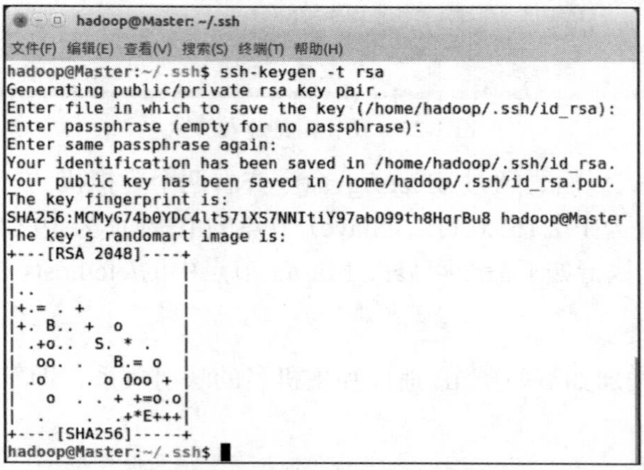

图 1-28　Master 节点生成公钥的界面

为了让 Master 节点能够 SSH 免密码登录本机，需要在 Master 节点上执行如下命令：

```
$ cat ./id_rsa.pub >> ./authorized_keys
```

执行上述命令后，可以执行命令 ssh Master 验证 Master 节点能否 SSH 免密码登录本机，遇到提示信息，输入 yes 即可，测试成功的界面如图 1-29 所示，执行 exit 命令返回原来的终端。

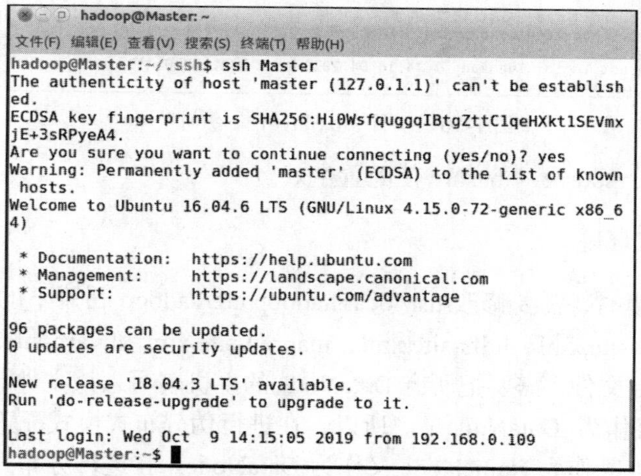

图 1-29　测试成功的界面

接下来在 Master 节点上将上述生成的公钥传输到 Slave1 节点：

```
$ scp ~/.ssh/id_rsa.pub hadoop@Slave1:/home/hadoop/
```

上述命令中，scp 是 secure copy 的缩写，用于在 Linux 上远程复制文件。执行 scp 时会要求输入 Slave1 节点上 hadoop 用户的密码，输入完成后会提示传输完毕，执行过程如下所示：

```
hadoop@Master:~/.ssh$ scp ~/.ssh/id_rsa.pub hadoop@Slave1:/home/hadoop/
hadoop@Slave1's password:
id_rsa.pub                    100%  395     0.4KB/s   00:00
```

接着在 Slave1 节点上将 SSH 公钥加入授权：

```
hadoop@Slave1:~$ mkdir ~/.ssh        #若~/.ssh 不存在，可通过该命令进行创建
hadoop@Slave1:~$ cat ~/id_rsa.pub >> ~/.ssh/authorized_keys
```

执行上述命令后，在 Master 节点上就可以 SSH 免密码登录到 Slave1 节点了，可在 Master 节点上执行如下命令进行验证：

```
$ ssh Slave1
```

执行 ssh Slave1 命令的效果如图 1-30 所示。

3. 配置 PATH 变量

在 Master 节点上配置 PATH 变量，以便在任意目录中可直接使用 hadoop、hdfs 等命令。执行 vim ~/.bashrc 命令，打开~/.bashrc 文件，在该文件最上面加入如下一行内容：

```
export PATH=$PATH:/usr/local/hadoop/bin:/usr/local/hadoop/sbin
```

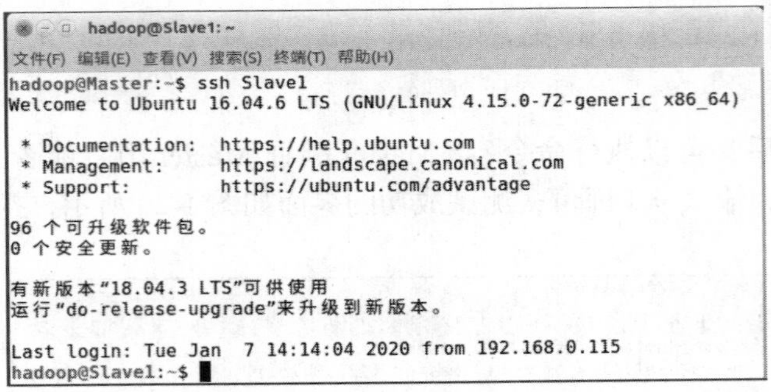

图 1-30　执行 ssh Slave1 命令的效果

保存后执行命令 source ~/.bashrc 使配置生效。

4．配置分布式环境

配置分布式环境时，需要修改/usr/local/hadoop/etc/hadoop 目录下的 5 个配置文件，具体包括 slaves、core-site.xml、hdfs-site.xml、mapred-site.xml 和 yarn-site.xml。

（1）修改 slaves 文件。需要把所有 DataNode 的主机名写入该文件，每行一个，默认为 localhost（即把本机作为 DataNode）。所以，在进行伪分布式模式配置时，就采用了这种默认配置，使得节点既作为 NameNode 又作为 DataNode。在进行分布式模式配置时，可以保留 localhost，让 Master 节点既充当 NameNode 又充当 DataNode，或者删除 localhost 这一行，让 Master 节点仅作为 NameNode 使用。执行 vim /usr/local/hadoop/etc/hadoop/slaves 命令，打开/usr/local/hadoop/etc/hadoop/slaves 文件，由于只有一个 Slave 节点 Slave1，本书让 Master 节点既充当 NameNode 又充当 DataNode，因此，在文件中添加如下两行内容：

```
localhost
Slave1
```

（2）修改 core-site.xml 文件。core-site.xml 文件用来配置 Hadoop 集群的通用属性，包括指定 NameNode 的地址和指定 Hadoop 临时文件的存放路径等。把 core-site.xml 文件修改为如下内容：

```
<configuration>
        <property>
                <name>fs.defaultFS</name>
                <value>hdfs://Master:9000</value>
        </property>
        <property>
                <name>hadoop.tmp.dir</name>
                <value>file:/usr/local/hadoop/tmp</value>
                <description>Abase for other temporary directories.</description>
        </property>
</configuration>
```

（3）修改 hdfs-site.xml 文件。hdfs-site.xml 文件用来配置 HDFS 的属性，包括指定 HDFS 保存数据的副本数量、指定 HDFS 中 NameNode 的存储位置、指定 HDFS 中 DataNode 的存储位置等。本书让 Master 节点既充当 NameNode 又充当 DataNode，此外还有一个 Slave 节点 Slave1，即集群中有两个 DataNode，所以将 dfs.replication 的值设置为 2。hdfs-site.xml 的具体内容如下：

```
<configuration>
        <property>
                <name>dfs.namenode.secondary.http-address</name>
                <value>Master:50090</value>
        </property>
        <property>
                <name>dfs.replication</name>
                <value>2</value>
        </property>
        <property>
                <name>dfs.namenode.name.dir</name>
                <value>file:/usr/local/hadoop/tmp/dfs/name</value>
        </property>
        <property>
                <name>dfs.datanode.data.dir</name>
                <value>file:/usr/local/hadoop/tmp/dfs/data</value>
        </property>
</configuration>
```

（4）修改 mapred-site.xml 文件。/usr/local/hadoop/etc/hadoop 目录下有一个 mapred-site.xml.template 文件，需要将该文件重命名为 mapred-site.xml：

```
$ cd /usr/local/hadoop/etc/hadoop
$ mv mapred-site.xml.template mapred-site.xml
$ vim mapred-site.xml            #打开 mapred-site.xml 文件
```

把 mapred-site.xml 文件配置成如下内容：

```
<configuration>
        <property>
                <name>mapreduce.framework.name</name>
                <value>yarn</value>
        </property>
        <property>
                <name>mapreduce.jobhistory.address</name>
                <value>Master:10020</value>
        </property>
        <property>
                <name>mapreduce.jobhistory.webapp.address</name>
                <value>Master:19888</value>
        </property>
</configuration>
```

（5）修改 yarn-site.xml 文件。YARN 是 MapReduce 的调度框架。yarn-site.xml 文件用于配置 YARN 的属性，包括指定 NodeManager 获取数据的方式、指定 ResourceManager 的地址。把 yarn-site.xml 文件配置成如下内容：

```
<configuration>
        <property>
                <name>yarn.resourcemanager.hostname</name>
                <value>Master</value>
        </property>
        <property>
                <name>yarn.nodemanager.aux-services</name>
                <value>mapreduce_shuffle</value>
        </property>
</configuration>
```

上述 5 个文件配置完成后，需要把 Master 节点上的/usr/local/hadoop 文件夹复制到各个节点上。如果之前运行过伪分布式模式，建议在切换到分布式模式之前先删除在伪分布式模式下生成的临时文件。具体来说，在 Master 节点上实现上述要求需执行的命令如下：

```
$ cd /usr/local
$ sudo rm -r ./hadoop/tmp                   #删除 Hadoop 临时文件
$ sudo rm -r ./hadoop/logs/*                #删除日志文件
$ tar -zcf ~/hadoop.master.tar.gz ./hadoop  #先压缩再复制
$ cd ~
$ scp ./hadoop.master.tar.gz Slave1:/home/hadoop
```

然后在 Slave1 节点上执行如下命令：

```
$ sudo rm -r /usr/local/hadoop              # 删除旧的文件夹（如果存在）
$ sudo tar -zxf ~/hadoop.master.tar.gz -C /usr/local
$ sudo chown -R hadoop /usr/local/hadoop
```

Hadoop 集群包含两个基本模块：分布式文件系统 HDFS 和分布式计算框架 MapReduce。首次启动 Hadoop 集群时，需要先在 Master 节点上格式化 HDFS，命令如下：

```
$ hdfs namenode -format
```

HDFS 格式化成功后，就可以输入启动命令来启动 Hadoop 集群了。Hadoop 采用主从架构，启动时由主节点带动从节点，所以启动集群的操作需要在 Master 节点上完成。在 Master 节点上启动 Hadoop 集群的命令如下：

```
$ start-dfs.sh
$ start-yarn.sh
$ mr-jobhistory-daemon.sh start historyserver   #启动 Hadoop 历史服务器
```

Hadoop 自带了一个历史服务器，可以通过历史服务器查看已经运行完的 MapReduce 作业记录，了解用了多少个 Map、用了多少个 Reduce、作业提交时间、作业启动时间、作业完成时间等信息。默认情况下，Hadoop 历史服务器是没有启动的。

jps 命令用于查看各个节点启动的进程。如果在 Master 节点上可以看到 DataNode、NameNode、ResourceManager、SecondaryNameNode、JobHistoryServer 和 NodeManager 等进程，就表示主节点进程启动成功，如下所示：

```
hadoop@Master:~ $ jps
3776 DataNode
6032 ResourceManager
3652 NameNode
6439 JobHistoryServer
6152 NodeManager
3976 SecondaryNameNode
6716 Jps
```

在 Slave1 节点的终端执行 jps 命令，如果在输出结果中可以看到 DataNode 和 NodeManager 等进程，就表示从节点进程启动成功，如下所示：

```
hadoop@Slave1:~$ jps
3154 NodeManager
3042 DataNode
3274 Jps
```

关闭 Hadoop 集群，需要在 Master 节点执行如下命令：

```
$ stop-yarn.sh
$ stop-dfs.sh
$ mr-jobhistory-daemon.sh stop historyserver
```

此外，还可以启动全部 Hadoop 集群或者停止全部 Hadoop 集群。

启动命令：

```
$ start-all.sh
```

停止命令：

```
$ stop-all.sh
```

5．执行分布式实例

执行分布式实例的过程与执行伪分布式实例的过程一样，首先创建 HDFS 中的用户目录，命令如下：

```
hadoop@Master:~$ hdfs dfs -mkdir -p /user/hadoop
```

然后在 HDFS 中创建一个 input 目录，并把/usr/local/hadoop/etc/hadoop 目录中的配置文件作为输入文件复制到 input 目录中，命令如下：

```
hadoop@Master:~$ hdfs dfs -mkdir input
hadoop@Master:~$ hdfs dfs -put /usr/local/hadoop/etc/hadoop/*.xml input
```

接下来，就可以运行 MapReduce 作业了，命令如下：

```
$ hadoop jar /usr/local/hadoop/share/hadoop/mapreduce/hadoop-mapreduce-examples-*.
jar grep input output 'dfs[a-z.]+'
$ hdfs dfs -cat output/*        #查看 HDFS 中 output 文件夹中的内容
```

执行完毕后的输出结果如下所示：

```
1    dfsadmin
1    dfs.replication
1    dfs.namenode.secondary.http
1    dfs.namenode.name.dir
1    dfs.datanode.data.dir
```

6．运行计算圆周率π的实例

在数学领域，计算圆周率π的方法有很多种，在 Hadoop 自带的 examples 中就给出了一种利用分布式系统计算圆周率π的方法。下面通过运行程序来检查 Hadoop 集群是否安装配置成功，命令如下：

```
$ hadoop jar /usr/local/hadoop/share/hadoop/mapreduce/hadoop-mapreduce-examples-*.
jar pi 10 100
```

Hadoop 的命令类似 Java 命令，通过 jar 指定要运行的程序所在的 JAR 包 hadoop-mapreduce-examples-*.jar。参数 pi 表示运行计算圆周率的程序。再看后面的两个参数：第一个参数 "10" 指的是要运行 10 次 Map 任务，第二个参数 "100" 指的是每个 Map 任务的运行次数。执行结果如下所示：

```
$ hadoop jar /usr/local/hadoop/share/hadoop/mapreduce/hadoop-mapreduce-examples-*.
jar pi 10 100
Job Finished in 85.12 seconds
Estimated value of Pi is 3.14800000000000000000
```

如果以上的验证都没有问题，说明 Hadoop 集群配置成功。

1.5 习题

1. 简述 Hadoop 的优势。
2. 简述 Hadoop 的 3 种运行模式的区别。
3. 简述 SSH 在 Hadoop 集群中所起的重要作用。

第**2**章 HDFS 大数据分布式存储

Hadoop 设计了一个分布式文件系统 HDFS 来管理众多服务器上的数据。本章主要介绍 HDFS 的基本特征，HDFS 的存储架构及组件，HDFS 的 Shell 操作，以及 HDFS 综合编程。

2.1 HDFS 的基本特征

HDFS 在普通的商用服务器节点构成的集群上即可运行，具有强大的容错能力。在编程方式上，除了 API 的名称不一样，通过 HDFS 读写文件和通过本地文件系统读写文件基本类似，非常易于编程。HDFS 具有以下 6 个基本特征。

HDFS 的基本特征

1．大规模数据分布存储

HDFS 基于大量分布节点上的本地文件系统，构成一个逻辑上具有巨大容量的分布式文件系统，并且整个文件系统的容量可随集群中节点的增加而线性扩展。HDFS 可存储几百吉字节、几百太字节大小的文件，还支持在一个文件系统中存储高达数千万量级的文件。

2．流式访问

HDFS 是为了满足批量数据处理的要求而设计的。为了提高数据吞吐率，HDFS 放松了 POSIX（portable operating system interface，可移植操作系统接口）的一些要求，可以以流式访问文件系统的数据。

3．容错

在 HDFS 的设计理念中，硬件故障被视作一个常态。因此，HDFS 设计之初就保证了系统能在经常有节点发生硬件故障的情况下正确检测节点故障，并且能自动从故障中快速恢复，确保数据处理继续进行且不丢失数据。

4．简单的文件模型

HDFS 采用"一次写入、多次读取"的简单文件模型，支持大量数据的一次写入和多次读取，同时支持在文件的末端追加数据，而不支持在文件的任意位置进行修改。

5．数据块存储模式

HDFS 基于大粒度数据块存储文件，默认的数据块大小是 64MB。这样做的好处是可以减少元数据的数量。

6. 跨平台兼容性

HDFS 是采用 Java 语言实现的，具有很好的跨平台兼容性，支持 JVM 的机器都可以运行 HDFS。

2.2 HDFS 的存储架构及组件

2.2.1 HDFS 的存储架构

HDFS 采用经典的主从架构，这种架构主要由 4 个部分组成，分别为 Client（客户端）、NameNode（名称节点）、DataNode（数据节点）和 SecondaryNameNode（第二名称节点）。一个 HDFS 集群是由一个名称节点和一定数量的数据节点组成的。HDFS 的存储架构如图 2-1 所示。名称节点是一个中心服务器，负责管理文件系统的命名空间和元数据，以及客户端对文件的访问。一个数据节点运行一个数据节点进程，负责管理它所在节点上的数据存储。名称节点和数据节点共同协调完成分布式的文件存储服务。

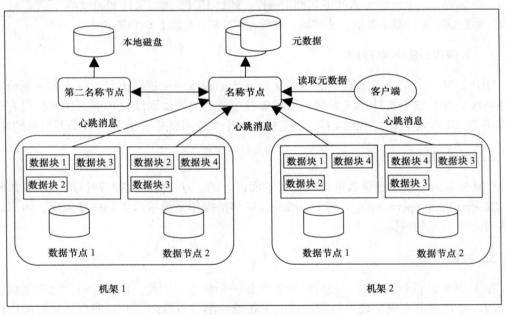

图 2-1　HDFS 的存储架构

2.2.2 数据块

在传统的文件系统中，为了提高磁盘的读写效率，一般以数据块为单位，而不是以字节为单位，数据块是磁盘读写的最小单位。文件系统的数据块大小通常是几千字节，而磁盘的数据块大小通常是 512B。

HDFS 同样有数据块的概念，但它是一个更大的单元，Hadoop 2.x 版本默认的数据块大小是 128MB。如同单一磁盘的文件系统中的文件，HDFS 中的文件被分解成数据块大小的若干数据块，独立保存在各单元中。与单一磁盘的文件系统中的文件不同的是，如果 HDFS 中的文件比一个数据块小，该文件不会占用该数据块的整个存储空间。例如，一个 1MB 的文件存储在 128MB 的数据块中，它只使用数据块的 1MB 的磁盘空间而不是 128MB 的磁盘空间。如果没有特别指明，本书的数据块指的均是 HDFS 的数据块。

分布式文件系统使用数据块有以下两个好处。

（1）文件存储不受单一磁盘大小的限制。不需要文件的所有数据块保存在同一个磁盘上，它们可以使用集群上的若干个磁盘共同存储。

（2）简化了存储系统的存储过程。由于数据块大小固定，存储系统根据数据块大小可以简单计算出在给定的磁盘上可以存储多少个数据块，从而简化了存储管理。数据块适合通过复制方式提高容错性和可用性，如将每一个数据块都复制到一些物理分离的机器（通常是 3 个）上，可防止数据块和磁盘毁坏等。

2.2.3　DataNode

HDFS 的 DataNode 用于存储并管理元数据，DataNode 用于存储文件的数据块。为了防止数据丢失，一个数据块会在多个 DataNode 中进行冗余备份，每个数据块默认有 3 个副本，而一个 DataNode 最多只存储文件的一个数据块的一个备份。DataNode 负责处理文件系统的用户具体的数据读写请求，同时也处理 NameNode 对数据块的创建、删除指令。DataNode 上存储了数据块 ID 和数据块内容，以及它们的映射关系。

一个 HDFS 集群可能包含上千个 DataNode，这些 DataNode 定时和 NameNode 进行通信，接受 NameNode 的指令。为了减轻 NameNode 的负担，NameNode 上并不永久保存每个 DataNode 上数据块的信息，而是通过 DataNode 启动时的汇报来更新 NameNode 上的映射表。DataNode 和 NameNode 建立连接后，就会不断地向 NameNode 进行信息反馈，反馈信息也包含 NameNode 对 DataNode 的一些命令的操作情况，如删除数据块或者把数据块复制到另一个 DataNode。

> ⚠ 注意：NameNode 不会主动向 DataNode 发起请求。

DataNode 也可作为服务器接受来自客户端的访问，处理数据块的读写请求。DataNode 之间还会相互通信，执行数据块的复制任务。同时，在客户端执行写操作的时候，DataNode 之间需要相互配合，以保证写操作的一致性。DataNode 会通过心跳（heartbeat）机制定时向 NameNode 发送所存储的数据块信息。

所有文件的数据块都存储在 DataNode 中，但客户端并不知道某个数据块的具体位置信息，所以不能直接通过 DataNode 进行数据块的相关操作，所有这些位置信息都存储在 NameNode 中。因此，当客户端需要执行数据块的创建、复制和删除等操作时，需要首先访问 NameNode 以获取数据块的位置信息，然后访问指定的 DataNode 来执行相关操作，具体的文件操作最终由客户端进程而非 DataNode 来完成。

2.2.4　NameNode

在 HDFS 中，NameNode 是一个中心服务器，负责管理整个文件系统的命名空间（名字空间）和元数据，以及处理来自客户端的文件访问请求。NameNode 保存了文件系统的如下 3 种元数据。

（1）命名空间，即整个分布式文件系统的目录结构。

（2）数据块与文件名的映射表。

（3）每个数据块副本的位置信息，每一个数据块默认有 3 个副本。

元数据信息包括：

（1）文件的 owership 和 permission。

（2）文件包含哪些数据块。

（3）数据块保存在哪个 DataNode（由 DataNode 启动时上报）上。

HDFS 的元数据镜像文件 FsImage 用于维护文件系统树，以及文件树中所有的文件和文件夹的元数据。HDFS 的操作日志文件 EditLog 用于记录文件的创建、删除、重命名等操作，每次保存 FsImage 之后到下次保存之间的所有 HDFS 操作，将会记录在 EditLog 文件中。与 NameNode 相关的文件还包括 FsTime，用来保存最近一次检查点（checkpoint）的时间。FsImage、EditLog 和 FsTime 均保存在 Linux 文件系统中。

HDFS 对外提供了命名空间，让用户的数据可以存储在文件中，但在内部，文件可能被分成若干个数据块。HDFS 中的文件命名遵循了传统的"目录/子目录/文件"格式。通过命令或者 API 可以创建目录，并且将文件保存在目录中。命名空间由 NameNode 管理，在 NameNode 上可以执行文件操作，比如打开、关闭、重命名等。此外，NameNode 也负责向 DataNode 分配数据块并建立数据块和 DataNode 的对应关系。

NameNode 只监听客户端事件及 DataNode 事件，而不会主动发起请求。客户端事件通常包括目录和文件的创建、读写、重命名和删除，以及文件列表信息的获取等。DataNode 事件主要包括数据块信息的汇报、心跳消息、出错信息等。当 NameNode 监听到这些请求时便对它们进行响应，并将相应的处理结果返回到请求端。

2.2.5　SecondaryNameNode

Hadoop 中使用 SecondaryNameNode 备份 NameNode 的元数据，以便在 NameNode 失效时能从 SecondaryNameNode 恢复出 NameNode 上的元数据。NameNode 保存了整个文件系统的元数据，而 SecondaryNameNode 只周期性（周期的长短是可以配置的）地保存 NameNode 的元数据，这些元数据包括 FsImage 数据和 EditLog 数据。FsImage 相当于 HDFS 的检查点，NameNode 启动时会读取 FsImage 的内容到内存，并将其与 EditLog 日志中的所有修改信息合并生成新的 FsImage；在 NameNode 的运行过程中，所有关于 HDFS 的修改都将写入 EditLog。这样，如果 NameNode 失效，可以通过 SecondaryNameNode 中保存的 FsImage 数据和 EditLog 数据恢复出 NameNode 最近的状态，尽量减少损失。

2.2.6　心跳消息

HDFS 按照主从架构设计了 NameNode 和 DataNode，NameNode 存储各个 DataNode 的位置信息和数据块信息，NameNode 周期性地向管理的各个 DataNode 发送心跳消息，而收到心跳消息的 DataNode 则需要回复。NameNode 周期性地接收 DataNode 发送的心跳消息。当 NameNode 无法接收到 DataNode 的心跳消息时，NameNode 会将该 DataNode 标记为宕机，不会再给该 DataNode 发送任何 I/O 操作。DataNode 的宕机可能导致数据副本的复制。一般引发重新复制副本有多种原因，包括 DataNode 不可用、数据副本损坏、DataNode 上的磁盘错误或者复制因子增大。

2.2.7　客户端

严格来讲，客户端（代表用户）并不能算是 HDFS 的一部分，但客户端是用户和 HDFS 通信最常见也是最方便的渠道之一，而且部署的 HDFS 都会提供客户端。

客户端为用户提供了一种与 Linux 中的 Shell 类似的方式访问 HDFS 的数据。客户端支持常见的操作，如打开、读取、写入等，而且命令的格式也和 Shell 命令的格式十分相似，大大方便了程序员和管理员的操作。

客户端通过与 NameNode 和 DataNode 交互来访问 HDFS 中的文件。客户端提供了一个类似 POSIX 的文件系统接口供用户调用。

HDFS 的 Shell
操作

2.3　HDFS 的 Shell 操作

HDFS 提供了多种数据操作方式，其中，命令行是最简单的，也是许多开发者最容易掌握的方式。Shell 是一种应用程序，这个应用程序提供了一个界面，通过接收用户输入的 Shell 命令执行相应的操作，访问 HDFS 提供的服务。

HDFS 支持多种 Shell 命令，例如 hadoop fs、hadoop dfs 和 hdfs dfs 等，用来查看 HDFS 的目录结构、上传和下载数据、创建文件等，这 3 个命令既有相似的地方又有区别。

（1）hadoop fs：适用于任何不同的文件系统，例如本地文件系统和 HDFS。

（2）hadoop dfs：只适用于 HDFS。

（3）hdfs dfs：与 hadoop dfs 命令一样，也只适用于 HDFS。

2.3.1　查看命令的使用方法

登录 Linux 系统，打开一个终端，首先启动 Hadoop，命令如下：

```
$ cd /usr/local/hadoop
$ ./sbin/start-dfs.sh
```

关闭 Hadoop，命令如下：

```
$ ./sbin/stop-dfs.sh
```

可以在终端输入如下命令，查看 hdfs dfs 总共支持哪些操作：

```
$ cd /usr/local/hadoop
$ ./bin/hdfs dfs
```

上述命令执行后，会显示如下结果（这里只列出部分命令）：

```
[-appendToFile <localsrc> ... <dst>]
[-cat [-ignoreCrc] <src> ...]
[-checksum <src> ...]
[-chgrp [-R] GROUP PATH...]
[-chmod [-R] <MODE[,MODE]... | OCTALMODE> PATH...]
[-chown [-R] [OWNER][:[GROUP]] PATH...]
[-copyFromLocal [-f] [-p] [-l] <localsrc> ... <dst>]
[-copyToLocal [-p] [-ignoreCrc] [-crc] <src> ... <localdst>]
[-count [-q] [-h] <path> ...]
```

```
[-cp [-f] [-p | -p[topax]] <src> ... <dst>]
[-createSnapshot <snapshotDir> [<snapshotName>]]
[-deleteSnapshot <snapshotDir> <snapshotName>]
[-df [-h] [<path> ...]]
[-du [-s] [-h] <path> ...]
[-expunge]
[-find <path> ... <expression> ...]
[-get [-p] [-ignoreCrc] [-crc] <src> ... <localdst>]
[-getfacl [-R] <path>]
[-getfattr [-R] {-n name | -d} [-e en] <path>]
[-getmerge [-nl] <src> <localdst>]
[-help [cmd ...]]
[-ls [-d] [-h] [-R] [<path> ...]]
[-mkdir [-p] <path> ...]
[-moveFromLocal <localsrc> ... <dst>]
[-moveToLocal <src> <localdst>]
[-mv <src> ... <dst>]
[-put [-f] [-p] [-l] <localsrc> ... <dst>]
```

可以看出，hdfs dfs 命令的统一格式类似 hdfs dfs -ls 这种形式，即在"-"后面跟具体的操作。

可以查看某个命令的用法。例如，当需要查询 cp 命令的具体用法时，可以用如下命令：

```
$ ./bin/hdfs dfs -help cp
```

输出的结果如下：

```
-cp [-f] [-p | -p[topax]] <src> ... <dst> :
  Copy files that match the file pattern <src> to a destination. When copying
  multiple files, the destination must be a directory. Passing -p preserves status
  [topax] (timestamps, ownership, permission, ACLs, XAttr). If -p is specified
  with no <arg>, then preserves timestamps, ownership, permission. If -pa is
  specified, then preserves permission also because ACL is a super-set of
  permission. Passing -f overwrites the destination if it already exists. raw
  namespace extended attributes are preserved if (1) they are supported (HDFS
  only) and, (2) all of the source and target pathnames are in the /.reserved/raw
  hierarchy. raw namespace xattr preservation is determined solely by the presence
  (or absence) of the /.reserved/raw prefix and not by the -p option.
```

2.3.2　HDFS 常用的 Shell 操作

HDFS 支持的操作命令有很多，下面给出常用的一部分操作命令。

1．创建目录——mkdir 命令

mkdir 命令用于在指定路径下创建目录（文件夹），其语法格式如下：

```
hdfs dfs -mkdir [-p] <path>
```

其中，-p 参数表示创建目录时先检查路径是否存在，如果不存在，则创建相应的各级目录。

⚠ 注意：Hadoop 系统安装好以后，第一次使用 HDFS 时，需要先在 HDFS 中创建用户目录。

本书全部采用 hadoop 用户登录 Linux 系统，因此，需要在 HDFS 中为 hadoop 用户创建一个用户目录，命令如下：

```
$ cd /usr/local/hadoop
$ ./bin/hdfs dfs -mkdir -p /user/hadoop
```

该命令表示在 HDFS 中创建一个/user/hadoop 目录，/user/hadoop 目录就成为 hadoop 用户对应的用户目录。

下面可以使用如下命令创建一个 input 目录：

```
$ ./bin/hdfs dfs -mkdir input
```

在创建 input 目录时，采用了相对路径形式，实际上，这个 input 目录在 HDFS 中的完整路径是/user/hadoop/input。如果要在 HDFS 的根目录下创建一个名称为 input 的目录，则需要使用如下命令：

```
$ ./bin/hdfs dfs -mkdir /input
```

2．列出指定目录下的内容——ls 命令

ls 命令用于列出指定目录下的内容，其语法格式如下：

```
hdfs dfs -ls [-d] [-h] [-R] <path>
```

各项参数说明如下。
- -d：将目录显示为普通文件。
- -h：使用便于操作人员读取的单位信息格式。
- -R：递归显示所有子目录的信息。

示例代码如下：

```
$ ./bin/hdfs dfs -ls /user/hadoop    #显示 HDFS 中/user/hadoop 目录下的内容
```

上述示例代码执行完成后会展示 HDFS 中/user/hadoop 目录下的所有文件及文件夹，如图 2-2 所示。

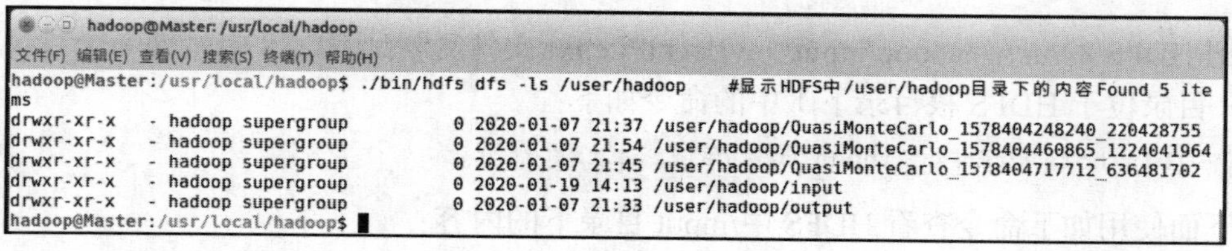

图 2-2　ls 命令的效果

3．上传文件——put 命令

put 命令用于从本地文件系统向 HDFS 中上传文件，其语法格式如下：

```
$ ./bin/hdfs dfs -put [-f] [-p] <localsrc> ... <dst>
```

功能：将单个 localsrc 或多个 localsrc 从本地文件系统上传到 HDFS 中。
各项参数说明如下。
- -p：保留访问和修改时间、所有权和权限。
- -f：覆盖目标文件（如果已经存在）。

首先使用 Vim 编辑器，在 Linux 本地文件系统的/home/hadoop 目录下创建一个文件

HDFS 大数据分布式存储／第 2 章

myLocalFile.txt。

```
$ vim /home/hadoop/myLocalFile.txt
```

在该文件中可以随便输入一些字符，例如，输入如下 3 行：

```
Hadoop
Spark
Hive
```

可以使用如下命令把本地文件系统中的文件/home/hadoop/myLocalFile.txt 上传到 HDFS 的/user/hadoop/input 目录下：

```
$ ./bin/hdfs dfs -put /home/hadoop/myLocalFile.txt input
```

可以使用 ls 命令查看一下文件是否成功上传到 HDFS 中，具体如下：

```
$ ./bin/hdfs dfs -ls input
```

该命令执行后，如果显示如下的信息则表明上传成功：

```
-rw-r--r--   2 hadoop supergroup      19 2020-01-19 14:13 input/myLocalFile.txt
```

4．从 HDFS 中下载文件到本地文件系统——get 命令

get 命令用于把 HDFS 中的文件下载到本地文件系统中，下面把 HDFS 中的 myLocalFile.txt 文件下载到本地文件系统中"/home/hadoop/下载"目录下，命令如下：

```
$ ./bin/hdfs dfs -get input/myLocalFile.txt /home/hadoop/下载
```

5．在 HDFS 中复制文件——cp 命令

cp 命令用于把 HDFS 中一个目录下的一个文件复制到 HDFS 中另一个目录下，其语法格式如下：

```
hdfs dfs -cp URI[URI...] <dst>
```

把 HDFS 的/user/hadoop/input/ myLocalFile.txt 文件复制到 HDFS 中另外一个目录/input（input 目录位于 HDFS 根目录下）中的命令如下：

```
$ ./bin/hdfs dfs -cp input/myLocalFile.txt /input
```

下面使用如下命令查看 HDFS 中/input 目录下的内容：

```
$ ./bin/hdfs dfs -ls /input
```

该命令执行后，如果显示如下的信息，表明复制成功：

```
Found 1 items
-rw-r--r--   2 hadoop supergroup      19 2020-01-19 14:23 /input/myLocalFile.txt
```

这个命令将文件从源路径复制到目标路径，允许有多个源路径，此时目标路径必须是一个目录。

6．查看文件内容——cat 命令

cat 命令用于查看文件内容，其语法格式如下：

```
hdfs dfs -cat URI[URI...]
```

下面使用 cat 命令查看 HDFS 中 myLocalFile.txt 文件的内容：

```
$ hdfs dfs -cat input/myLocalFile.txt
Hadoop
Spark
Hive
```

7. 在 HDFS 目录中移动文件——mv 命令

mv 命令用于将文件从源路径移动到目标路径，该命令允许有多个源路径，此时目标路径必须是一个目录，其语法格式如下：

```
hdfs dfs -mv URI[URI...] <dst>
```

下面使用 mv 命令将 HDFS 中 input 目录下的 myLocalFile.txt 文件移动到 HDFS 中 output 目录下：

```
$ hdfs dfs -mv input/myLocalFile.txt output
```

8. 显示文件大小——du 命令

du 命令用来显示目录中所有文件的大小，当只指定一个文件时，显示该文件的大小，示例如下：

```
$ hdfs dfs -du /user/hadoop/input
4436  /user/hadoop/input/capacity-scheduler.xml
1129  /user/hadoop/input/core-site.xml
1175  /user/hadoop/input/mapred-site.xml
19    /user/hadoop/input/myLocalFile.txt
918   /user/hadoop/input/yarn-site.xml
```

9. 追加文件内容——appendToFile 命令

appendToFile 命令用于追加一个文件到已经存在的文件末尾，其语法格式如下：

```
hdfs dfs -appendToFile <localsrc> ... <dst>
```

/home/hadoop 目录下 word.txt 文件的内容是 "hello hadoop"，下面的命令将该内容追加到 HDFS 中 myLocalFile.txt 文件的末尾：

```
$ hdfs dfs -appendToFile /home/hadoop/word.txt input/myLocalFile.txt
$ hdfs dfs -cat input/myLocalFile.txt
Hadoop
Spark
Hive

hello hadoop
```

⚠ 注意：HDFS 不能对文件进行修改，但可以进行追加。

10. 从本地文件系统中复制文件到 HDFS——copyFromLocal 命令

copyFromLocal 命令用于从本地文件系统中复制文件到 HDFS，其语法格式如下：

```
hdfs dfs -copyFromLocal <localsrc> URI
```

下面的命令将本地文件/home/hadoop/word.txt 复制到 HDFS 中的 input 目录下：

```
$ hdfs dfs -copyFromLocal  /home/hadoop/word.txt input
$ hdfs dfs -ls input        #执行 ls 命令可看到 word.txt 文件已经存在
-rw-r--r--   2 hadoop supergroup       13 2020-01-20 10:00 input/word.txt
```

11. 从 HDFS 中复制文件到本地文件系统——copyToLocal 命令

copyToLocal 命令用于将 HDFS 中的文件复制到本地文件系统，下面的命令将 HDFS 中的 myLocalFile.txt 文件复制到本地/home/hadoop 目录下，并重命名为 LocalFile100.txt：

```
$ hdfs dfs -copyToLocal input/myLocalFile.txt /home/hadoop/LocalFile100.txt
```

12. 从 HDFS 中删除文件和目录——rm 命令

rm 命令用于删除 HDFS 中的文件和目录。
使用 rm 命令删除文件的示例如下：

```
$ hdfs dfs -rm input/myFile.txt
```

使用 rm 命令删除目录的示例如下：

```
$ ./bin/hdfs dfs -rm -r /input
```

上面的命令中，-r 参数表示删除 input 目录及其子目录下的所有内容。

2.3.3　HDFS 的管理员命令

HDFS 命令分为用户命令（dfs 等）、管理员命令（dfsadmin 等）。管理员命令（dfsadmin）是一个多任务的工具，用于获取 HDFS 的状态信息，以及在 HDFS 上执行一系列管理操作，调用方式为"hdfs dfsadmin -具体的命令"。

1. 查看文件系统的基本信息和统计信息——report 命令

report 命令用来查看 HDFS 状态，比如有哪些 DataNode、每个 DataNode 的情况，示例如下：

```
$ hdfs dfsadmin -report
```

2. 安全模式——safemode 命令

进入安全模式的命令：

```
$ hdfs dfsadmin -safemode enter
```

离开安全模式的命令：

```
$ hdfs dfsadmin -safemode leave
```

2.3.4　HDFS 的 Java API 操作

除了通过命令行接口访问 HDFS，还可以通过 Hadoop 类库提供的 Java API 编写 Java 程序来访问 HDFS，如进行文件的上传和下载、目录的创建、文件的删除等各种操作。下面将介绍 HDFS 常用的 Java API 及其编程实例。HDFS 文件操作主要涉及的类如表 2-1 所示。

表 2-1　HDFS 文件操作主要涉及的类

类名称	作用
org.apache.hadoop.con.Configuration	该类的对象封装了客户端或者服务器的配置
org.apache.hadoop.fs.FileSystem	该类的对象是一个文件系统对象，可以用该对象的一些方法对文件进行操作
org.apache.hadoop.fs.FileStatus	用于向客户端展示系统中文件和目录的元数据，具体包括文件大小、数据块大小、副本信息、所有者、修改时间等
org.apache.hadoop.fs.FSDataInputStream	文件输入流，用于读取 Hadoop 文件
org.apache.hadoop.fs.FSDataOutputStream	文件输出流，用于写入 Hadoop 文件
org.apache.hadoop.fs.Path	用于表示 Hadoop 文件系统中的文件或者目录的路径

通过 FileSystem 对象的一些方法可以对文件进行操作，FileSystem 对象的常用方法如表 2-2 所示。

表 2-2　FileSystem 对象的常用方法

方法名称	方法描述
copyFromLocalFile(Path src, Path dst)	从本地文件系统复制文件到 HDFS
copyToLocalFile(Path src, Path dst)	从 HDFS 复制文件到本地文件系统
mkdirs(Path f)	建立子目录
rename(Path src, Path dst)	重命名文件或文件夹
delete(Path f)	删除指定文件

2.3.5　HDFS 的 Web 管理界面

HDFS 提供了 Web 管理界面，方便用户查看 HDFS 的相关信息。用户需要在 Linux 系统中打开自带的火狐浏览器，在浏览器地址栏中输入 http://localhost:50070，按 Enter 键后就可以看到图 2-3 所示的 HDFS 的 Web 管理界面。

图 2-3　HDFS 的 Web 管理界面

在 HDFS 的 Web 管理界面中，包含 Overview、Datanodes、Datanode Volume Failures、Snapshot、Startup Progress 和 Utilities 等选项，单击每个选项就可以进入相应的管理页面，

查询各种详细信息。

2.4 案例实战：HDFS 编程

Hadoop 采用 Java 语言开发，提供了 Java API 与 HDFS 进行交互。上面介绍的 Shell 命令，在执行时实际上会被系统转换成 Java API 调用。为了提高程序的编写和调试效率，本书采用 Eclipse 工具编写 Java 程序。

2.4.1 安装 Eclipse

1. 安装 JDK

在 1.3.3 节已经安装了 jdk-8u181-linux-x64.tar.gz，在终端执行 java-version 命令，如果出现图 2-4 所示的界面，说明 JDK 已经安装成功。

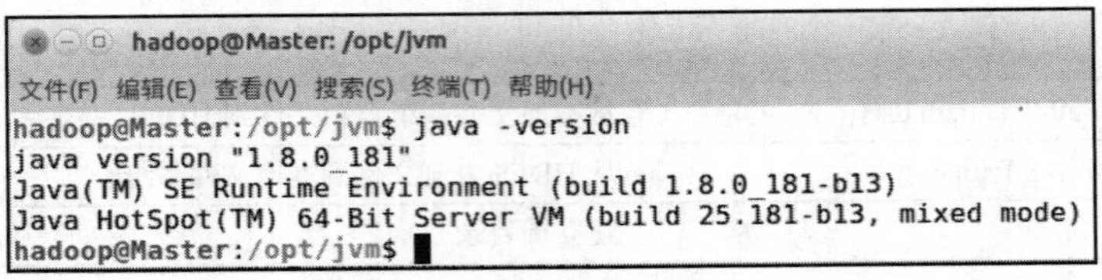

```
hadoop@Master: /opt/jvm
文件(F) 编辑(E) 查看(V) 搜索(S) 终端(T) 帮助(H)
hadoop@Master:/opt/jvm$ java -version
java version "1.8.0_181"
Java(TM) SE Runtime Environment (build 1.8.0_181-b13)
Java HotSpot(TM) 64-Bit Server VM (build 25.181-b13, mixed mode)
hadoop@Master:/opt/jvm$
```

图 2-4 执行 java-version 命令的结果界面

2. 下载 Eclipse

下载的 Eclipse 是 eclipse-java-oxygen-2-linux-gtk-x86_64.tar.gz。

⚠️ **注意**：如果 Ubuntu 系统是 64 位的，需要下载 64 位的 JDK。

3. 安装 Eclipse

将 eclipse-java-oxygen-2-linux-gtk-x86_64.tar.gz 解压到/opt/jvm 文件夹中，命令如下：

```
$ sudo tar -zxvf ~/下载/eclipse-java-oxygen-2-linux-gtk-x86_64.tar.gz -C /opt/jvm
```

4. 创建 Eclipse 的桌面快捷方式图标

创建 Eclipse 的桌面快捷方式图标的具体命令如下：

```
$ cd /home/hadoop/桌面
$ sudo touch eclipse.desktop
$ sudo vim eclipse.desktop
```

输入以下内容：

```
[Desktop Entry]
Encoding=UTF-8
Name=Eclipse
Comment=Eclipse IDE
Exec=/opt/jvm/eclipse/eclipse
Icon=/opt/jvm/eclipse/icon.xpm
```

```
Terminal=false
StartupNotify=true
Type=Application
Categories=Application;Development;
```

保存 eclipse.desktop 文件，执行如下命令将其变为可执行文件：

```
$ sudo chmod u+x eclipse.desktop
```

找到 Eclipse 图标并右击，在弹出的快捷菜单中选择"属性"命令，在弹出的界面中单击"权限"按钮，在打开的界面中勾选"允许作为程序执行文件"复选框。

到此 Eclipse 就全部安装完成。

⚠ 注意：Ubuntu 上的 Eclipse 不显示顶部状态栏的解决办法如下。

```
$ sudo vim /etc/profile              #编辑 profile 文件
$ export UBUNTU_MENUPROXY=0          #在 profile 文件中添加该语句，并保存
$ reboot                            #重启 Ubuntu 系统
```

2.4.2　在 Eclipse 中创建项目

首次启动 Eclipse 时，会弹出提示设置工作空间（workspace）的界面，可以直接采用默认的设置，这里设置为/home/hadoop/eclipse-workspace，单击"OK"按钮，设置好工作空间。

Eclipse 启动以后，选择"File→New→Java Project"命令，开始创建一个 Java 项目，弹出图 2-5 所示的界面。

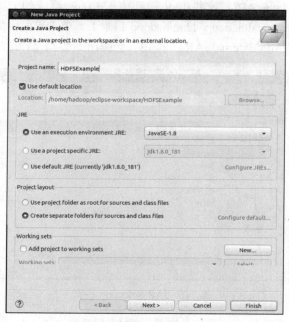

图 2-5　创建一个 Java 项目

在"Project name"后面的文本框中输入项目名称 HDFSExample，勾选"Use default location"复选框，将 Java 项目的所有文件都保存到/home/hadoop/eclipse-workspace/HDFSExample

目录下。然后单击界面底部的"Next"按钮，进入下一步设置。

2.4.3　为项目添加需要用到的 JAR 包

进入下一步设置以后，会弹出图 2-6 所示的 Java Settings 界面。

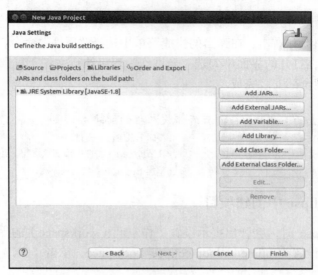

图 2-6　Java Settings 界面

用户需要在 Java Settings 界面中加载该 Java 项目需要用到的 JAR 包，这些 JAR 包中包含可以访问 HDFS 的 Java API。这些 JAR 包都位于 Linux 系统的 Hadoop 安装目录下，对于本书而言，就是在/usr/local/hadoop/share/hadoop 目录下。单击界面中的"Libraries"选项卡，然后单击界面右侧的"Add External JARs"按钮，会弹出图 2-7 所示的 JAR Selection 界面。

图 2-7　JAR Selection 界面

在图 2-7 所示的界面中，上面有一排目录按钮（即 usr、local、hadoop、share、hadoop 和 common），当单击某个目录按钮时，就会在下面列出该目录的内容。

为了编写一个能够与 HDFS 交互的 Java 应用程序，一般需要向 Java 项目中添加以下 JAR 包。

（1）/usr/local/hadoop/share/hadoop/common 目录下的 hadoop-common-2.7.1.jar 和 hadoop-nfs-2.7.1.jar。

（2）/usr/local/hadoop/share/hadoop/common/lib 目录下的所有 JAR 包。

（3）/usr/local/hadoop/share/hadoop/hdfs 目录下的 hadoop-hdfs-2.7.1.jar 和 hadoop-hdfs-nfs-2.7.1.jar。

（4）/usr/local/hadoop/share/hadoop/hdfs/lib 目录下的所有 JAR 包。

例如，如果要把/usr/local/hadoop/share/hadoop/common 目录下的 hadoop-common-2.7.1.jar 和 hadoop-nfs-2.7.1.jar 添加到当前的 Java 项目中，可以单击"common"目录按钮，界面就会显示 common 目录下的所有内容，如图 2-8 所示。在界面中选中 hadoop-common-2.7.1.jar 和 hadoop-nfs-2.7.1.jar，然后单击界面右下角的"OK"按钮，就可以把这两个 JAR 包添加到当前 Java 项目中，此时弹出的界面如图 2-9 所示。

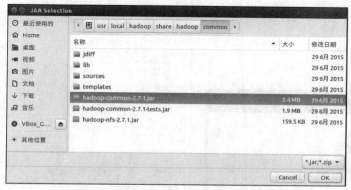

图 2-8　选择 common 目录下的 JAR 包

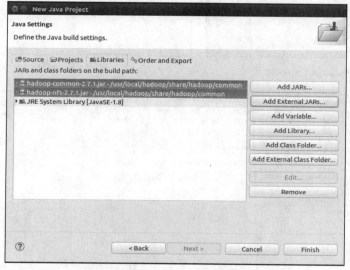

图 2-9　完成 common 目录下 JAR 包的添加后的界面

然后按照上述添加 JAR 包的操作方法，可以再次单击"Add External JARs"按钮，进入 JAR Selection 界面，把剩余的其他 JAR 包都添加进来。需要注意的是，当需要选中某个目录下的所有 JAR 包时，可以按 Ctrl+A 组合键进行全选操作。JAR 包全部添加完毕后，就可以单击界面右下角的"Finish"按钮，完成 Java 项目 HDFSExample 的创建。

2.4.4　编写 Java 应用程序

下面编写一个 Java 应用程序，用来重命名 HDFS 文件。

在 Eclipse 工作界面左侧的"Package Explorer"面板中找到刚才创建的项目 HDFSExample（如图 2-10 所示），然后在该项目名称上右击，在弹出的菜单中选择"New→Class"命令，出现图 2-11 所示的创建类的界面。

在图 2-11 所示的界面中，只需要在"Name"后面的文本框中输入新建的 Java 类文件的名称，这里采用名称 Rename，其他属性都可以采用默认设置，然后单击界面右下角的"Finish"按钮，出现图 2-12 所示的界面。

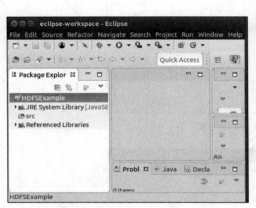

图 2-10　Package Explorer 面板

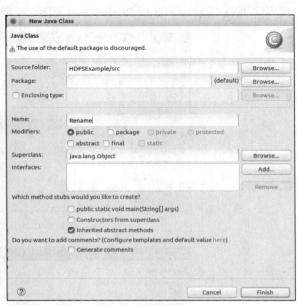

图 2-11　创建类的界面

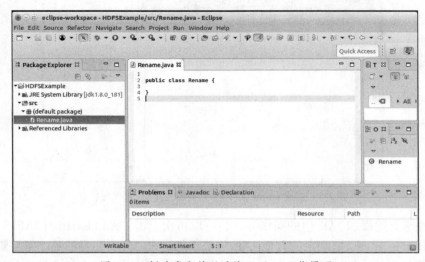

图 2-12　新建类文件以后的 Eclipse 工作界面

可以看出，Eclipse 自动创建了一个名为 Rename.java 的源代码文件，在该文件中输入以下代码：

```
import org.apache.hadoop.conf.Configuration;
import org.apache.hadoop.fs.FileSystem;
import org.apache.hadoop.fs.Path;
public class Rename{
    public static void main(String[] args) throws Exception {
        Configuration conf=new Configuration();
        conf.set("fs.defaultFS", "hdfs://Master:9000");
        conf.set("fs.hdfs.impl", "org.apache.hadoop.hdfs.DistributedFileSystem");
        FileSystem fs = FileSystem.get(conf);
        Path frpaht=new Path("input/myLocalFile.txt");        //旧的文件名
        Path topath=new Path("input/myLocalFile1.txt");        //新的文件名
        boolean isRename=fs.rename(frpaht, topath);
        String result=isRename?"成功":"失败";
        System.out.println("文件重命名结果为: "+result);
    }
}
```

该程序用来重命名 HDFS 文件，其中有一行代码：

```
Path frpaht=new Path("input/myLocalFile.txt")
```

这行代码给出了需要被重命名的文件的名称是 myLocalFile.txt，没有给出路径全称，表示采用了相对路径，实际上就是重命名当前登录 Linux 系统的用户 hadoop 在 HDFS 中对应的用户目录下的 input 目录下的 myLocalFile.txt 文件，也就是重命名 HDFS 中/user/hadoop/input 目录下的 myLocalFile.txt 文件。

2.4.5 编译与运行程序

在开始编译与运行程序之前，请确保 Hadoop 已运行。

可以直接在 Eclipse 工作界面上部选择 "Run→Run As→Java Application" 命令，编译、运行上面编写的代码，然后会弹出图 2-13 所示的提示保存的界面。

单击 "OK" 按钮保存。运行结果界面如图 2-14 所示，显示文件重命名成功。

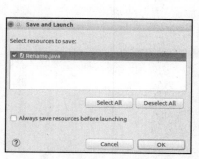

图 2-13　提示保存的界面

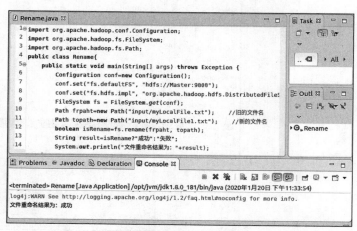

图 2-14　运行结果界面

2.4.6　应用程序的部署

下面介绍如何把 Java 应用程序生成 JAR 包，并部署到 Hadoop 平台上运行。首先，在 Hadoop 安装目录下新建一个名称为 myapp 的目录，用来存储编写的 Hadoop 应用程序，可以在 Linux 的终端中执行如下命令：

```
$ cd /usr/local/hadoop
$ mkdir myapp
```

然后在 Eclipse 工作界面左侧的"Package Explorer"面板中，在项目名称 HDFSExample 上右击，在弹出的菜单中选择"Export"，如图 2-15 所示。

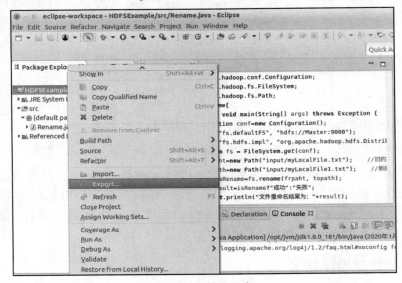

图 2-15　导出程序

最后会弹出图 2-16 所示的界面，在该界面中选择"Runnable JAR file"，然后单击"Next"按钮，弹出图 2-17 所示的界面。

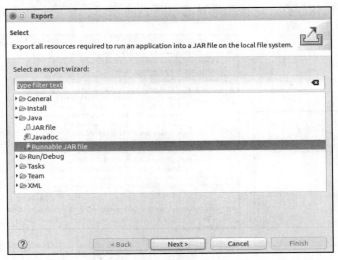

图 2-16　导出程序选择界面

在图 2-17 所示的界面中，"Launch configuration"用于设置生成的 JAR 包被部署启动时运行的主类，需要在下拉列表中选择刚才配置的类 Rename-HDFSExample。在"Export destination"中需要设置 JAR 包要输出到哪个目录，这里设置为/usr/local/hadoop/myapp/HDFSExample.jar。在"Library handling"下面选择 Extract required libraries into generated JAR，然后单击"Finish"按钮，会出现图 2-18 所示的提示信息界面。

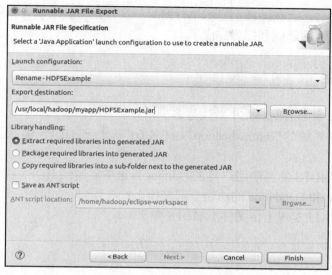

图 2-17　导出程序设置界面

图 2-18　提示信息界面

可以忽略该界面的提示信息，直接单击界面右下角的"OK"按钮，启动打包过程。打包过程结束后，会出现一个警告信息界面，如图 2-19 所示。

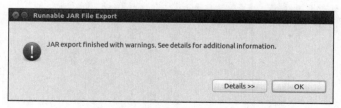

图 2-19　警告信息界面

可以忽略该界面的警告信息，直接单击界面右下角的"OK"按钮。至此，已经顺利把 HDFSExample 项目打包成了 HDFSExample.jar。可以到 Linux 系统中查看生成的 HDFSExample.jar 文件，在终端中执行如下命令：

```
$ cd /usr/local/hadoop/myapp
$ ls
```

可以看到/usr/local/hadoop/myapp 目录下已经存在一个 HDFSExample.jar 文件。在 Linux 系统中，使用 hadoop jar 命令运行程序，命令如下：

```
$ hadoop jar ./myapp/HDFSExample.jar
```

命令执行结束后，会在屏幕上显示运行结果"文件重命名结果为：成功"。至此，重命名 HDFS 文件的程序就顺利部署完成了。

2.5 习题

1. Hadoop2.x 中的数据块大小默认是多少？

2. 把本地文件系统的"/home/hadoop/文件名.txt"上传到 HDFS 中当前用户目录的 input 目录下。

3. 把文件从 HDFS 的当前用户目录的 input 目录中复制到 HDFS 根目录。

4. NameNode 和 DataNode 的功能分别是什么？

5. 通过 Java API 实现上传文件至 HDFS 中。

第3章 MapReduce 分布式计算框架

Hadoop MapReduce 是 Google MapReduce 软件框架的一个开源实现，它使那些没有多少并行计算经验的开发人员也可以很容易地开发并行应用程序。本章主要介绍 MapReduce 体系架构，MapTask 工作原理，ReduceTask 工作原理，以及 MapReduce 词频统计的经典案例。

3.1 MapReduce 概述

MapReduce
概述

3.1.1 并发、并行与分布式编程的概念

并发是指两个任务可以在重叠的时间段内启动、运行和完成；并行是指任务在同一时间运行。并发是独立执行过程的组合，而并行是同时执行（可能相关的）计算。有时并发确实能在相同的时间间隔内完成更多的任务，也就是有利于增加任务的吞吐量。因为在单 CPU 的情况下，并不是所有的任务在进行的每时每刻都使用 CPU，也许还要使用 I/O 设备等。而在多 CPU 或者多台计算机组成的集群的情况下，就更是如此。并发表示一次处理很多事情，并行表示同时做很多事情。并行要比并发更难得，对于单 CPU 来说，除了指令级别的并行，其他情况并不能实行精确的并行。

分布式编程的主要特征是分布和通信。采用分布式编程方法设计程序时，一个程序由若干个可独立执行的程序模块组成。这些程序模块分布于一个分布式计算机系统的几台计算机上且相互关联，它们在同时执行时需要交换数据，即通信。只有通过通信，各程序模块才能协调地完成一个共同的计算任务。

采用分布式编程方法解决计算问题时，必须提供用以进行分布式编程的语言和设计相应的分布式算法。分布式编程语言与常用的各种程序设计语言的主要区别在于，它具有程序分布和通信的功能。因此，分布式编程语言往往可以由一种程序设计语言增加分布和通信的功能而构成。分布式算法和适用于多 CPU 系统的并行算法，都具有并行执行的特点，但它们是有区别的。设计分布式算法时，必须保证实现算法的各程序模块间不会有公共变量，它们只能通过通信交换数据。此外，设计分布式算法时，往往需要考虑健壮性，即当系统中几台计算机失效时，算法仍是有效的。

3.1.2 MapReduce 并行编程模型

MapReduce 是一种编程模型，用于大规模数据集（大于 1TB）的并行运算。MapReduce

应用广泛的原因之一就是其易用性，它提供了一个因高度抽象化而变得非常简单的并行编程模型，是在总结大量应用的共同特点的基础上抽象出来的分布式计算框架。

MapReduce 将复杂的运行于大规模集群上的并行计算过程高度抽象为 Map 和 Reduce 两个计算过程，分别对应一个函数，这两个函数由应用程序开发者负责具体实现，开发者不需要处理并行编程中的其他各种复杂问题，如分布式存储、工作调度、负载均衡、容错处理、网络通信等，这些问题全部由 MapReduce 框架负责处理，因而 MapReduce 编程变得非常容易，它极大地方便了编程人员在不会分布式并行编程的情况下，将自己的程序运行在分布式系统上。适合用 MapReduce 处理的数据集（或任务）有一个基本要求：待处理的数据集可以分解成许多小的数据集，而且每一个小数据集都可以完全并行地进行处理。

在 MapReduce 中，一个存储在分布式文件系统中的大规模数据集会被切分成许多独立的小数据块，这些小数据块被分别提交给多个 Map 任务并行处理，Map 任务处理后所生成的结果作为多个 Reduce 任务的输入，由 Reduce 任务处理生成最终结果并将其写入分布式文件系统。

MapReduce 的一个设计理念是"计算向数据靠拢"，而不是"数据向计算靠拢"，因为移动数据需要大量的网络传输开销，尤其是在大规模数据处理环境下，所以移动计算要比移动数据更有利。基于这个理念，只要有可能，MapReduce 框架就会将 Map 程序就近地在 HDFS 数据所在的节点上运行，即将计算节点和存储节点合并为一个节点，从而减少节点间的数据移动开销。

3.1.3 Map 函数和 Reduce 函数

MapReduce 编程模型的核心是 Map 函数和 Reduce 函数，这两个函数由应用程序开发者负责具体实现。MapReduce 的 Map 函数和 Reduce 函数的核心思想源自函数式编程的 map() 和 reduce() 函数。在函数式编程中，map() 函数接受一个序列 sequence（如列表 list）及一个函数，将这个函数作用于这个列表中的所有成员，并返回所得结果。在 Python 语言中，map() 函数的使用示例如下：

```
>>> L=[1,2,3,4,5]                    #创建一个列表
>>> list(map((lambda x: x+5), L))    #将 L 中的每个元素加 5
[6, 7, 8, 9, 10]
```

reduce() 函数的功能是接收一个列表、一个初始参数及一个函数，将该函数作为特定的组合方式，将其递归地应用于列表的所有成员，并返回最终结果。在 Python 语言中，reduce() 函数的使用示例如下。

（1）不带初始参数 initializer 的 reduce() 函数：reduce(function, sequence)。先将 sequence 的第 1 个元素作为 function 函数的第 1 个参数并将 sequence 的第 2 个元素作为 function 函数的第 2 个参数进行 function 函数运算，然后将得到的返回结果作为下一次 function 函数的第 1 个参数并将 sequence 的第 3 个元素作为 function 函数的第 2 个参数进行 function 函数运算，得到的返回结果再与 sequence 的第 4 个元素进行 function 函数运算，依次进行下去，直到 sequence 中的所有元素都得到处理。

```
>>> def add(x,y):                    #定义一个求和函数，函数名为 add
 return x+y
>>> reduce(add, [1, 2, 3, 4, 5])     #计算列表和：1+2+3+4+5
15
```

（2）带初始参数 initializer 的 reduce()函数：reduce(function, sequence, initializer)。先将初始参数 initializer 的值作为 function 函数的第 1 个参数并将 sequence 的第 1 个元素作为 function 函数的第 2 个参数进行 function 函数运算，然后将得到的返回结果作为下一次 function 函数的第 1 个参数并将 sequence 的第 2 个元素作为 function 函数的第 2 个参数进行 function 函数运算，得到的返回结果再与 sequence 的第 3 个元素进行 function 函数运算，依次进行下去，直到 sequence 中的所有元素都得到处理。

```
>>> reduce(add, [2, 3, 4, 5, 6], 1)        #带初始参数 1，计算 1+2+3+4+5+6
21
```

Hadoop 的 MapReduce 模型的 Map 函数和 Reduce 函数在函数式编程的 map()和 reduce()函数的基础上进行了细微的扩展，但基本概念是相同的。Map 函数和 Reduce 函数不接收数值（如 int、str 类型的值），而接收键值对<key, value>，同时这些函数的每一个输出也都是一个键值对<key, value>。

3.2　MapReduce 工作原理

3.2.1　MapReduce 体系架构

用户定义一个 Map 函数来处理一个键值对<key, value>，以生成一批中间的键值对<key, value>，再定义一个 Reduce 函数，将所有这些中间的键值对<key, value>中 key 相同的 value 合并起来。

MapReduce 的核心思想可用"分而治之"描述，MapReduce 的执行流程如图 3-1 所示。将一个大数据通过一定的数据划分方法，分成多个较小的具有同样计算过程的数据块，数据块之间不存在依赖关系。将每一个数据块分给不同的 Map 任务去处理，每个 Map 任务通常运行在存储数据的节点上，不需要额外的数据传输开销。当 Map 任务结束后，会生成以键值对<key, value>形式表示的许多中间结果（保存在本地存储中，如本地磁盘）。然后，这些中间结果会划分成和 Reduce 任务数相等的多个分区，不同的分区被分发给不同的 Reduce 任务并行处理，具有相同 key 的<key, value>会被发送到同一个 Reduce 任务，Reduce 任务对中间结果进行汇总计算，从而得到最终结果，并输出到分布式文件系统中。

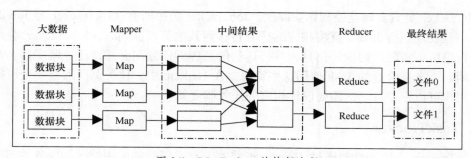

图 3-1　MapReduce 的执行流程

需要指出的是，不同的 Map 任务之间不会进行通信，不同的 Reduce 任务之间也不会发生任何信息交换，用户不能显式地从一个计算节点向另一个计算节点发送消息，所有的数据交换都是通过 MapReduce 框架自身实现的。

和 HDFS 一样，MapReduce 也采用主从架构，MapReduce 的架构如图 3-2 所示。

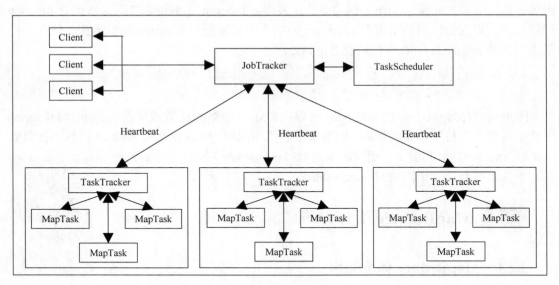

图 3-2　MapReduce 的架构

MapReduce 包含 4 个组成部分，分别为 Client（客户端）、JobTracker、TaskTracker 和 Task。下面详细介绍这 4 个组成部分。

1．Client

用户编写的 MapReduce 程序通过 Client（客户端）提交到 JobTracker，一个 MapReduce 程序对应若干个 Job（作业），而每个 Job 会被分解成若干个 Task（任务）。每一个 Job 都会在客户端通过 JobClient 类将应用程序及配置参数打包成 JAR 包存储在 HDFS 里，并把路径提交到 JobTracker 的 Master 服务，然后由 Master 创建每一个 Task，并将它们分发到各个 TaskTracker 服务中执行。

2．JobTracker

JobTracker 负责资源监控和作业调度。JobTracker 监控所有 TaskTracker 与 Job 的健康状况，一旦发现执行失败，就将相应的任务转移到其他节点；同时，JobTracker 会跟踪任务的执行进度、资源使用量等信息，并将这些信息告诉任务调度器，任务调度器会在资源出现空闲时，选择合适的 Task 使用这些资源。在 Hadoop 中，任务调度器是一个可插拔的模块，用户可以根据自己的需要设计相应的任务调度器。

3．TaskTracker

TaskTracker 会周期性地通过 Heartbeat 将本节点上资源的使用情况和任务的运行进度汇报给 JobTracker，同时接收 JobTracker 发送过来的命令并执行相应的操作（如启动新任务、结束任务等）。TaskTracker 使用 slot 等量划分本节点上的资源量。slot 代表计算资源

（CPU、内存等）。一个 Task 获取到一个 slot 后才有机会运行，而 TaskScheduler 的作用就是将各个 TaskTracker 上的空闲 slot 分配给 Task 使用。slot 分为 Map slot 和 Reduce slot 两种，分别供 MapTask 和 ReduceTask 使用。TaskTracker 通过 slot 的数目（可配置参数）限定 Task 的并发度。

4．Task

Task 分为 MapTask 和 ReduceTask 两种，均由 TaskTracker 启动。HDFS 以固定大小的数据块作为基本单位存储数据，而对于 MapReduce 而言，其处理单位是 split。split 是一个逻辑概念，它只包含一些元数据信息，比如数据起始位置、数据长度、数据所在节点等。split 的划分方法完全由用户自己决定。但需要注意的是，split 的多少决定了 MapTask 的数目，因为每个 split 只会交给一个 MapTask 处理。

3.2.2　MapTask 工作原理

MapReduce 处理主要包括 MapTask 处理和 ReduceTask 处理。

MapTask 作为 MapReduce 工作流程的前半部分，它主要经历 6 个阶段，MapTask 的运行过程如图 3-3 所示。

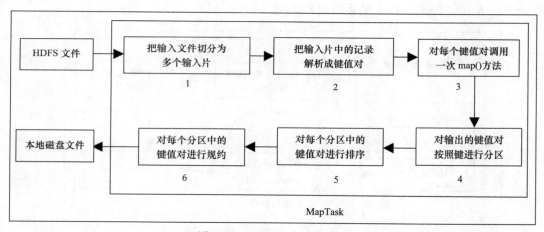

图 3-3　MapTask 的运行过程

关于这 6 个阶段的介绍如下。

（1）把输入文件按照一定的标准切分为逻辑上的多个输入片（InputSplit），输入片是 MapReduce 对文件进行处理和运算的输入单位，只是一个逻辑概念，每个输入片实际并没有对文件进行切割，只记录了要处理的数据的位置和长度。每个输入片的大小是固定的，默认输入片的大小与数据块的大小是相同的。如果数据块的大小是默认值 64MB，输入文件有两个，一个文件的大小是 32MB，另一个文件的大小是 72MB。小的文件是一个输入片，大文件会分为两个数据块，那么就是两个输入片。每一个输入片交由一个 Mapper 进程处理。两个文件一共产生 3 个输入片，3 个输入片交由 3 个 Mapper 进程处理。

（2）把输入片中的记录按照一定的规则解析成键值对，默认规则是把每一行文本内容解析成一个键值对，键是每一行的起始位置，值是本行的文本内容。

（3）对第 2 阶段中解析出来的每一个键值对调用一次 map()方法，map()方法由用户编程实现。如果有 1000 个键值对，就会调用 1000 次 map()方法。每一次调用 map()方法都会输出零个或者多个键值对。

（4）为了让 Reduce 可以并行处理 Map 的结果，需要对 Map 输出的键值对按照一定的规则进行分区。分区是基于键进行的。例如键表示省份（如河北、河南、山东等），那么可以按照不同省份进行分区，同一个省份的键值对划分到一个分区中，默认只有一个分区。分区的数量就是运行的 Reducer 任务的数量，默认只有一个 Reducer 任务。

（5）对每个分区中的键值对进行排序。首先，按照键进行排序，对于键相同的键值对，按照值进行排序。例如 3 个键值对<2,2>、<1,3>、<2,1>，那么排序后的结果是<1,3>、<2,1>、<2,2>。如果有第（6）阶段，那么进入第（6）阶段；如果没有，直接将结果输出到本地磁盘上。

（6）对每个分区中的数据进行规约处理，也就是调用 reduce()方法处理。键相等的键值对会调用一次 reduce()方法，得到<key,value-list>形式的中间结果。经过这一阶段，数据量会减少。规约后的数据输出到本地磁盘上。本阶段默认是没有的，需要用户自己添加这一阶段的代码。

3.2.3 ReduceTask 工作原理

ReduceTask 的运行过程主要经历 4 个阶段，分别是 Copy 阶段、Merge 阶段、Sort 阶段和 Reduce 阶段。ReduceTask 的运行过程如图 3-4 所示。

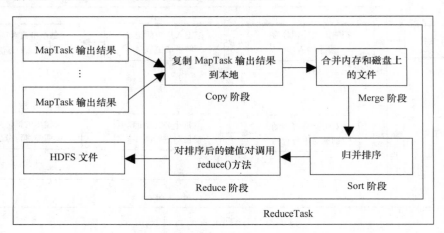

图 3-4 ReduceTask 的运行过程

关于这 4 个阶段的介绍如下。

（1）Copy 阶段：ReduceTask 会主动从 MapTask 复制其输出的键值对，如果键值对的大小超过阈值，则写到磁盘上，否则直接放到内存中。MapTask 可能会有很多个输出结果，因此 ReduceTask 会复制多个 MapTask 的输出结果。

（2）Merge 阶段：在远程复制数据的同时，ReduceTask 启动了两个后台线程对内存和磁盘上的文件进行合并，以防止内存使用过多或磁盘上文件过多。

（3）Sort 阶段：按照 MapReduce 语义，用户自定义 reduce()方法，其接收的输入数据是按 key 进行聚集的一组数据。Hadoop 采用了基于排序的策略将 key 相同的数据聚在一起。由于各个 MapTask 已经实现对自己的处理结果进行局部排序，因此，ReduceTask 只需对所有数据进行一次归并排序即可。

（4）Reduce 阶段：对归并排序后的键值对<key, value-list>调用 reduce()方法，并对 key 相等的键值对调用一次 reduce()方法，每次调用会产生零个或者多个键值对，最后把这些输出的键值对写入 HDFS 文件中。

在对 MapTask、ReduceTask 的分析过程中，会看到很多阶段都出现了键值对，容易混淆，下面对键值对进行编号，如图 3-5 所示。

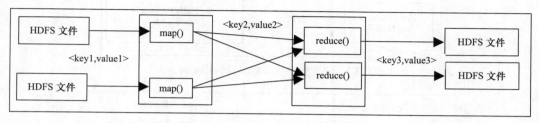

图 3-5　MapReduce 流程中的键值对

在图 3-5 中，对于 map()方法，输入的键值对定义为<key1,value1>。在 map()方法处理后，输出的键值对定义为<key2,value2>。reduce()方法接收<key2,value2>，处理后，输出<key3,value3>。在下文再讨论键值对时，为了简便，可能将<key1,value1>简写为<k1,v1>，将<key2,value2>简写为<k2,v2>，将<key3,value3>简写为<k3,v3>。

3.3　案例实战：MapReduce 编程

3.3.1　WordCount 执行流程示例

与学习编程语言时采用"Hello World"程序作为入门示例程序不同，在大数据处理领域常常使用 WordCount 程序作为入门程序。WordCount 是 Hadoop 自带的示例程序之一，其功能是统计输入文件（也可以是输入文件夹内的多个文件）中每个单词出现的次数。WordCount 的基本设计思路是分别统计文件中每个单词出现的次数，然后累加不同文件中同一个单词出现的次数。WordCount 执行流程包括以下几个阶段：

（1）将文件拆分成 split，测试用到的两个文件如图 3-6 所示。

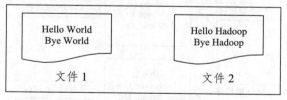

图 3-6　测试用到的两个文件

由于测试用到的两个文件较小，所以每个文件为一个 split，两个 split 交给两个 Map 任务并行处理，并将文件按行分割成<key1,value1>，key1 为偏移量（包括回车符），value1 为文本行，这一步由 MapReduce 框架自动完成，如图 3-7 所示。

（2）将分割好的<key1,value1>交给用户定义的 map()方法进行处理，每个 Map 任务中，以每个单词作为键 key2、以 1（词频数）作为键 key2 对应的值 value2，生成新的键值对<key2,value2>，然后输出，如图 3-8 所示。

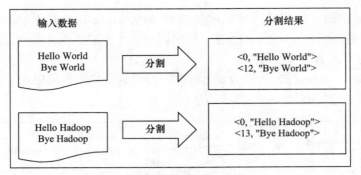

图 3-7　将文件按行分割成<key1,value1>

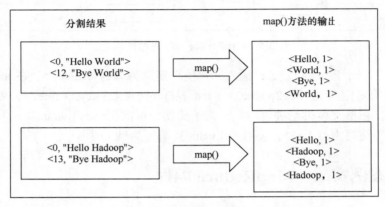

图 3-8　将<key1,value1>转化为<key2,value2>

（3）得到 map()方法输出的<key2,value2>后，Mapper 会将它们按照 key 值进行排序，并执行 Combine 过程，将 key 值相同的 value 值累加，得到 Mapper 的最终输出结果，如图 3-9 所示。

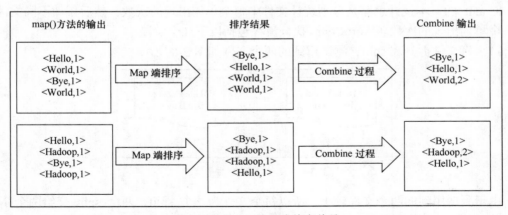

图 3-9　Mapper 的最终输出结果

（4）Reducer 先对从 Mapper 接收的数据进行排序，再交由用户自定义的 reduce()方法进行处理，将相同键下的所有值相加，得到新的<key3,value3>作为最终的输出结果，如图 3-10 所示。

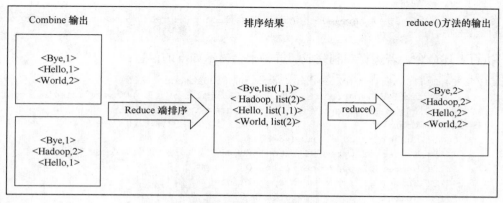

图 3-10　reduce()方法的处理结果

3.3.2　WordCount 具体实现

1．启动 Hadoop

执行下面的命令启动 Hadoop：

```
$ cd /usr/local/hadoop
$ ./sbin/start-dfs.sh
```

2．创建数据文件

要使用 HDFS，首先需要在 HDFS 中创建用户目录，命令如下：

```
$ cd /usr/local/hadoop
$ ./bin/hdfs dfs -mkdir -p /user/hadoop
```

接着在 Linux 系统的本地桌面上创建两个 .txt 输入文件，即文件 wordfile1.txt 和 wordfile2.txt，然后将这两个文件复制到 HDFS 中的 /user/hadoop/input 目录下，命令如下：

```
$ cd /usr/local/hadoop
$ ./bin/hdfs dfs -mkdir input          #在 HDFS 中创建 hadoop 用户对应的 input 目录
$ ./bin/hdfs dfs -put /home/hadoop/桌面/wordfile1.txt input  #把 wordfile1.txt 放进 input
$ ./bin/hdfs dfs -put /home/hadoop/桌面/wordfile2.txt input  #把 wordfile2.txt 放进 input
```

文件 wordfile1.txt 的内容如下：

```
I love MapReduce
I love Hadoop
I love programming
```

文件 wordfile2.txt 的内容如下：

```
Hadoop is good
MapReduce is good
```

3．运行 Hadoop 中自带的 WordCount 程序

现在可以运行 Hadoop 中自带的 WordCount 程序，命令如下：

```
$ ./bin/hadoop jar ./share/hadoop/mapreduce/hadoop-mapreduce-examples-*.jar wordcount
input output
```

执行上述命令，若运行顺利完成，屏幕上会显示如下的信息：

```
21/05/04 11:10:58 INFO mapreduce.Job:  map 100% reduce 100%
21/05/04 11:10:58 INFO mapreduce.Job: Job job_local110927881_0001 completed successfully
21/05/04 11:10:58 INFO mapreduce.Job: Counters: 35
File System Counters
      FILE: Number of bytes read=822018
      FILE: Number of bytes written=1660744
      FILE: Number of read operations=0
      FILE: Number of large read operations=0
      FILE: Number of write operations=0
      HDFS: Number of bytes read=216
      HDFS: Number of bytes written=58
      HDFS: Number of read operations=22
      HDFS: Number of large read operations=0
      HDFS: Number of write operations=5
Map-Reduce Framework
      Map input records=5
      Map output records=15
      Map output bytes=143
      Map output materialized bytes=127
      Input split bytes=236
      Combine input records=15
      Combine output records=9
      Reduce input groups=7
      Reduce shuffle bytes=127
      Reduce input records=9
      Reduce output records=7
      Spilled Records=18
      Shuffled Maps =2
      Failed Shuffles=0
      Merged Map outputs=2
      GC time elapsed (ms)=216
      Total committed heap usage (bytes)=551890944
Shuffle Errors
      BAD_ID=0
      CONNECTION=0
      IO_ERROR=0
      WRONG_LENGTH=0
      WRONG_MAP=0
      WRONG_REDUCE=0
File Input Format Counters
      Bytes Read=83
File Output Format Counters
      Bytes Written=58
```

词频统计结果已经被写入 HDFS 的/user/hadoop/output 目录中，可以执行如下命令查看词频统计结果：

```
$ cd /usr/local/hadoop
$ ./bin/hdfs dfs -cat output/*
```

执行上面的命令后，会在屏幕上显示如下词频统计结果：

```
Hadoop    2
I    3
MapReduce    2
good    2
is    2
love    3
programming    1
```

需要强调的是，Hadoop 运行程序时，输出目录不能存在，否则会提示错误信息。因此，若要再次执行 WordCount 程序，需要执行如下命令删除 HDFS 中的 output 文件夹：

```
$ ./bin/hdfs dfs -rm -r output        #删除 output 文件夹
```

4. WordCount 的源代码

下面给出完整的词频统计程序 WordCount，在编写词频统计 Java 程序时，需要新建一个名称为 WordCount.java 的文件，该文件包含完整的词频统计程序代码，具体如下：

```java
import java.io.IOException;
import java.util.StringTokenizer;
import org.apache.hadoop.conf.Configuration;
import org.apache.hadoop.fs.Path;
import org.apache.hadoop.io.IntWritable;
import org.apache.hadoop.io.Text;
import org.apache.hadoop.mapreduce.Job;
import org.apache.hadoop.mapreduce.Mapper;
import org.apache.hadoop.mapreduce.Reducer;
import org.apache.hadoop.mapreduce.lib.input.FileInputFormat;
import org.apache.hadoop.mapreduce.lib.output.FileOutputFormat;
import org.apache.hadoop.util.GenericOptionsParser;
public class WordCount {
    public static void main(String[] args) throws Exception {
        //获取配置信息
        Configuration conf = new Configuration();
        //获取执行任务时传入的参数，如输入数据所在路径、输出文件的路径等
        String[] otherArgs = (new GenericOptionsParser(conf, args)).getRemainingArgs();
        /*

        因为任务正常运行至少需要输入和输出文件的路径，因此如果传入的参数
        少于两个，程序肯定无法运行
        */
        if(otherArgs.length < 2) {
            System.err.println("Usage: wordcount <in> [<in>...] <out>");
            System.exit(2);
        }
        //创建一个job，设置名称叫 word count
        Job job = Job.getInstance(conf, "word count");
        //设置job运行的类
        job.setJarByClass(WordCount.class);
        //设置job的Map阶段的执行类
        job.setMapperClass(WordCount.TokenizerMapper.class);
        //设置job的Combine阶段的执行类
        job.setCombinerClass(WordCount.IntSumReducer.class);
```

```java
//设置 job 的 Reduce 阶段的执行类
job.setReducerClass(WordCount.IntSumReducer.class);
//设置程序输出的 key 的类型
job.setOutputKeyClass(Text.class);
//设置程序输出的 value 的类型
job.setOutputValueClass(IntWritable.class);
for(int i = 0; i < otherArgs.length - 1; ++i) {
    //获取给定的参数，为 job 设置输入文件所在路径
    FileInputFormat.addInputPath(job, new Path(otherArgs[i]));
}
//获取给定的参数，为 job 设置输出文件所在路径
FileOutputFormat.setOutputPath(job, new Path(otherArgs[otherArgs.length - 1]));
//等待任务完成，任务完成之后退出程序
System.exit(job.waitForCompletion(true)?0:1);    //退出程序
}
public static class TokenizerMapper extends Mapper<Object, Text,
    Text, IntWritable> {
    //每个单词出现后就置为 1，因此可声明值为 1 的常量
    private static final IntWritable one = new IntWritable(1);
    private Text word = new Text();
    /**
    *重写 map() 方法，读取初始划分的每一个键值对，
    *即行偏移量和一行字符串，key 为偏移量，value 为该行字符串
    */
    public void map(Object key, Text value, Context context) throws
        IOException, InterruptedException {
        /**
        *因为每一行就是一个 split，并会为之生成一个 Mapper，所以各个参数中，key 就是
        *偏移量，value 就是一行字符串，这里将其分割成多个单词，将每行的单词进行分割，
        *按照"\t\n\r\f"（空格、制表符、换行符、回车符、换页）进行分割
        */
        StringTokenizer itr = new StringTokenizer(value.toString());
        //遍历
        while(itr.hasMoreTokens()) {
            //获取每个值并设置 Map 输出的 key
            word.set(itr.nextToken());
            /*one 代表 1，最开始每个单词都只出现 1 次，context 直接将<word,1>写到
            *本地磁盘上，write() 函数直接将两个参数封装成<key,value>
            */
            context.write(word, one);
        }
    }
}
public static class IntSumReducer extends Reducer<Text, IntWritable, Text,
    IntWritable> {
    //输出结果，总次数
    private IntWritable result = new IntWritable();
    public void reduce(Text key, Iterable<IntWritable> values, Context
        context) throws IOException, InterruptedException {
        int sum = 0;       //累加器，累加每个单词出现的次数
        //遍历 values
        for (IntWritable val : values) {
```

```
                sum += val.get();                    //累加
            }
            result.set(sum);                         //设置输出 value
            context.write(key, this.result);  //context 输出 Reduce 结果
        }
    }
}
```

3.3.3 使用 Eclipse 编译与运行词频统计程序

1. 在 Eclipse 中创建项目

Eclipse 启动后，选择"File→New→Java Project"命令，开始创建一个 Java 项目，弹出图 3-11 所示的界面。

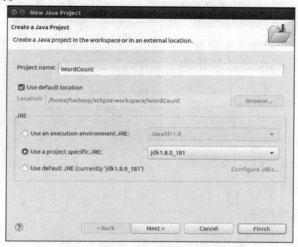

图 3-11　新建 Java 项目的界面

在"Project name"文本框中输入项目名称 WordCount，勾选"Use default location"复选框，让这个 Java 项目的所有文件都保存到/home/hadoop/eclipse-workspace/WordCount 目录下。在"JRE"选项组中，可以选择当前 Linux 系统中已经安装好的 JDK，如 jdk1.8.0_181。然后单击界面底部的"Next"按钮，进入下一步的设置。

2. 添加需用的 JAR 包

进入下一步的设置以后，会弹出图 3-12 所示的界面。

需要在该界面中加载该 Java 项目需要用到的 JAR 包，这些 JAR 包中包含可以访问 HDFS 的 Java API。这些 JAR 包都位于 Linux 系统的 Hadoop 安装目录下，对于本书而言，就是在/usr/local/hadoop/share/hadoop 目录下。单击界面中的"Libraries"选项卡，然后单击界面右侧的"Add External JARs"按钮，弹出图 3-13 所示的界面。

为了编写一个 MapReduce 程序，一般需要向 Java 项目中添加以下 JAR 包。

（1）/usr/local/hadoop/share/hadoop/common 目录下的 hadoop-common-2.7.1.jar 和 hadoop-nfs-2.7.1.jar。

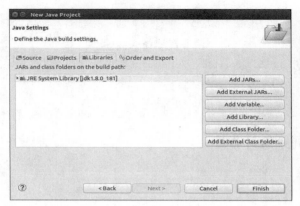

图 3-12　Java Settings 界面

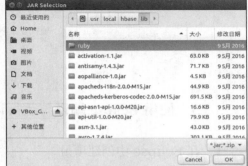

图 3-13　JAR Selection 界面

（2）/usr/local/hadoop/share/hadoop/common/lib 目录下的所有 JAR 包。

（3）/usr/local/hadoop/share/hadoop/
mapreduce 目录下的 hadoop-mapreduce-
client-app-2.7.1.jar 等 JAR 包，具体如
图 3-14 所示。

（4）/usr/local/hadoop/share/hadoop/
mapreduce/lib 目录下的所有 JAR 包。

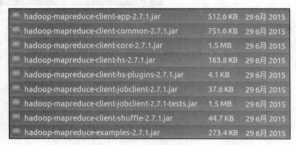

JAR 包全部添加完毕以后，可以单
击界面右下角的"Finish"按钮，完成 Java
项目 WordCount 的创建。

图 3-14　添加 mapreduce 目录下的 JAR 包

3．编写 Java 应用程序

下面编写 Java 应用程序 WordCount.java。在 Eclipse 工作界面左侧的"Package Explorer"
面板中找到刚才创建的项目名称 WordCount，然后在该项目名称上右击，在弹出的菜单中
选择"New→Class"命令，会出现图 3-15 所示的界面。在该界面中，只需要在"Name"文本
框中输入新建的 Java 类文件的名称 WordCount，其他属性都可以采用默认设置。

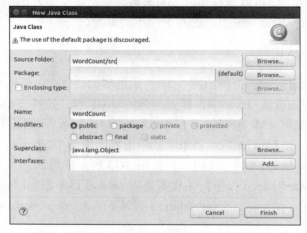

图 3-15　新建 Java 类文件的界面

然后单击界面右下角的"Finish"按钮，出现图 3-16 所示的界面。从图 3-16 可以看出，Eclipse 自动创建了一个名为 WordCount.java 的源代码文件，并且包含代码 public class WordCount{}。清空该文件里面的代码，然后将 3.3.2 节已经给出的完整的词频统计程序代码复制到该文件中。

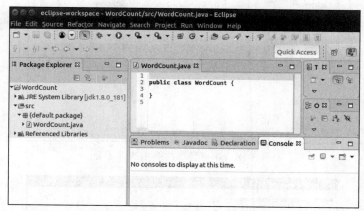

图 3-16　WordCount.java 文件的编辑

4. 编译打包程序

　　现在就可以编译上述代码。选择"Run→Run as→Java Application"命令，然后在弹出的界面中单击"OK"按钮，开始运行程序。程序运行结束后，会在底部的"Console"面板中显示 WordCount.java 文件的运行结果，如图 3-17 所示。

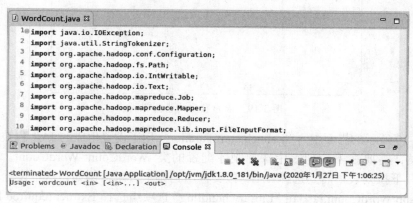

图 3-17　WordCount.java 文件的运行结果

　　下面就可以把 Java 应用程序打包成 JAR 包，部署到 Hadoop 平台上运行。首先在 Hadoop 安装目录下新建一个名称为 myapp 的目录，用来存放我们编写的 Hadoop 应用程序，现在可以把词频统计程序 WordCount.java 存放在 myapp 目录下。

　　首先在 Eclipse 工作界面左侧的"Package Explorer"面板的项目名称 WordCount 上右击，从弹出的菜单中选择"Export"，然后会弹出图 3-18 所示的导出程序的类型选择界面。

　　在图 3-18 所示的界面中，选择 Runnable JAR file，然后单击"Next"按钮，弹出图 3-19 所示的导出程序的设置界面。

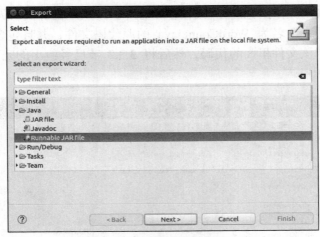

图 3-18　导出程序的类型选择界面

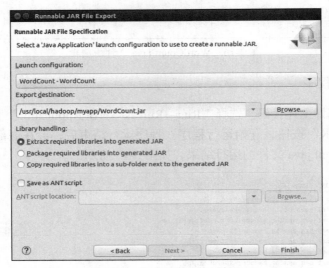

图 3-19　导出程序的设置界面

在图 3-19 所示的界面中，"Launch configuration"用于设置生成的 JAR 包被部署启动时运行的主类，需要在下拉列表中选择刚才配置的类 WordCount-WordCount。在 "Export destination" 下拉列表中需要选择 JAR 包要输出到哪个目录，例如，这里设置为/usr/local/hadoop/myapp/WordCount.jar。在"Library handling"选项组选择 Extract required libraries into genernated JAR，然后单击 "Finish" 按钮，会出现图 3-20 所示的导出程序时的提示信息界面，可以忽略该界面的提示信息，直接单击右下角的 "OK" 按钮，启动打包过程。

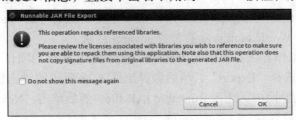

图 3-20　导出程序时的提示信息界面

打包过程结束后，会出现一个警告信息界面，如图 3-21 所示。

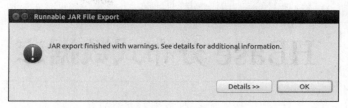

图 3-21　警告信息界面

可以忽略该界面的警告信息，直接单击界面右下角的"OK"按钮。至此，已经顺利把 WordCount 项目打包成了 WordCount.jar。可以在 Linux 的终端中执行如下命令，查看生成的 WordCount.jar 文件。

```
$ cd /usr/local/hadoop/myapp
$ ls
```

在 Linux 系统中可以看到，/usr/local/hadoop/myapp 目录下已经存在一个 WordCount.jar 文件。

5．运行程序

运行程序之前，需要在 Master 节点上启动 Hadoop 集群，命令如下：

```
$ start-dfs.sh
$ start-yarn.sh
```

启动 Hadoop 集群之后，在 HDFS 的 hadoop 用户的用户目录/user/hadoop 下创建 input 目录，命令如下：

```
$ hdfs dfs -mkdir /user/hadoop/input
```

然后把 Linux 本地文件系统中的两个文件 wordfile1.txt 和 wordfile2.txt（假设这两个文件位于"/home/hadoop/桌面"目录下），上传到 HDFS 中的/user/hadoop/input 目录下，命令如下：

```
$ hdfs dfs -put /home/hadoop/桌面/wordfile1.txt /user/hadoop/input
$ hdfs dfs -put /home/hadoop/桌面/wordfile2.txt /user/hadoop/input
```

在 Linux 系统中，使用 hadoop jar 命令运行程序，命令如下：

```
$ hadoop jar /usr/local/hadoop/myapp/WordCount.jar /user/hadoop/input /user/hadoop/output
```

3.4　习题

1．在 MapReduce 中，_____阶段负责将数据文件分解，_____阶段负责将数据文件合并。

2．简述 MapReduce 和 Hadoop 的关系。

3．简述 MapTask 的工作原理。

第4章 HBase 分布式数据库

HBase 是一个高可靠性、高性能、基于列进行数据存储的分布式数据库，可以随着存储数据的不断增加而实时动态地增加列。本章主要介绍 HBase 概述，HBase 系统架构和数据访问流程，HBase 数据表，HBase 安装与配置，HBase 的 Shell 操作和 HBase 综合编程。

4.1 HBase 概述

HBase 概述

4.1.1 HBase 的技术特点

HBase 是一个建立在 HDFS 上的分布式数据库，HBase 具有如下主要技术特点。

1. 容量大

HBase 中的一张表可以存储数十亿行、上百亿列。当关系数据库的单张表的记录在亿级时，查询和写入的性能都会呈指数级下降，而 HBase 中单张表存储更多的数据都不会影响其查询和写入的性能。

2. 无固定模式（表结构不固定）

列可以根据需要动态地增加，同一张表中不同的行可以有截然不同的列。

3. 列式存储

列式存储指的是数据在表中按照列存储，根据数据动态地增加列，并且可以单独对列进行各种操作。

4. 稀疏性

空列不占用存储空间，表可以设计得非常稀疏。

5. 数据类型单一

HBase 中的数据都是字符串。

4.1.2 HBase 与传统关系数据库的区别

HBase 与传统关系数据库的区别主要体现在以下几个方面。

1．数据类型方面

关系数据库具有丰富的数据类型，如字符串型、数值型、日期型、二进制型等。而 HBase 中的数据类型只有字符串型，即 HBase 把数据存储为未经解释的字符串，数据的实际类型都是由用户自己编写程序对字符串进行解析得到的。

2．数据操作方面

关系数据库包含丰富的操作，如插入、删除、更新、查询等，其中还涉及各式各样的函数和连接操作。HBase 只有简单的插入、查询、删除、清空等操作，表和表之间是分离的，没有复杂的关系。

3．存储模式方面

关系数据库是基于行存储的，在关系数据库中读取数据时，需要顺序扫描每个元组，然后从中筛选出需要查询的属性。HBase 是基于列存储的，HBase 将列划分为若干个列族，每个列族都由几个文件保存，不同列族的文件是分离的，它的优点是：可以降低 I/O 开销，支持大量并发用户查询，仅需要处理要查询的列，不需要处理与查询无关的大量数据行。

4．数据维护方面

在关系数据库中，更新操作会用最新的当前值替换元组中的旧值。而 HBase 执行的更新操作不会删除数据旧的版本，而是添加一个新的版本，旧的版本仍然保留。

5．可伸缩性方面

HBase 是为了实现灵活的水平扩展而开发的，所以它能够轻松地增加或减少硬件的数量来实现性能的伸缩。传统关系数据库通常需要增加中间层才能实现类似的功能，很难实现横向扩展，纵向扩展的空间也比较有限。

4.1.3 HBase 与 Hadoop 中其他组件的关系

HBase 作为 Hadoop 生态系统的一部分，一方面它的运行依赖于 Hadoop 生态系统中的其他组件；另一方面，HBase 又为 Hadoop 生态系统的其他组件提供了强大的数据存储和处理能力。Hadoop 生态系统中 HBase 与其他组件的关系如图 4-1 所示。

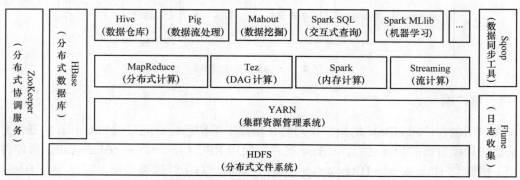

图 4-1　Hadoop 生态系统中 HBase 与其他组件的关系

HBase 使用 HDFS 作为高可靠的底层存储，利用廉价集群提供存储海量数据的能力。HBase 使用 MapReduce 处理 HBase 中的海量数据，实现高性能计算。

HBase 利用 ZooKeeper 提供协同服务，ZooKeeper 用以提供高可靠的锁服务。ZooKeeper 保证了集群中所有的机器看到的视图是一致的。例如，节点 A 通过 ZooKeeper 抢到了某个独占的资源，那么不会有节点 B 也宣称自己获得了该资源（因为 ZooKeeper 提供了锁机制），并且这一事件会被其他所有的节点观测到。HBase 使用 ZooKeeper 服务进行节点管理及表数据的定位。

此外，为了方便在 HBase 上进行数据处理，Sqoop 为 HBase 提供了高效、便捷的 RDBMS 数据导入功能，Pig 和 Hive 为 HBase 提供了高层语言支持。

HBase 系统架构和数据访问流程

4.2 HBase 系统架构和数据访问流程

4.2.1 HBase 系统架构

HBase 采用主从架构，由 HMaster 服务器、HRegionServer 和 ZooKeeper 服务器构成。在底层，HBase 将数据存储于 HDFS 中。HBase 系统架构如图 4-2 所示。

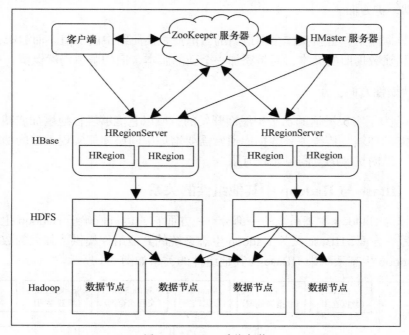

图 4-2 HBase 系统架构

1. 客户端

客户端包含访问 HBase 的接口，同时在缓存中维护已经访问过的 HRegion 位置信息，用来加快后续数据的访问过程。HBase 客户端使用 RPC（remote procedure call，远程过程调用）机制与 HMaster 和 HRegionServer 进行通信。对于管理类操作，客户端与 HMaster 进行 RPC；对于数据读写类操作，客户端则会与 HRegionServer 进行 RPC。

2. ZooKeeper 服务器

ZooKeeper 服务器用来为 HBase 集群提供稳定、可靠的协同服务，ZooKeeper 存储了 -ROOT-表的地址和 HMaster 的地址，客户端通过-ROOT-表可找到自己所需的数据。ZooKeeper 服务器并不一定是一台单一的机器，可能是由多台机器构成的集群。每个 HRegionServer 会以短暂的方式把自己注册到 ZooKeeper 中，ZooKeeper 会实时监控每个 HRegionServer 的状态并通知给 HMaster，这样，HMaster 就可以通过 ZooKeeper 随时感知各个 HRegionServer 的工作状态。

具体来说，ZooKeeper 的作用如下。

（1）保证任何时候集群中只有一个 HMaster 作为集群的"总管"

HMaster 记录了当前有哪些可用的 HRegionServer，以及当前哪些 HRegion 被分配给了哪些 HRegionServer，哪些 HRegion 还没有被分配。当一个 HRegion 需要被分配时，HMaster 从当前运行的 HRegionServer 中选取一个，向其发送一个加载请求，把 HRegion 分配给这个 HRegionServer。HRegionServer 得到请求后，就开始加载这个 HRegion，等加载完后，HRegionServer 会通知 HMaster 加载的结果。如果加载成功，这个 HRegion 就可以对外提供服务了。

（2）实时监控 HRegionServer 的状态

ZooKeeper 将 HRegionServer 的上线和下线信息实时通知给 HMaster。

（3）存储 HBase 目录表的寻址入口

ZooKeeper 存储 HBase 目录表的寻址入口。

（4）存储 HBase 的模式

ZooKeeper 存储 HBase 的模式，模式包含有哪些表及每个表有哪些列族等各种元信息。

（5）锁定和同步服务

锁定和同步服务机制可以帮助 HBase 自动进行故障恢复，同时连接其他的分布式应用程序。

3. HMaster 服务器

每个 HRegionServer 都会和 HMaster 服务器通信，HMaster 服务器的主要任务就是告诉每个 HRegionServer，它主要维护哪些 HRegion。

当一个新的 HRegionServer 登录到 HMaster 服务器时，HMaster 会告诉它先等待分配数据。而当一个 HRegionServer 发生故障并失效时，HMaster 会把它负责的 HRegion 标记为未分配，然后把它们分配到其他 HRegionServer 中。

HMaster 负责协调多个 HRegionServer 并监测各个 HRegionServer 的状态，负责将 HRegion 分配给 HRegionServer，平衡 HRegionServer 之间的负载。在 ZooKeeper 的帮助下，HBase 允许多个 HMaster 节点共存，但只有一个 HMaster 节点提供服务，其他的 HMaster 节点处于待命状态。当某个正在工作的 HMaster 节点宕机时，ZooKeeper 指定一个待命的 HMaster 节点来接管其工作。

HMaster 主要负责表和 HRegion 的管理工作，具体包括：管理 HRegionServer，实现其负载均衡；管理和分配 HRegion，比如在 HRegion 切分时分配新的 HRegion，在 HRegionServer 退出时迁移其内的 HRegion 到其他 HRegionServer 上；监控集群中所有 HRegionServer 的状态（通过 HeartBeat 监听）；处理模式更新请求（创建、删除、修改表的定义）。

4．HRegionServer

HRegionServer 负责维护 HMaster 分配给它的 HRegion，处理用户对这些 HRegion 的 I/O 请求，向 HDFS 中读写数据，此外，HRegionServer 还负责切分在运行过程中变得过大的 HRegion。

HRegionServer 内部管理了一系列 HRegion 对象，每个 HRegion 对应表中的一个 Region。HBase 表根据行键（Row Key）的范围被水平拆分成若干个 HRegion。每个 HRegion 都包含这个 HRegion 的开始键和结束键之间的所有行（row）。HRegion 被分配给集群中的某些 HRegionServer 管理，由它们负责处理数据的读写请求。每个 HRegionServer 大约可以管理 1000 个 HRegion。HRegion 由多个 HStore 组成，每个 HStore 对应表中的一个列族的存储，可以看出每个列族其实就是一个集中的存储单元，因此最好将具备共同 I/O 特性的列放在同一个列族中，这样最高效。

HStore 存储是 HBase 存储的核心，由两部分组成，一部分是 MemStore，一部分是 StoreFile。MemStore 是排序内存缓冲器，用户写入的数据首先会放入 MemStore，当 MemStore 满了以后会生成一个 StoreFile（底层实现是 HFile），当 StoreFile 文件数量增长到阈值，会触发 Compact（合并）操作，将多个 StoreFile 合并成一个 StoreFile，合并过程中会进行版本合并和数据删除，因此可以看出 HBase 其实只有增加数据操作，所有的更新和删除操作都是在后续的 Compact 过程中进行的，这使得用户的写操作只要进入内存中就可以立即返回，保证了 HBase I/O 的高效性。

当 StoreFile 进行 Compact 操作后，会逐步形成越来越大的 StoreFile，当单个 StoreFile 的大小超过阈值后，会触发切分（split）操作，同时把当前 HRegion 切分成两个 HRegion，父 HRegion 会下线，切分出的两个子 HRegion 会被 HMaster 分配到相应的 HRegionServer 上，使得原先一个 HRegion 的压力得以分流到两个 HRegion 上。图 4-3 描述了 StoreFile 的 Compact 和 Split 过程。

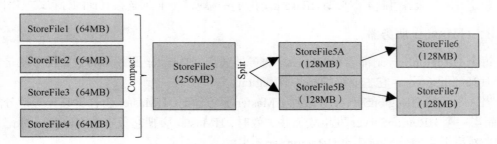

图 4-3　StoreFile 的 Compact 和 Split 过程

Hadoop DataNode 负责存储所有 HRegionServer 管理的数据。HBase 中的所有数据都是以 HDFS 文件的形式存储的。出于使 HRegionServer 管理的数据更加本地化的考虑，HRegionServer 是根据 DataNode 分布的。HBase 的数据在写入的时候都存储在本地。但当某一个 HRegion 被移除或被重新分配的时候，就可能产生数据不在本地的情况。NameNode 负责维护构成文件的所有物理数据块的元信息。

4.2.2　HBase 数据访问流程

HRegion 是按照"表名（tablename）+开始键（startkey）+分区 HRegion ID"区分的，

每个 HRegion 对应表中的一个分区。人们可以用这个识别符区分不同的 HRegion，这些识别符数据就是元数据（META），而元数据本身也被一个 HBase 表保存在 HRegion 中，称这个表为元数据表（.META.表），元数据表中保存的就是 HRegion 识别符和实际 HRegion 服务器的映射关系。

元数据表也会增长，并且可能被分割为几个 HRegion，为了定位这些 HRegion，采用一个根数据表（-ROOT-表）保存所有元数据表的位置，而根数据表是不能被分割的，永远只保存在一个 HRegion 中。在客户端访问具体的业务表的 HRegion 时需要先通过-ROOT-表找到.META.表，再通过.META.表找到 HRegion 的位置，即这两个表主要解决了 HRegion 的快速路由问题。

1．-ROOT-表

-ROOT-表是一张存储.META.表的表，记录了.META.表的 HRegion 信息。

-ROOT-表的结构如表 4-1 所示。

表 4-1　-ROOT-表的结构

Row Key	info		
	regioninfo	server	serverstartcode
.META., Table1, 0, 12345678, 12657843		HRS1	
.META., Table2, 30000, 12348765, 12348675		HRS2	

下面分析表 4-1 所示的结构，每行记录了一个.META.表的 HRegion 信息。

（1）Row Key

Row Key 由 3 部分组成：.META.表的表名、StartRowKey、创建时间 TimeStamp。Row Key 存储的内容又称为.META.表的 HRegion 的 Name。将组成 Row Key 的 3 个部分用逗号连接就构成了整个 Row Key。

（2）info

info 中包含 regioninfo、server、serverstartcode。其中 regioninfo 就是 HRegion 的详细信息，包括 StartRowKey、EndRowKey 信息等。server 存储的就是管理这个 HRegion 的 HRegionServer 的地址。所以当 HRegion 被拆分、合并或者重新分配的时候，都需要修改这张表的内容。serverstartcode 记录了 HRegionServer 开始托管该 HRegion 的时间。

2．.META.表

.META.表的结构如表 4-2 所示。

表 4-2　.META.表的结构

Row Key	info		
	regioninfo	server	serverstartcode
Table1, RK0, 12345678		HRS1	
Table1, RK10000, 12345678		HRS2	
Table1, RK20000, 12345678		HRS3	
⋮		⋮	
Table2, RK0, 12345678		HRS1	
Table2, RK10000, 12345678		HRS2	

HBase 的所有 HRegion 元数据被存储在.META.表中，随着 HRegion 的增多，.META.表中的数据也会增多，并分割成多个新的 HRegion。为了定位.META.表中各个 HRegion 的位置，把.META.表中所有 HRegion 的元数据保存在-ROOT-表中，最后由 ZooKeeper 记录-ROOT-表的位置信息。所有客户端访问用户数据前，需要首先访问 ZooKeeper 获得-ROOT-表的位置，然后访问-ROOT-表获得.META.表的位置，最后根据.META.表中的信息确定用户数据的存放位置。

下面用一个例子给出访问具体数据的过程，先构建了-ROOT-表和.META.表。

假设 HBase 中只有两张用户表：Table1 和 Table2。Table1 非常大，被划分成很多个 HRegion，因此在.META.表中有很多行用来记录这些 HRegion。而 Table2 很小，只被划分成两个 HRegion，因此在.META.表中只有两行记录，所述的.META.表如表 4-2 所示。

假设要从 Table2 中查询一条 Row Key 是 RK10000 的记录，应该遵循以下步骤。

① 从.META.表中查询哪个 HRegion 包含这条记录。

② 获取管理这个 HRegion 的 HRegionServer 的地址。

③ 连接这个 HRegionServer，查到这条记录。

对于步骤①，.META.表也是一张普通的表，需要先知道哪个 HRegionServer 管理了该.META.表。因为 Table1 实在太大了，它的 HRegion 实在太多了，.META.表为了存储这些 Region 信息，自己也需要划分成多个 HRegion，这就意味着可能有多个 HRegionServer 在管理.META.表。HBase 的做法是用-ROOT-表记录.META.表的 HRegion 信息。假设.META.表被分成两个 HRegion，所述的-ROOT-表如表 4-1 所示，客户端就需要先去访问-ROOT-表。

查询 Table2 中 Row Key 是 RK10000 的记录的整个路由过程的主要代码在 org.apache. hadoop.hbase.client.HConnectionManager.TableServers 中。

```
private HRegionLocation locateRegion(final byte[] tableName,
        final byte[] row, boolean useCache) throws IOException {
    if(tableName == null || tableName.length == 0) {
        throw new IllegalArgumentException("table name cannot be null or zero length");
    }
    if(Bytes.equals(tableName, ROOT_TABLE_NAME)) {
        synchronized (rootRegionLock) {
            // 防止两个线程同时查找 root 区域
            if (!useCache || rootRegionLocation == null) {
                this.rootRegionLocation = locateRootRegion();
            }
            return this.rootRegionLocation;
        }
    }else if (Bytes.equals(tableName, META_TABLE_NAME)) {
        return locateRegionInMeta(ROOT_TABLE_NAME, tableName, row, useCache,
            metaRegionLock);
    }else {
        return locateRegionInMeta(META_TABLE_NAME, tableName, row, useCache,
            userRegionLock);
    }
}
```

这是一个递归调用的过程：获取 Table2 的 Row Key 为 RK10000 的 HRegionServer；获取.META.表的 Row Key 为 Table2,RK10000, × × × × × × × ×的 HRegionServer；获取

-ROOT-表的 Row Key 为.META., Table2,RK10000，×××××××，×××××××的 HRegionServer；获取 -ROOT- 表的 HRegionServer；从 ZooKeeper 得到 -ROOT- 表的 HRegionServer；从-ROOT-表中查到 Row Key 最接近（小于）.META.,Table2,RK10000，×××××××××××的一行，并得到.META.表的 HRegionServer；从.META.表中查到 Row Key 最接近（小于）Table2,RK10000，×××××××的一行，并得到 Table2 的 HRegionServer；从 Table2 中查到 Row Key 为 RK10000 的行。

4.3 HBase 数据表

HBase 是基于 HDFS 的数据库。HBase 数据表是一个稀疏的、分布式的、序列化的、多维排序的分布式多维表，表中的数据通过行键（row key）、列族（column family）、列限定符（column qualifier）、时间戳（timestamp）进行索引和查询定位。HBase 表中的数据都是未经解释的字符串，没有数据类型。在 HBase 表中，每一行都有一个可排序的行键和任意多的列。表的水平方向由一个或多个列族组成，一个列族中可以包含任意多个列，同一个列族的数据存储在一起。列族支持动态扩展，可以添加列族，也可以在列族中添加列，无须预先定义列的数量，所有列均以字符串形式存储。

4.3.1 HBase 数据表的逻辑视图

HBase 以表的形式存储数据，表由行和列组成，列可组合为若干个列族。表 4-3 是一个班级学生 HBase 数据表的逻辑视图。此表中包含学生基本信息 StudentBasicInfo 列族，由姓名 Name、地址 Adress、电话 Phone 这 3 列组成；学生课程成绩信息 StudentGradeInfo 列族，由语文 Chinese、数学 Maths、英语 English 这 3 列组成；Row Key 为 ID2 的学生存在两个版本的电话，时间戳较大的数据是最新版本的数据。

表 4-3　班级学生 HBase 数据表的逻辑视图

Row Key	StudentBasicInfo			StudentGradeInfo		
	Name	Adress	Phone	Chinese	Maths	English
ID1	LiHua	Building1	135xxx	85	90	86
ID2	WangLi	Building1	t2:136xxx t1:158xxx	78	92	88
ID3	ZhangSan	t2: Building2 t1: Building1	132xxx	76	80	82

1. 行键

任何字符串都可以作为行键，HBase 数据表中的数据按照行键的字典顺序存储。在设计行键时，要充分利用排序存储这个特性，将经常一起读取的行存放到一起，从而充分利用空间局部性。如果行键是网站域名，如 www.apache.org、mail.apache.org、jira.apache.org，应该对网站域名进行反转（org.apache.www、org.apache.mail、org.apache.jira）后再存储。这样的话，所有 apache 域名将会存储在一起。行键是最大长度为 64KB 的字节数组，实际应用中长度一般为 10 ~ 100B。

2．列族和列名

HBase 数据表中的每个列都归属于某个列族，列族必须作为表模式定义的一部分预先定义，如 create 'StudentBasicInfo'、'StudentGradeInfo'。在每个列族中，可以存放很多的列，而每行对应的每个列族中列的数量可以不相同。

列族中的列名（column name）以列族名为前缀，如 StudentBasicInfo:Name、Student BasicInfo:Adress 都是 StudentBasicInfo 列族中的列。可以按需、动态地为列族添加列。在具体存储时，一张表中的不同列族是分开独立存放的。HBase 把同一列族中的数据存储在同一目录下，由几个文件保存。HBase 的访问控制、磁盘和内存的使用统计等都是在列族层面上进行的，同一列族成员最好有相同的访问模式和大小特征。

3．单元格

在 HBase 数据表中，通过行键、列族和列名确定一个"单元格"（Cell）。每个单元格中可以保存一个字段数据的多个版本，每个版本对应一个不同的时间戳。

4．时间戳

在 HBase 数据表中，每个单元格往往保存着同一份数据的多个版本，根据唯一的时间戳来区分不同版本，不同版本的数据按照时间倒序排列，最新版本的数据排在最前面。这样在读取时，将先读取到最新的数据。

时间戳可以由 HBase（在数据写入时自动用当前系统时间）赋值，也可以由用户显式赋值。当写入数据时，如果没有指定时间，那么默认的时间就是系统的当前时间。读取数据的时候，如果没有指定时间，那么返回的就是最新的数据。保留版本的数量由每个列族的配置决定，默认的版本数量是 3。为了避免数据存在过多版本而造成的存储和管理（包括存储和索引）负担，HBase 提供了以下两种数据版本回收方式。

① 保存数据的最后 n 个版本。当版本数过多时，HBase 会将旧的版本清除掉。

② 保存最近一段时间内的版本（比如最近 7 天的版本）。

5．区域

HBase 自动把表水平地（按行键）分成若干个 HRegion，每个 HRegion 会保存表里一段连续的数据。刚开始表里只有一个 HRegion，随着数据的不断插入，HRegion 不断增大，当达到某个阈值时，HRegion 自动等分成两个新的 HRegion。

当 HBase 数据表中的行不断增多时，就会有越来越多的 HRegion，这样一张表就被保存在多个 HRegion 上。HRegion 是 HBase 中分布式存储和负载均衡的最小单位，最小单位表示不同的 HRegion 可以分布在不同的 HRegionServer 上，但是一个 HRegion 不会被拆分到多个 HRegionServer 上。

4.3.2　HBase 数据表的物理视图

在 HBase 数据表的逻辑视图层面，HBase 中的每个表是由许多行组成的，但在物理存储层面上，它采用基于列的存储方式，而不是像传统关系数据库那样采用基于行的存储方式，这也是 HBase 和传统关系数据库的重要区别。HBase 数据表中的 Row Key、Column

Family、Column Name、Timestamp 唯一确定一条记录，可简单认为每个 Column Family（列族）对应一张存储表。HBase 把同一列族里面的数据存储在同一目录下，由几个文件保存。在物理层面上，表格的数据是通过 StoreFile 存储的，每个 StoreFile 相当于一个可序列化的 Map，Map 的 key 和 value 都是可解释的字符数组。

在实际的 HDFS 存储中，直接存储每个字段数据所对应的完整的键值对：

```
{Row Key, Column Family , Column Name, Timestamp }→value
```

例如表 4-3 中 ID2 行 Phone 字段下 t2 时间戳的数值 136xxx，存储时的完整键值对是：

```
{ID2, StudentBasicInfo , Phone, t2 }→136xxx
```

也就是说，对于 HBase 来说，它根本不认为存在行、列这样的概念，（在实现时）认为只存在键值对这样的概念。键值对的存储是排序的，行概念是通过相邻的键值对比较而构建出来的，HBase 在物理实现上并不存在传统关系数据库中的二维表概念。因此，二维表中字段值的空值，对 HBase 来说在物理实现上是不存在的，而不是所谓的值为 null。

HBase 在 4 个维度（Row Key、Column Family、Column Name、Timestamp）上以键值对的形式保存数据，其保存的数据量会比较大，因为对于每个字段来说，需要把对应的多个键值对都保存下来，而不像传统关系数据库两个维度只需要保存一个值就可以了。

也可使用多维映射来理解表 4-3 所示的班级学生 HBase 数据表。班级学生 HBase 数据表的多维映射如图 4-4 所示。

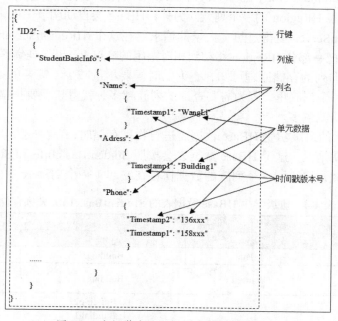

图 4-4　班级学生 HBase 数据表的多维映射

行键映射一个列族的列表，列族映射一个列名的列表，列名映射一个时间戳的列表，每个时间戳映射一个值，也就是单元格值。如果使用行键检索映射的数据，那么会得到所有的列族。如果检索特定列族的数据，会得到此列族下所有的列。如果检索列名所映射的数据，会得到所有的时间戳及对应的数据。HBase 优化了返回数据，默认仅仅返回最新版本的数据。行键和关系数据库中的主键有相同的作用，不能改变列的行键，换句话说，如果表中已经插入数据，那么 StudentBasicInfo 列族中的列名不能改变它所属的行键。

此外，也可以使用键值对的方式理解，键就是行键，值就是列中的值，但是给定一个行键仅仅能确定一行的数据。可以把行键、列族、列名、时间戳都看作键，而值就是单元格中的数据，班级学生 HBase 数据表的键值对结构如下所示。

```
ID2→{StudentBasicInfo:{Name:{Timestamp1: WangLi }, Adress:{Timestamp1:
    Building1 },Phone:{Timestamp2: 136xxx }}
    StudentGradeInfo:{Chinese:{Timestamp1: 78}, maths:{Timestamp1: 92 },
    English:{Timestamp2: 88}}}
ID2, StudentBasicInfo→{Name:{Timestamp1: WangLi }, Adress:{Timestamp1: Building1 },
                    Phone:{Timestamp2: 136xxx }}
ID2, StudentBasicInfo: Phone→{{Timestamp2: 136xxx}, {Timestamp1: 158xxx }}
ID2, StudentBasicInfo: Phone, Timestamp2→{:136xxx}
```

4.3.3　HBase 数据表面向列的存储

在 HBase 中，HRegionServer 对应于集群中的一个节点，而一个 HRegionServer 负责管理一系列 HRegion 对象。HBase 根据 Row Key 将一张表划分成若干个 HRegion，一个 HRegion 代表一张表的一部分数据，所以 HBase 的一张表可能需要很多个 HRegion 存储。

HBase 在管理 HRegion 的时候会给每个 HRegion 定义一个 Row Key 的范围，落在特定范围内的数据将交给特定的 HRegion 处理，HRegion 由多个 HStore 组成，每个 HStore 对应 Table 中的一个 Column Family 的存储。即 HRegion 中的每个列族各用一个 HStore 存放，一个 HStore 就代表 HRegion 的一个列族。另外，HBase 会自动调节 HRegion 所处的位置，如果一个 HRegionServer 变得过热（大量的请求落在这个 HRegionServer 管理的 HRegion 上），HBase 就会把一部分 HRegion 移动到相对空闲的节点上，以保证集群资源被充分利用。

由 HBase 面向列的存储原理可知，查询的时候要尽量减少不需要的列，而经常一起查询的列要组织到一个列族里，因为需要查询的列族越多，就意味着要扫描的 HStore 文件越多，所需要的时间就越多。

对表 4-3 所示的班级学生 HBase 数据表进行物理存储时，会存成表 4-4、表 4-5 所示的两个小片段，也就是说，这个 HBase 数据表会按照 StudentBasicInfo 和 StudentGradeInfo 这两个列族分别存放，属于同一个列族的数据保存在一起（一个 HStore 中）。

表 4-4　班级学生 HBase 数据表的 StudentBasicInfo 列族存储

Row Key	StudentBasicInfo		
	Name	Adress	Phone
ID1	LiHua	Building1	135xxx
ID2	WangLi	Building1	t2:136xxx t1:158xxx
ID3	ZhangSan	t2: Building2 t1: Building1	132xxx

表 4-5　班级学生 HBase 数据表的 StudentGradeInfo 列族存储

Row Key	StudentGradeInfo		
	Chinese	maths	English
ID1	85	90	86
ID2	78	92	88
ID3	76	80	82

4.3.4　HBase 数据表的查询方式

HBase 通过行键、列族、列名、时间戳的四元组确定一个存储单元格。由前面的讨论可知，由{Row Key, Column Family, Column Name, Timestamp}可以唯一确定一个存储值，即一个键值对：

```
{Row Key, Column Family , Column Name, Timestamp }→value
```

HBase 支持以下 3 种查询方式：通过单个行键访问；通过行键的范围访问；全表扫描。

在上述 3 种查询方式中，第 1 种和第 2 种（在范围不是很大时）都是非常高效的，可以在毫秒级时间内完成。如果一个查询无法利用行键定位（例如要基于某列查询满足条件的所有行），这就需要全表扫描来实现。因此，在针对某个应用设计 HBase 表结构时，要注意合理设计行键，使得常用的查询可以较为高效地完成。

4.3.5　HBase 表结构的设计

HBase 在行键、列族、列名、时间戳这 4 个维度上都可以任意设置，这给表结构的设计提供了很大的灵活性。如果想要利用 HBase 很好地存储和维护利用自己的海量数据，表结构的设计至关重要，一个好的表结构可以从本质上提高操作速度，直接决定了 get、put、delete 等操作的效率。

在设计 HBase 表时需要考虑的因素如下。

（1）列族

需要考虑这个表应该有多少个列族，列族使用什么数据，每个列族应该有多少列。列族名字的长度影响发送到客户端的数据长度，所以应尽量简洁。

（2）列名

列名的长度影响数据存储的路径，也影响硬盘和网络 I/O 的花销，所以应该尽量简洁。

（3）行键

需要考虑行键的结构是什么，应该包含什么信息。行键在表设计中非常重要，决定着应用中的交互及提取数据的性能。行键的哈希值可以使得行键有固定的长度和更好的分布。但是丢弃了使用字符串时的默认排序功能。

（4）单元格

需要考虑单元格应该存放什么数据，每个单元格存储多少个时间戳版本。

（5）表结构的深度和广度

深度高的表结构，可以使用户快速且方便地访问数据，但是丢掉了原子性。宽度广的表结构，可以保证行级别的原子操作，但每行会有很多列。

4.4　HBase 安装

本节介绍 HBase 的安装方法，包括下载安装文件、配置环境变量、添加用户权限等。

4.4.1　下载安装文件

HBase 虽是 Hadoop 生态系统中的一个组件，但是安装 Hadoop 以后，Hadoop 本身并不包含 HBase，因此，需要单独安装 HBase。从官网上下载 HBase 安装文件 hbase-2.3.5-bin.tar.gz，将其下载到"/home/下载"目录下。

下载完安装文件以后，需要对文件进行解压。按照 Linux 系统使用的默认规范，用户安装的软件一般都放在/usr/local 目录下。使用 hadoop 用户登录 Linux 系统，打开一个终端，执行如下命令：

```
$ sudo tar -zxf ~/下载/hbase-2.3.5-bin.tar.gz -C /usr/local
```

将解压文件的文件名 hbase-2.3.5 改为 hbase，以方便使用，命令如下：

```
$ sudo mv /usr/local/hbase-2.3.5 /usr/local/hbase
```

4.4.2　配置环境变量

将 HBase 安装目录下的 bin 目录（即/usr/local/hbase/bin）添加到系统的 PATH 环境变量中，这样，每次启动 HBase 时就不需要到/usr/local/hbase 目录下执行启动命令，方便了 HBase 的使用。使用 Vim 编辑器打开~/.bashrc 文件，命令如下：

```
$ vim ~/.bashrc
```

打开~/.bashrc 文件以后，可以看到，已经存在如下所示的 PATH 环境变量的配置信息，因为之前安装配置 Hadoop 时已经为 Hadoop 添加了 PATH 环境变量的配置信息：

```
export PATH=$PATH:/usr/local/hadoop/sbin:/usr/local/hadoop/bin
```

这里需要把 HBase 的 bin 目录（即/usr/local/hbase/bin）追加到 PATH 中。当要在 PATH 中继续加入新的路径时，只要用英文冒号隔开，把新的路径加到后面即可，追加后的结果如下：

```
export PATH=$PATH:/usr/local/hadoop/sbin:/usr/local/hadoop/bin:/usr/local/hbase/bin
```

保存文件后，执行如下命令使设置生效：

```
$ source ~/.bashrc
```

4.4.3　添加用户权限

需要为当前登录 Linux 系统的 hadoop 用户添加访问 HBase 目录的权限，将 HBase 安装目录下所有文件的所有者改为 hadoop，命令如下：

```
$ cd /usr/local
$ sudo chown -R hadoop ./hbase
```

4.4.4　查看 HBase 的版本信息

可以通过如下命令查看 HBase 的版本信息，以便确认 HBase 已经安装成功：

```
$ /usr/local/hbase/bin/hbase version
```

执行上述命令以后，如果出现图 4-5 所示的信息，则说明安装成功。

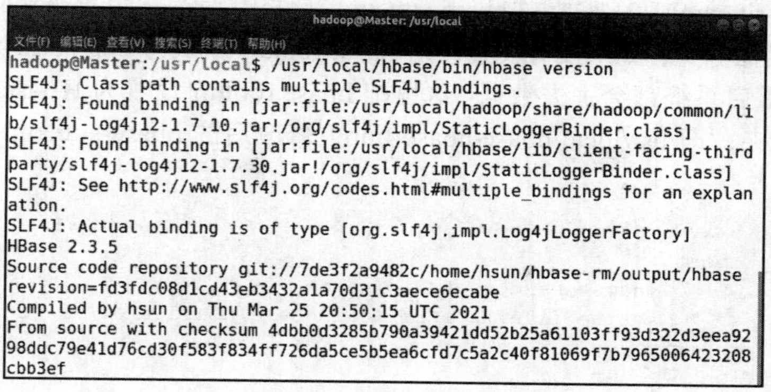

图 4-5　查看 HBase 版本信息

4.5 HBase 配置

HBase 有 3 种运行模式，即单机模式、伪分布式模式和分布式模式。

（1）单机模式：采用本地文件系统存储数据。

（2）伪分布式模式：采用伪分布式模式的 HDFS 存储数据。

（3）分布式模式：采用分布式模式的 HDFS 存储数据。

在进行 HBase 配置之前，需要确认已经安装了 3 个组件：JDK、Hadoop、SSH。HBase 在单机模式下不需要安装 Hadoop，在伪分布式模式和分布式模式下需要安装 Hadoop。

4.5.1　单机模式的配置

1. 配置 hbase-env.sh 文件

使用 Vim 编辑器打开/usr/local/hbase/conf/hbase-env.sh，命令如下：

```
$ vim /usr/local/hbase/conf/hbase-env.sh
```

打开 hbase-env.sh 文件以后，需要在 hbase-env.sh 文件中配置 Java 环境变量。在 Hadoop 配置中，配置了 JAVA_HOME=/opt/jvm/jdk1.8.0_181，这里可以直接复制该配置信息到 hbase-env.sh 文件中。此外，还需要添加 ZooKeeper 配置信息，配置 HBASE_MANAGES_ZK 为 true，用以表示由 HBase 自己管理 ZooKeeper，不需要单独的 ZooKeeper。由于 hbase-env.sh 文件中本来就存在这些变量的配置，因此，只需要删除前面的注释符号#并修改配置内容即可。修改后的 hbase-env.sh 文件应该包含如下两行信息：

```
export JAVA_HOME=/opt/jvm/jdk1.8.0_181
export HBASE_MANAGES_ZK=true
```

修改完成以后，保存 hbase-env.sh 文件并退出 Vim 编辑器。

2. 配置 hbase-site.xml 文件

使用 Vim 编辑器打开/usr/local/hbase/conf/hbase-site.xml 文件，命令如下：

```
$ vim /usr/local/hbase/conf/hbase-site.xml
```

打开 hbase-site.xml 后，需要在 hbase-site.xml 文件中配置属性 hbase.rootdir，用于指定 HBase 数据的存储位置，如果没有设置，则 hbase.rootdir 默认为/tmp/hbase-${user.name}，这意味着每次重启系统都会丢失数据。这里把 hbase.rootdir 设置为 HBase 安装目录下的 hbase-tmp 文件夹，即/usr/local/hbase/hbase-tmp，修改后的 hbase-site.xml 文件中的配置信息如下：

```
<configuration>
        <property>
                <name>hbase.rootdir</name>
                <value>file:///usr/local/hbase/hbase-tmp</value>
        </property>
</configuration>
```

修改完成以后，保存 hbase-site.xml 文件，并退出 Vim 编辑器。

3. 启动 HBase

启动 HBase 的命令如下：

```
$ cd /usr/local/hbase
$ bin/start-hbase.sh        #启动 HBase
```

4. 进入 HBase Shell 模式

启动 HBase 后，可以使用如下命令进入 HBase Shell 命令行交互界面模式：

```
$ bin/hbase shell           #进入 HBase Shell 模式
hbase(main):001:0>
```

进入 HBase Shell 模式之后，可通过 status 命令查看 HBase 的运行状态，通过 exit 命令退出 HBase Shell 模式：

```
hbase(main):001:0> status
1 servers, 0 dead, 2.0000 average load
hbase(main):002:0> exit
```

5. 停止 HBase 的运行

退出 HBase Shell 模式后，可以使用如下命令停止 HBase 的运行：

```
$ bin/stop-hbase.sh
```

4.5.2 伪分布式模式的配置

1. 配置 hbase-env. sh 文件

使用 Vim 编辑器打开/usr/local/hbase/conf/hbase-env.sh 文件，命令如下：

```
$ vim /usr/local/hbase/conf/hbase-env.sh
```

打开 hbase-env.sh 文件以后，需要在 hbase-env.sh 文件中配置 JAVA_HOME、HBASE_CLASSPATH 和 HBASE_MANAGES_ZK。其中，HBASE_CLASSPATH 设置为本机 Hadoop 安装目录下的 conf 目录（即/usr/local/Hadoop/conf）。JAVA_HOME 和 HBASE_MANAGES_

ZK 的配置方法和上面单机模式的配置方法相同。修改后的 hbase-env.sh 文件应该包含如下 3 行信息：

```
export JAVA_HOME =/opt/jvm/jdk1.8.0_181
export HBASE_CLASSPATH=/usr/local/hadoop/conf
export HBASE_MANAGES_ZK=true
```

修改完成以后，保存 hbase-env.sh 文件，并退出 Vim 编辑器。

2．配置 hbase-site.xml 文件

使用 Vim 编辑器打开/usr/local/hbase/conf/hbase-site.xml 文件，命令如下。

```
$ vim /usr/local/hbase/conf/hbase-site.xml
```

在 hbase-site.xml 文件中，需要设置属性 hbase.rootdir，用于指定 HBase 在伪分布式模式的 HDFS 上的存储路径，这里设置 hbase.rootdir 为 hdfs://localhost:9000/hbase。此外，由于采用了伪分布式模式，还需要将属性 hbase.cluster.distributed 设置为 true。修改后的 hbase-site.xml 文件中的配置信息如下：

```
<configuration>
        <property>
                <name>hbase.rootdir</name>
                <value>hdfs://localhost:9000/hbase</value>
        </property>
        <property>
                <name>hbase.cluster.distributed</name>
                <value>true</value>
        </property>
</configuration>
```

修改完成后，保存 hbase-site.xml 文件，并退出 Vim 编辑器。

3．启动 HBase

完成以上操作后就可以启动 HBase 了。

（1）启动 Hadoop 集群

首先登录 SSH，由于之前已经设置了免密码登录，因此这里不需要密码。然后切换至/usr/local/hadoop，启动 Hadoop，让 HDFS 进入运行状态，从而可以为 HBase 存储数据，具体命令如下：

```
$ ssh localhost
$ cd /usr/local/hadoop
$ ./sbin/start-dfs.sh          #启动 Hadoop
$ jps                          #查看进程
2833 NameNode
3162 SecondaryNameNode
2956 DataNode
```

执行 jps 命令后，如果能够看到 NameNode、SecondaryNameNode 和 DataNode 这 3 个进程，则表示已经成功启动 Hadoop 集群。

⚠️注意：可先通过 jps 命令查看 Hadoop 集群是否启动，如果 Hadoop 集群已经启动，则不需要执行 Hadoop 集群启动操作。

（2）启动 HBase

启动 HBase 的命令如下：

```
$ cd /usr/local/hbase
$ bin/start-hbase.sh
$ jps                    #查看进程
6369 NameNode
7794 Jps
6516 DataNode
7415 HRegionServer
7293 HMaster
7199 HQuorumPeer
6703 SecondaryNameNode
```

如果出现上述类似进程，则表明 HBase 启动成功。

4．进入 HBase Shell 模式

HBase 启动成功后，就可以进入 HBase Shell 模式，命令如下：

```
$ bin/hbase shell       #进入 HBase Shell 模式
```

进入 HBase Shell 模式以后，用户可以通过输入 Shell 命令操作 HBase 数据库。

5．退出 HBase Shell 模式

通过 exit 命令退出 HBase Shell 模式。

6．停止 HBase 的运行

退出 HBase Shell 模式后，可使用如下命令关闭 HBase：

```
$ bin/stop-hbase.sh
```

关闭 HBase 以后，如果不再使用 Hadoop，就可以执行如下命令关闭 Hadoop：

```
$ cd /usr/local/hadoop
$ ./sbin/stop-dfs.sh
```

最后需要注意的是，启动、关闭 Hadoop 和 HBase 的顺序：先启动 Hadoop 再启动 HBase，先关闭 HBase 再关闭 Hadoop。

4.6 HBase 的 Shell 操作

HBase 的 Shell 操作

操作 HBase 的常用方式有两种，一种是 Shell 命令，另一种是 Java API。HBase Shell 提供了大量操作 HBase 的命令，通过 Shell 命令可以很方便地操作 HBase 数据库，如创建表、删除及修改表、向表中添加数据、列出表中的相关信息等。使用 Shell 命令操作 HBase 时，需要先进入 HBase Shell 模式。

4.6.1　基本操作

1．获取帮助——help 命令

```
hbase(main):004:0> help
hbase(main):005:0> help 'status'  #获取 status 命令的详细信息
```

2．查看服务器状态——status 命令

status 命令用来查看 HBase 的状态，例如服务器的数量。

```
hbase(main):006:0> status
1 servers, 1 dead, 2.0000 average load
```

3．查看当前用户——whoami 命令

```
hbase(main):007:0> whoami
hadoop (auth:SIMPLE)
    groups: hadoop, sudo
```

4．命名空间相关命令

在 HBase 中，命名空间是指对一组表的逻辑分组，类似 RDBMS 中的数据库，方便在业务上对表进行划分。可以创建、查看、删除或更改命名空间。HBase 系统定义了两个默认的命名空间：hbase，系统命名空间，用于包含 HBase 内部表；default，用户建表时没有显式指定命名空间的表将自动落入此命名空间。

（1）列出所有命名空间——list_namespace 命令

```
hbase(main):008:0> list_namespace
NAMESPACE
default
hbase
2 row(s) in 0.0730 seconds
```

（2）创建命名空间——create_namespace 命令

```
hbase(main):010:0> create_namespace 'ns1'
```

（3）查看命名空间——describe_namespace 命令

```
hbase(main):011:0> describe_namespace 'ns1'
DESCRIPTION
{NAME => 'ns1'}
```

（4）在命名空间下创建表——create 命令

```
hbase(main):013:0> create 'ns1:t1', 'cf1'
```

该命令用来在命名空间 ns1 下新建一个表 t1 且表的列族为 cf1。

（5）查看命名空间下的所有表——list_namespace_tables 命令

```
hbase(main):015:0> list_namespace_tables 'ns1'
TABLE
t1
```

（6）删除命名空间的表——drop 命令

```
hbase> disable 'ns1:t1'        #删除表 t1 之前先禁用该表，否则无法删除
```

上述命令中的 hbase 表示 hbase(main):017:0，这样做是为了使命令更简洁，本章都将采用这种表示方式。

```
hbase> drop 'ns1:t1'.          #删除命名空间 ns1 的表 t1
```

（7）删除命名空间——drop_namespace 命令

```
hbase > drop_namespace 'ns1'   #命名空间 ns1 必须为空，否则会报错
```

4.6.2　创建表

在关系数据库中，需要先创建数据库，然后创建表，但在 HBase 数据库中，不需要创建数据库，直接创建表即可。HBase 创建表的语法格式如下：

```
create <表名称>, <列族名称1>[, '列族名称2'...]
```

HBase 中的表至少要有一个列族，列族直接影响 HBase 数据存储的物理特性。

下面以学生信息为例演示 HBase Shell 命令的用法。创建一个 student 表，其表结构如表 4-6 所示。

表 4-6　student 表

Row Key	baseInfo			score		
	Sname	Ssex	Sno	C	Java	Python
0001	ding	female	13440106	86	82	87
0002	yan	male	13440107	90	91	93
0003	feng	female	13440108	89	83	85
0004	wang	male	13440109	78	80	76

这里 baseInfo（学生个人信息）和 score（学生考试分数）对于 student 表来说是两个有 3 列的列族。baseInfo 列族由 Sname、Ssex 和 Sno 这 3 列组成，score 列族由 C、Java 和 Python 这 3 列组成。

创建 student 表，有两个列族，即 baseInfo、score，且版本数均为 2，命令如下：

```
hbase> create 'student',{NAME=>'baseInfo',VERSIONS =>2},{NAME=>'score', VERSIONS=>2}
```

⚠注意：

（1）Shell 中所有的名称都必须用单引号括起来。

（2）HBase 中的表不用定义有哪些列，因为列是可以动态增加和删除的。但 HBase 中的表需要定义列族。每张表有一个或者多个列族，每列必须且仅属于一个列族。列族主要用来对相关的列分组，从而减少对无关列的访问以提高性能。

（3）默认情况下一个单元格只能存储一个数据，后面如果修改数据就会将原来的数据覆盖，可以通过指定 VERSIONS 使 HBase 中的一个单元格能存储多个值，VERSIONS 设为 2，则一个单元格能存储 2 个版本的数据。

创建好 student 表之后，可使用 describe 命令查看 student 表的结构，查看的结果如图 4-6 所示。

```
hadoop@Master: /usr/local/hbase
hbase(main):024:0> describe 'student'
Table student is ENABLED
student
COLUMN FAMILIES DESCRIPTION
{NAME => 'baseInfo', BLOOMFILTER => 'ROW', VERSIONS => '2', IN_MEMORY => 'false'
, KEEP_DELETED_CELLS => 'FALSE', DATA_BLOCK_ENCODING => 'NONE', TTL => 'FOREVER'
, COMPRESSION => 'NONE', MIN_VERSIONS => '0', BLOCKCACHE => 'true', BLOCKSIZE =>
 '65536', REPLICATION_SCOPE => '0'}
{NAME => 'score', BLOOMFILTER => 'ROW', VERSIONS => '2', IN_MEMORY => 'false', K
EEP_DELETED_CELLS => 'FALSE', DATA_BLOCK_ENCODING => 'NONE', TTL => 'FOREVER', C
OMPRESSION => 'NONE', MIN_VERSIONS => '0', BLOCKCACHE => 'true', BLOCKSIZE => '6
5536', REPLICATION_SCOPE => '0'}
2 row(s) in 0.0830 seconds

hbase(main):025:0>
```

图 4-6　student 表的结构信息

我们可以看到 HBase 给这张表设置了很多默认属性，以下简单介绍这些属性。

- VERSIONS：历史版本数，默认值是 1。建表时设置版本数为 2，这里显示的是 2。
- TTL：生存期，一个数据在 HBase 中被保存的时限，也就是说，如果设置 TTL 是 7 天的话，那么 7 天后这个数据会被 HBase 自动地清除掉。

创建表的命令：

```
hbase> create 'student1', 'baseInfo', 'score'
```

等价于：

```
hbase> create 'student1',{NAME=>'baseInfo' },{NAME=>'score'}
```

下面再给出一个创建表的示例。创建表 st2，将表依据分割算法 HexStringSplit 分布在 10 个 Region 里，命令如下：

```
hbase> create 'st2', 'baseInfo', {NUMREGIONS=>10, SPLITALGO=> 'HexStringSplit'}
```

4.6.3　插入与更新表中的数据

HBase 使用 put 命令添加或更新（如果已经存在的话）数据，一次只能为一个表的一个单元格添加一个数据，语法格式如下：

```
put <表名>,<行键>,<列族名:列名>,<值>[,时间戳]
```

例如给 student 表添加数据：行键是 0001，列族名是 baseInfo，列名是 Sname，值是 ding。具体命令如下。

```
hbase> put 'student','0001','baseInfo:Sname', 'ding'
```

上面的 put 命令会为 student 表添加行键是 0001、列族是 baseInfo、列名是 Sname、值是 ding 的单元格，系统默认把接在表名 student 后面的第一个数据作为行键。put 命令的最后一个参数用于指定单元格的值。

可以指定时间戳，否则默认为系统当前时间：

```
hbase> put 'student','0001','baseInfo:Sno', '13440106', 201912300909
```

下面再插入几条记录，命令如下：

```
hbase> put 'student','0002','baseInfo:Sno', '13440107'
hbase> put 'student','0002','baseInfo:Sname', 'yan'
hbase> put 'student','0002','score:C', '90'
```

```
hbase> put 'student','0003','baseInfo:Sname', 'feng'
hbase> put 'student','0004','baseInfo:Sname', 'wang'
hbase> put 'student','0004','baseInfo:Ssex', 'male'
hbase> put 'student','0004','score:Python', '76'
```

4.6.4　查询表中的数据

HBase 中有两个用于查看表中数据的命令。

1．查询某行数据——get 命令

get 命令的语法格式：

```
get <表名>,<行键>[,<列族:列名>,...]
```

（1）查询某行

返回 student 表中 0001 行的数据，可以使用如下命令：

```
hbase> get 'student', '0001'
COLUMN                    CELL
 baseInfo:Sname           timestamp=1580729648426, value=ding
 baseInfo:Sno             timestamp=201912300909, value=13440106
```

（2）查询某行某列

查询 student 表中行键为 0001 的 baseInfo 列族下 Sname 的值：

```
hbase> get 'student','0001', 'baseInfo:Sname'
COLUMN                    CELL
 baseInfo:Sname           timestamp=1580729648426, value=ding
```

（3）查询满足某限制条件的行

查询 student 表中，行键为 0001 的这一行，只显示 baseInfo:Sname 这一列，并且只显示最新的两个版本。

```
hbase> get 'student', '0001', {COLUMNS => 'baseInfo:Sname', VERSIONS => 2}
COLUMN                    CELL
 baseInfo:Sname           timestamp=1580729648426, value=ding
```

查询指定列的内容，并限定显示最新的两个版本和时间范围。

```
hbase(main):038:0> get 'student', '0001', {COLUMNS => 'baseInfo:Sname', VERSIONS =>
2, TIMERANGE => [1392368783980, 1392380169184]}
COLUMN                    CELL
0 row(s) in 0.0140 seconds
```

2．浏览表的全部数据——scan 命令

scan 命令的语法格式：

```
scan <表名>, {COLUMNS => [ <列族:列名>,... ], 条件 => 值}
```

（1）浏览全表

```
hbase> scan 'student'
```

该命令的执行结果如图 4-7 所示。

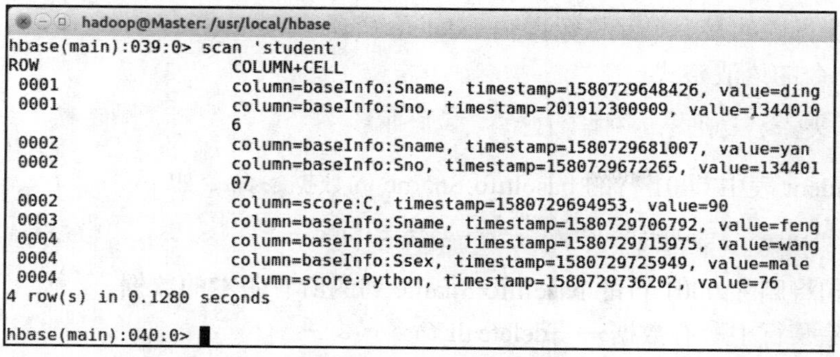

```
● □ □ hadoop@Master: /usr/local/hbase
hbase(main):039:0> scan 'student'
ROW                   COLUMN+CELL
 0001                 column=baseInfo:Sname, timestamp=1580729648426, value=ding
 0001                 column=baseInfo:Sno, timestamp=201912300909, value=1344010
                      6
 0002                 column=baseInfo:Sname, timestamp=1580729681007, value=yan
 0002                 column=baseInfo:Sno, timestamp=1580729672265, value=134401
                      07
 0002                 column=score:C, timestamp=1580729694953, value=90
 0003                 column=baseInfo:Sname, timestamp=1580729706792, value=feng
 0004                 column=baseInfo:Sname, timestamp=1580729715975, value=wang
 0004                 column=baseInfo:Ssex, timestamp=1580729725949, value=male
 0004                 column=score:Python, timestamp=1580729736202, value=76
4 row(s) in 0.1280 seconds

hbase(main):040:0> ▮
```

图 4-7　scan 'student'命令的执行结果

（2）浏览时指定列族

```
hbase> scan 'student', {COLUMNS => 'baseInfo'}
```

（3）浏览时指定列族并限定显示最新的两个版本的内容

```
hbase> scan 'student', {COLUMNS => 'baseInfo', VERSIONS => 2}
```

（4）设置开启 RAW 模式

开启 RAW 模式会把那些已添加删除标记但是并未实际删除的数据也显示出来：

```
hbase> scan 'student', {COLUMNS => 'baseInfo', RAW => true}
```

（5）列的过滤浏览

查询 student 表中列族为 baseInfo 的信息，示例代码如下：

```
hbase> scan 'student', {COLUMNS => ['baseInfo']}
```

查询 student 表中列族为 baseInfo、列名为 Sname，以及列族为 score、列名为 Python 的信息：

```
hbase> scan 'student', {COLUMNS => ['baseInfo:Sname', 'score:Python']}
```

查询 student 表中列族为 baseInfo、列名为 Sname 的最新的两个版本：

```
hbase> scan 'student', {COLUMNS => 'baseInfo:Sname', VERSIONS => 2}
```

查询 student 表中列族为 baseInfo、行键范围是[0001, 0003]的数据：

```
hbase> scan 'student', {COLUMNS => 'baseInfo', STARTROW => '0001', ENDROW => '0003'}
```

此外，可用 count 命令查询表中的数据行数，其语法格式如下：

```
count <表名>, {INTERVAL => 显示行数, CACHE => 缓存区大小}
```

其中，INTERVAL 用来设置多少行显示一次，默认是 1000；CACHE 用来设置缓存区大小，默认是 10，调高该参数可提高查询速度，命令如下：

```
hbase> count 'student', {INTERVAL => 10, CACHE => 50}
4 row(s) in 0.0240 seconds
```

4.6.5　删除表中的数据

在 HBase 中可用 delete、deleteall 或 truncate 命令进行删除数据的操作，三者的区别是：delete 命令用于删除一个单元格数据，deleteall 命令用于删除一行数据，truncate 命令用于删除表中的所有数据。

（1）删除行中的某个单元格数据——delete 命令

delete 命令的语法格式：

```
delete <表名>, <行键>, <列族名:列名> , <时间戳>
```

删除 student 表中 0001 行的 baseInfo:Sname 的数据，命令如下：

```
hbase> delete 'student','0001',' baseInfo:Sname'
```

上述语句将删除 0001 行的 baseInfo:Sname 列的所有版本的数据。

（2）删除某行中所有数据——deleteall 命令

使用 deleteall 命令删除 student 表中 0001 行的全部数据，命令如下：

```
hbase> deleteall 'student','0001'
```

（3）删除表中的所有数据——truncate 命令

删除表 student 中的所有数据，命令如下：

```
hbase> truncate 'student'
```

4.6.6　表的启用/禁用

enable/disable 命令用于启用/禁用表，is_enabled/is_disabled 命令用于检查表是否被启用/禁用。示例如下：

```
hbase> disable 'student'                        #禁用 student 表
hbase> is_disabled 'student'                    #检查 student 表是否被禁用
true
hbase> enable 'student'                         #启用 student 表
hbase(main):048:0> is_enabled 'student'         #检查 student 表是否被启用
true
```

4.6.7　修改表结构

修改表结构必须先禁用表，命令如下：

```
hbase> disable 'student'                        #禁用 student 表
```

1．添加列族

语法格式：

```
alter '表名', '列族名'
```

在 student 表中，添加 teacherInfo 列族，命令如下：

```
hbase> alter 'student', 'teacherInfo'
Updating all regions with the new schema...
1/1 regions updated.
Done.
```

2．删除列族

语法格式：

```
alter '表名', {NAME => '列族名', METHOD => 'delete'}
```

在 student 表中，删除 teacherInfo 列族，命令如下：

```
hbase> alter 'student', {NAME => 'teacherInfo', METHOD => 'delete'}
Updating all regions with the new schema...
1/1 regions updated.
Done.
```

3. 更改列族的存储版本数

默认情况下，列族只存储一个版本的数据，如果需要存储多个版本的数据，则需要修改列族的属性：

```
hbase> alter 'student',{NAME=>'baseInfo',VERSIONS=>3}   #版本数改为 3
```

4.6.8   删除 HBase 表

删除表需要两步操作：第一步禁用表，第二步删除表。例如，要删除 student 表，可以使用如下命令：

```
hbase> disable 'student'          #禁用 student 表
hbase> drop 'student'             #删除 student 表
```

4.7   HBase 的 Java API 操作

与 HBase 数据存储管理相关的 Java API 主要包括：HBaseAdmin、HBaseConfiguration、HTable、HTableDescriptor、HColumnDescriptor、Put、Get、Scan、Result。

4.7.1   HBase 数据库管理 API

1. HBaseAdmin

org.apache.hadoop.hbase.client.HBaseAdmin 类主要用于管理 HBase 数据库的表信息，包括创建或删除表、列出表项、启用或禁用表、添加或删除表的列族、检查 HBase 的运行状态等。HBaseAdmin 类的主要方法如表 4-7 所示。

表 4-7   HBaseAdmin 类的主要方法

返回值类型	方法	方法描述
void	addColumn(tableName, column)	向一个已存在的表中添加列
void	createTable(tableDescriptor)	创建表
void	disableTable(tableName)	禁用表
void	deleteTable(tableName)	删除表
void	enableTable(tableName)	启用表
Boolean	tableExists(tableName)	检查表是否存在
HTableDescriptor	listTables()	列出所有表

用法示例：

```
HBaseAdmin admin = new HBaseAdmin(config);
admin.disableTable("tableName");
```

2. HBaseConfiguration

org.apache.hadoop.hbase.HBaseConfiguration 类主要用于管理 HBase 的配置信息。
HBaseConfiguration 类的主要方法如表 4-8 所示。

表 4-8　HBaseConfiguration 类的主要方法

返回值类型	方法	方法描述
org.apache.hadoop.conf.Configuration	create()	使用默认的 HBase 配置文件创建 Configuration
org.apache.hadoop.conf.Configuration	addHBaseResources(org.apache.hadoop.conf.Configuration conf)	向当前 Configuration 添加 conf 中的配置信息
static void	merge(org.apache.hadoop.conf.Configuration destConf, org.apache.hadoop.conf.Configuration srcConf)	合并两个 Configuration
void	set(String name, String value)	通过属性名设置值
void	get(String name)	获取属性名对应的值

用法示例:

```
HBaseConfiguration hconfig = new HBaseConfiguration();
hconfig.set("hbase.zookeeper.property.clientPort", "2081");
```

该方法设置 hbase.zookeeper.property.clientPort（端口号）为 2081。一般情况下,
HBase Configuration 会使用构造函数进行初始化,然后使用其他方法。

4.7.2　HBase 数据库表 API

1. HTable

org.apache.hadoop.hbase.client.HTable 类用于与 HBase 进行通信。如果多个线程对一个
HTable 对象进行 put 或者 delete 操作的话,则写缓冲器可能会崩溃。HTable 类的主要方法
如表 4-9 所示。

表 4-9　HTable 类的主要方法

返回值类型	方法	方法描述
void	close()	释放所有资源
Boolean	exists(Get get)	检查 Get 实例所指的值是否存在于 HTable 的列中
Result	get(Get get)	从指定行的单元格中取得相应的值
ResultScanner	getScanner(byte[] family)	获取当前给定列族的 Scanner 实例
HTableDescriptor	getTableDescriptor()	获得当前表格的 HTableDescriptor 对象
TableName	getName()	获取当前表名
void	put(Put put)	向表中添加值

用法示例:

```
HTable table = new HTable(conf, Bytes.toBytes(tableName));
ResultScanner scanner = table.getScanner(family);
```

2．HTableDescriptor

org.apache.hadoop.hbase.HTableDescriptor 类包含 HBase 中表格的详细信息，如表的列族、表的类型（-ROOT-、.META.）等。HTableDescriptor 类的主要方法如表 4-10 所示。

表 4-10　HTableDescriptor 类的主要方法

返回值类型	方法	方法描述
HTableDescriptor	addFamily(HColumnDescriptor family)	添加一个列族
Collection<HColumnDescriptor>	getFamilies()	返回表中所有列族的名称
TableName	getTableName()	返回表名实例
Byte[]	getValue(Bytes key)	获得某个属性的值
HTableDescriptor	removeFamily(byte[] column)	删除某个列族
HTableDescriptor	setValue(byte[] key, byte[] value)	设置属性的值

用法示例：

```
HTableDescriptor htd = new HTableDescriptor(table);
htd.addFamily(new HcolumnDescriptor("family"));
```

上述命令通过一个 HTableDescriptor 实例，为 HTableDescriptor 添加了一个列族 family。

3．HColumnDescriptor

org.apache.hadoop.hbase.HColumnDescriptor 类维护着关于列族的信息，例如版本号、压缩设置等，该类通常在创建表或者为表添加列族的时候使用。列族被创建后不能直接修改，只能通过删除然后重新创建的方式修改。列族被删除的时候，列族里面的数据也会同时被删除。HColumnDescriptor 类的主要方法如表 4-11 所示。

表 4-11　HColumnDescriptor 类的主要方法

返回值类型	方法	方法描述
Byte[]	getName()	获得列族的名称
Byte[]	getValue(byte[] key)	获得某列单元格的值
HColumnDescriptor	setValue(byte[] key, byte[] value)	设置某列单元格的值

用法示例：

```
HTableDescriptor htd = new HTableDescriptor(tableName);
HColumnDescriptor col = new HColumnDescriptor("content");
htd.addFamily(col);
```

4.7.3　HBase 数据库表的行/列 API

1．Put

org.apache.hadoop.hbase.client.Put 类用于向单元格添加数据。Put 类的主要方法如表 4-12 所示。

表 4-12　Put 类的主要方法

返回值类型	方法	方法描述
Put	addColumn(byte[] family, byte[] qualifier, byte[] value)	将指定的列族、列限定符、对应的值添加到 Put 实例中
List<Cell>	get(byte[] family, byte[] qualifier)	获取列族和列限定符指定的列中的所有单元格
Boolean	has(byte[] family, byte[] qualifier)	检查列族和列限定符指定的列是否存在
Boolean	has(byte[] family, byte[] qualifier, byte[] value)	检查列族和列限定符指定的列中是否存在指定的 value

用法示例：

```
HTable table = new HTable(conf,Bytes.toBytes(tableName));
Put p = new Put(brow);        //为指定行创建一个 Put 实例
p.add(family,qualifier,value);
table.put(p);
```

2. Get

org.apache.hadoop.hbase.client.Get 类用来获取单行的相关信息。Get 类的主要方法如表 4-13 所示。

表 4-13　Get 类的主要方法

返回值类型	方法	方法描述
Get	addColumn(byte[] family, byte[] qualifier)	根据列族和列限定符获取对应的列
Get	setFilter(Filter filter)	通过设置过滤器获取具体的列

用法示例：

```
HTable table = new HTable(conf, Bytes.toBytes(tableName));
Get g = new Get(Bytes.toBytes(row));
table.get(g);
```

3. Scan

org.apache.hadoop.hbase.client.Scan 类用来限定需要查找的数据，如限定版本号、开始行、列族、列限定符、返回数量的上限等。Scan 类的主要方法如表 4-14 所示。

表 4-14　Scan 类的主要方法

返回值类型	方法	方法描述
Scan	addFamily(byte[] family)	限定需要查找的列族
Scan	addColumn(byte[] family, byte[] qualifier)	限定列族和列限定符指定的列
Scan	setMaxVersions() setMaxVersions(int maxVersions)	限定版本数的最大值。如果不带任何参数调用 setMaxVersions，表示取所有的版本。如果不调用 setMaxVersions，只会取到最新的版本
Scan	setTimeRange(long minStamp, long maxStamp)	限定最大、最小时间戳的范围
Scan	setFilter(Filter filter)	指定 Filter 以过滤掉不需要的数据
Scan	setStartRow(byte[] startRow)	限定开始的行，否则从头开始
Scan	setStopRow(byte[] stopRow)	限定结束的行（不包含此行）

4. Result

org.apache.hadoop.hbase.client.Result 类用于存放 Get 或 Put 操作的结果，并以<key,value>的格式存放在 Map 结构中。Result 类的主要方法如表 4-15 所示。

表 4-15　Result 类的主要方法

返回值类型	方法	方法描述
Boolean	containsColumn(byte[] family, byte[] qualifier)	检查是否包含列族和列限定符指定的列
List<Cell>	getColumnCells(byte[] family, byte[] qualifier)	获得列族和列限定符指定的列中的所有单元格
NavigableMap<byte[],byte[]>	getFamilyMap(byte[] family)	根据列族获得包含列和值的所有行的键值对
Byte[]	getValue(byte[] family, byte[] qualifier)	获得列族和列指定的单元格的最新值

4.8 案例实战：HBase 编程

HBase 提供了 Java API 对 HBase 数据库进行操作，本书采用 Eclipse 进行程序开发。在进行 HBase 编程之前，如果还没有启动 Hadoop 和 HBase，需要先启动 Hadoop 和 HBase，具体命令如下：

```
$ cd /usr/local/hadoop
$ ./sbin/start-dfs.sh
$ cd /usr/local/hbase
$ ./bin/start-hbase.sh
```

4.8.1　在 Eclipse 中创建项目

由于采用 hadoop 用户登录 Linux 系统，Eclipse 启动以后，默认的工作目录还是之前设定的/home/hadoop/eclipse-workspace。

选择 "File→New→Java Project" 命令，创建一个 Java 项目，弹出图 4-8 所示的界面。

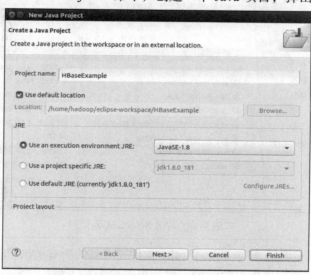

图 4-8　创建一个 Java 项目

在"Project name"文本框中输入项目名称 HBaseExample，勾选"Use default location"复选框，然后单击界面底部的"Next"按钮，进入下一步的设置。

4.8.2　添加项目需要用到的 JAR 包

进入下一步的设置以后，会弹出图 4-9 所示的界面。

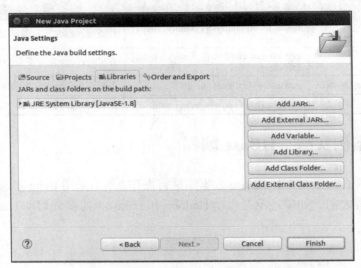

图 4-9　Java Settings 界面

为了编写一个能够与 HBase 交互的 Java 应用程序，需要在这个界面中加载该 Java 项目需要用到的 JAR 包，这些 JAR 包包含可以访问 HBase 的 Java API。这些 JAR 包都位于 HBase 安装目录的 lib 目录下，即/usr/local/hbase/lib 目录下。单击界面中的"Libraries"选项卡，之后单击界面右侧的"Add External JARs"按钮，弹出图 4-10 所示的界面。

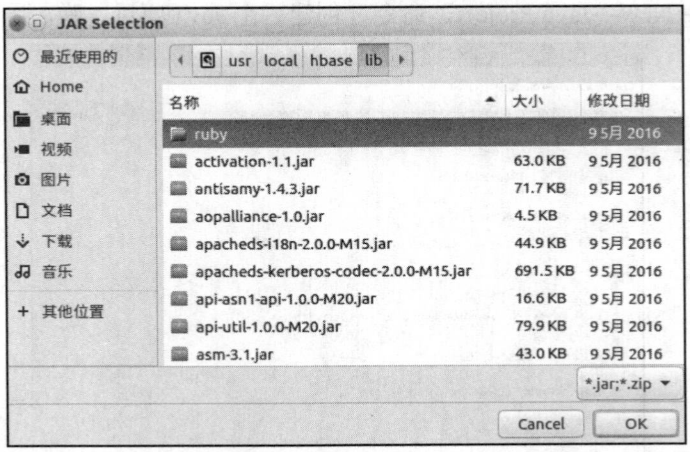

图 4-10　JAR Selection 界面

选中/usr/local/hbase/lib 目录下除了 ruby 文件夹之外的所有 JAR 包，之后单击界面右下角的"OK"按钮，完成 JAR 包的添加，然后单击界面右下角的"Finish"按钮，完成 Java 项目 HBaseExample 的创建。

4.8.3　编写 Java 应用程序

1．创建建表类 CreateHTable

在 Eclipse 工作界面左侧的"Package Explorer"面板中找到刚才创建的项目名称 HBaseExample，然后在该项目名称上右击，在弹出的菜单中选择"New→Class"命令，弹出图 4-11 所示的界面。

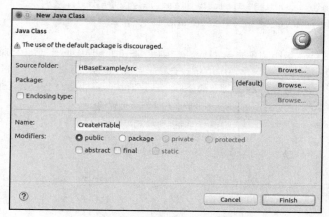

图 4-11　新建 Java 类文件界面

在图 4-11 中，在"Name"文本框中输入新建的 Java 类文件的名称 CreateHTable，其他属性采用默认设置，然后单击界面右下角的"Finish"按钮，弹出图 4-12 所示的界面。

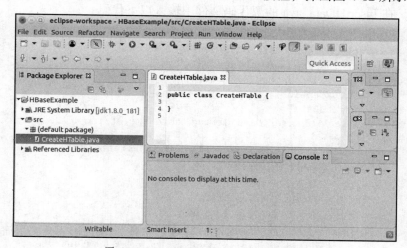

图 4-12　CreateHTable.java 文件的编辑

从图 4-12 可以看到，Eclipse 自动创建了一个名为 CreateHTable.java 的源代码文件，在该文件中输入以下代码：

```
import org.apache.hadoop.conf.Configuration;
import org.apache.hadoop.hbase.HBaseConfiguration;
import org.apache.hadoop.hbase.HColumnDescriptor;
import org.apache.hadoop.hbase.HTableDescriptor;
```

```
import org.apache.hadoop.hbase.client.HBaseAdmin;
import java.io.IOException;
public class CreateHTable{
    public static void create(String tableName,String[] columnFamily) throws IOException {
        Configuration cfg = HBaseConfiguration.create(); //生成 Configuration 对象
        //生成 HBaseAdmin 对象，用于管理 HBase 数据库的表
        HBaseAdmin admin = new HBaseAdmin(cfg);
        //创建表，先判断表是否存在，若存在，先删除旧表再建表
        if(admin.tableExists(tableName)){
            admin.disableTable(tableName);      //禁用表
            admin.deleteTable(tableName);        //删除表
        }
        //利用 HBaseAdmin 对象的 createTable(HTableDescriptor desc)方法创建表
        //通过 tableName 建立 HTableDescriptor 对象（包含 HBase 表的详细信息）
        //通过 HTableDescriptor 对象的 addFamily(HColumnDescriptor hcd)方法添加列族
        //HColumnDescriptor 对象是以列族名作为参数创建的
        HTableDescriptor htd = new HTableDescriptor(tableName);
        for(String column:columnFamily){
            htd.addFamily(new HColumnDescriptor(column));
        }
        admin.createTable(htd);                          //创建表
    }
}
```

2．创建插入数据类 InsertHData

利用前面在 HBaseExample 项目中创建 CreateHTable 类的方法创建插入数据类 InsertHData，在 InsertHData.java 的源代码文件中输入以下代码：

```
import org.apache.hadoop.conf.Configuration;
import org.apache.hadoop.hbase.HBaseConfiguration;
import org.apache.hadoop.hbase.client.HTable;
import org.apache.hadoop.hbase.client.Put;
import java.io.IOException;
public class InsertHData {
    public static void insertData(String tableName,String row,String columnFamily,
String column,String data) throws IOException {
        Configuration cfg = HBaseConfiguration.create();
        //HTable 对象用于与 HBase 进行通信
        HTable table = new HTable(cfg,tableName);
        //通过 Put 对象为已存在的表添加数据
        Put put = new Put(row.getBytes());
        if(column==null)  //判断列限定符是否为空，如果为空，则直接添加列数据
            put.add(columnFamily.getBytes(),null,data.getBytes());
        else
            put.add(columnFamily.getBytes(),column.getBytes(),data.getBytes());
        //table 对象的 put()方法的输入参数 Put 对象表示单元格数据
        table.put(put);
    }
}
```

3．创建建表测试类 TestCreateHTable

利用前面在 HBaseExample 项目中创建 CreateHTable 类的方法创建建表测试类 TestCreateHTable，在 TestCreateHTable 的源代码文件中输入以下代码：

```java
import java.io.IOException;
public class TestCreateHTable{
    public static void main(String[] args) throws IOException {
        //先创建一个名为 Student 的表，列族有 baseInfo、scoreInfo
        String[] columnFamily = {"baseInfo","scoreInfo"};
        String tableName = "Student";
        CreateHTable.create(tableName,columnFamily);
        //插入数据
        //插入 Ding 的信息和成绩
        InsertHData.insertData("Student","Ding","baseInfo","Ssex","female");
        InsertHData.insertData("Student","Ding","baseInfo","Sno","10106");
        InsertHData.insertData("Student","Ding","scoreInfo","C","86");
        InsertHData.insertData("Student","Ding","scoreInfo","Java","82");
        InsertHData.insertData("Student","Ding","scoreInfo","Python","87");
        //插入 Yan 的信息和成绩
        InsertHData.insertData("Student","Yan","baseInfo","Ssex","female");
        InsertHData.insertData("Student","Yan","baseInfo","Sno","10108");
        InsertHData.insertData("Student","Yan","scoreInfo","C","90");
        InsertHData.insertData("Student","Yan","scoreInfo","Java","91");
        InsertHData.insertData("Student","Yan","scoreInfo","Python","93");
        // 插入 Feng 的信息和成绩
        InsertHData.insertData("Student","Feng","baseInfo","Ssex","female");
        InsertHData.insertData("Student","Feng","baseInfo","Sno","10107");
        InsertHData.insertData("Student","Feng","scoreInfo","C","89");
        InsertHData.insertData("Student","Feng","scoreInfo","Java","83");
        InsertHData.insertData("Student","Feng","scoreInfo","Python","85");
    }
}
```

4.8.4　编译与运行程序

在开始编译与运行程序之前，一定要确保 Hadoop 和 HBase 已经启动运行。对于 TestCreateHTable 类，选择"Run→Run as→Java Application"命令运行程序。程序运行结束后，在 Linux 的终端中启动 HBase Shell，使用 list 命令查看是否存在名称为 Student 的表：

```
hbase(main):001:0> list
TABLE
Student
student
t2
3 row(s) in 0.3810 seconds
```

从上面的输出结果中可以看出，已经存在 Student 表，执行 scan "Student"命令，浏览表的全部数据，结果如图 4-13 所示。

从图 4-13 的输出结果中可以看出，建立了之前说明的表，而且是根据行键的字典顺序排列的，与插入顺序无关。

```
hadoop@Master: /usr/local/hbase
文件(F) 编辑(E) 查看(V) 搜索(S) 终端(T) 帮助(H)

hbase(main):006:0> scan "Student"
ROW                   COLUMN+CELL
 Ding                 column=baseInfo:Sno, timestamp=1580819166034, value=10106
 Ding                 column=baseInfo:Ssex, timestamp=1580819165974, value=female
 Ding                 column=scoreInfo:C, timestamp=1580819166075, value=86
 Ding                 column=scoreInfo:Java, timestamp=1580819166109, value=82
 Ding                 column=scoreInfo:Python, timestamp=1580819166139, value=87
 Feng                 column=baseInfo:Sno, timestamp=1580819166348, value=10107
 Feng                 column=baseInfo:Ssex, timestamp=1580819166325, value=female
 Feng                 column=scoreInfo:C, timestamp=1580819166383, value=89
 Feng                 column=scoreInfo:Java, timestamp=1580819166417, value=83
 Feng                 column=scoreInfo:Python, timestamp=1580819166450, value=85
 Yan                  column=baseInfo:Sno, timestamp=1580819166197, value=10108
 Yan                  column=baseInfo:Ssex, timestamp=1580819166168, value=female
 Yan                  column=scoreInfo:C, timestamp=1580819166226, value=90
 Yan                  column=scoreInfo:Java, timestamp=1580819166262, value=91
 Yan                  column=scoreInfo:Python, timestamp=1580819166293, value=93
3 row(s) in 0.2040 seconds

hbase(main):007:0>
```

图 4-13 执行 scan "Student"命令的结果

4.9 习题

1. 简述 HBase 与传统关系数据库的区别。
2. 举例说明 HBase 数据表的逻辑视图和物理视图。
3. 在设计 HBase 表时需要考虑哪些因素？
4. 在 HBase 中如何确定用户数据的存放位置？
5. 简述 HBase 中用于查看表中数据的 get 命令与 scan 命令的用法。

第5章 Scala 基础编程

Spark 主要用 Scala 语言进行开发，Scala 是一种多范式的编程语言，类似于 Java 编程语言。本书将采用 Scala 语言开发 Spark 程序，学好 Scala 将有助于读者更好地掌握 Spark 框架。本章主要介绍 Scala 特性，Scala 安装，Scala 基础语法，Scala 控制结构，Scala 数组、列表、集合、元组和映射，Scala 函数，Scala 模式匹配，Scala 面向对象编程和 Scala 读写文件。

5.1 Scala 概述

5.1.1 Scala 特性

Scala 语言是一种纯粹的面向对象编程语言，又无缝地结合了命令式编程和函数式编程风格。Scala 具有以下特性。

1．面向对象

Scala 是一种面向对象编程语言，每个值都是对象。对象的数据类型和行为分别由类和特征描述。类的扩展有两种途径：一种途径是子类继承，另一种途径是灵活的混入机制。

2．函数式编程

Scala 还是一种函数式编程语言，其函数能当成值使用。Scala 提供了轻量级的语法用以定义匿名函数，支持高阶函数，允许嵌套多层函数。Scala 内置的模式匹配相当于函数式编程语言中的代数类型。用户还可以利用 Scala 的模式匹配，编写类似正则表达式的代码来处理 XML 数据。

3．扩展性

在实践中，某个领域特定的应用程序开发往往需要该领域特定的语言扩展。Scala 提供了许多独特的语言机制，可以以库的形式轻易、无缝地添加新的语言结构。

4．并发性

Scala 使用 Actor 作为其并发编程模型，即一种基于消息传递而非资源共享的并发模型，能尽可能避免死锁和共享状态。Actor 可以理解为虚拟线程，能实现线程的复用。Scala

在 2.10 之后的版本中，使用自带的 Akka 类库作为其默认 Actor。

5. 可以和 Java 混编

Scala 运行在 JVM 平台上，并兼容现有的 Java 程序。Scala 代码可以调用 Java 方法、访问 Java 字段、继承 Java 类和实现 Java 接口。

5.1.2　在 Windows 环境下安装 Scala

由于 Scala 是运行在 JVM 平台上的，所以安装 Scala 之前必须配置好 Java 环境，本书使用的 Java 版本是 1.8。在 Windows 环境下用 scala.msi 安装 Scala 开发环境的步骤如下。

1. 下载 scala-2.13.1.msi 并安装

访问 Scala 官网，然后单击导航栏的 DOWNLOAD 按钮，进入下载页面，在该页面可以下载最新版本的 Scala。本书下载的安装文件是 scala-2.13.1.msi，双击 scala-2.13.1.msi 安装文件，启动 Scala 安装程序，如图 5-1 所示。

单击 Next 按钮进行下一步设置，然后选择安装位置，如图 5-2 所示。之后全部使用默认设置即可完成安装。

图 5-1　启动 Scala 安装程序　　　　　图 5-2　选择安装位置

安装完毕后，单击 Finish 按钮退出。

2. 配置 PATH

Scala 会自动配置 PATH。

3. 检查配置是否成功

打开 cmd 窗口，输入 scala -version，按 Enter 键后，如果可以输出 Scala 版本号，表明配置成功。

4. 启动 Scala 解释器

打开 cmd 窗口，在命令提示符后面输入 scala 并按 Enter 键，即可启动 Scala 解释器，进入 Scala 交互式编程环境，如图 5-3 所示。

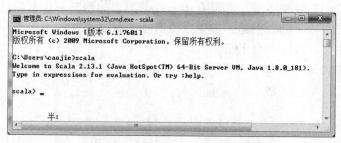

图 5-3　Scala 交互式编程环境

在 scala>后面输入表达式，然后按 Enter 键，解释器就会显示结果。例如，当输入 1+2
并按 Enter 键后，将得到 3：

```
scala> 1+2
res0: Int = 3
```

这行输出信息依次为：
- 自动产生的或用户定义的名称（如 res0，用来存储表达式 1+2 的计算结果）。
- 冒号及表达式 1+2 的计算结果的数据类型 Int。
- 等号。
- 表达式 1+2 的计算结果 3。

1+2 的计算结果 3 存储在 res0 变量中，可以在后续操作中使用 res0 这个名称引用计算
结果 3：

```
scala> 0.5*res0
res1: Double = 1.5
scala> "Scala"+res0
res2: String = Scala3
```

在 Scala 交互式编程环境下，通过执行 ":quit" 可退出 Scala 交互式编程环境。

在 Scala 交互式编程环境下，执行 ":paste" 后进入粘贴（paste）模式，在该模式下可以
粘贴 Scala 代码块，代码编写完成后可通过按 Ctrl+D 组合键退出粘贴模式。

5.2　Scala 基础语法

Scala 基础语法

5.2.1　声明常量和变量

Scala 有两种变量声明方式：val 和 var。对于用 val 声明的变量，在声明时就必须被初
始化，而且初始化以后就不能再赋新的值，因此 val 声明的变量被称为常量。而对于用 var
声明的变量，可以在它的生命周期中被多次赋值。

（1）声明常量

val 声明常量的语法格式如下：

```
val 常量名:数据类型 = 初始值
```

val 关键字后面是所声明的常量的名称，常量的数据类型在常量名之后、等号之前声明，

等号后面为所声明的常量的值。由于 Scala 具备类型推断的功能，因此声明常量和变量的时候不用显式地说明其数据类型。在没有指明数据类型的情况下，其数据类型是通过变量或常量的初始值推断出来的，但是，如果在没有指明数据类型的情况下声明变量或常量，必须要给出其初始值，否则将会出错。

常量的声明举例如下：

```
scala> val val1 : Int = 1   //声明常量val1的数据类型为Int，初始值为1
val1: Int = 1
scala> val val2 = "Hello, Scala!"
val2: String = Hello, Scala!
```

（2）声明变量

变量是一种使用方便的占位符，用于引用计算机的内存地址，变量创建后会占用一定的内存空间。基于变量的数据类型，操作系统会进行内存分配并且决定什么数据将被存储在内存中。因此，通过给变量声明不同的数据类型，可以在这些变量中存储整数、小数或者字母。在 Scala 中，使用关键字 var 声明变量。

var 声明变量的语法格式如下：

var 变量名:数据类型 = 初始值

变量的声明举例如下：

```
scala> var myVar:String = "Hello, Scala!";
myVar: String = Hello, Scala!
```

⚠ 注意：Scala 语句末尾的分号是可选的，若一行里仅有一个语句，可不加分号；若一行里包含多条语句，则需要使用分号把不同语句分隔开。

Scala 支持同时声明多个变量：

```
scala> var xmax, ymax = 100   //xmax、ymax都声明为100
xmax: Int = 100
ymax: Int = 100
```

⚠ 注意：在交互式编程环境下，可以重复使用同一个变量名定义变量，而且变量前的关键字和数据类型可以不一致，解释器会以最新的定义为准。示例代码如下：

```
scala> val a = "Hello"
a: String = Hello
scala> var a=100
a: Int = 100
scala> print(a)    //输出变量a的值
100
```

⚠ 注意：Scala 声明变量时需要初始化，否则会报错；Scala 鼓励优先使用常量，除非确实需要对其进行修改。

5.2.2　输出值的方式

Scala 输出值的方式有如下两种。

1．直接调用变量名

直接调用变量名来输出变量值的方法只能在交互式编程环境下使用。示例代码如下：

```
scala> val str1="Hello World !"
scala> str1
res5: String = Hello World!
```

2．借助于输出函数

借助于输出函数，又可以衍生出 3 种用法。

（1）print()函数结合加号对多个内容进行连接并输出

Scala 提供了字符串插值机制，以方便在字符串中直接嵌入变量的值。在字符串前加一个"s"字符或"f"字符，字符串就变成插值字符串了，在字符串中即可用\${VariableName}这样的形式插入变量 VariableName 的值，使用"s"字符的插值字符串不支持格式化，使用"f"字符的插值字符串支持在\$变量后指定格式化参数。示例代码如下：

```
scala> val name = "LiHua"
scala> val balance = 6.5
scala> print(name)
LiHua
scala> print(name+balance)
LiHua6.5
scala> print ("亲爱的"+ name + "先生，您的话费余额为"+ balance + "元。")
亲爱的 LiHua 先生，您的话费余额为 6.5 元。
scala> print(s"亲爱的${name}先生，您的话费余额为${balance}元")
亲爱的 LiHua 先生，您的话费余额为 6.5 元
scala> print(f"亲爱的$name%-8s 先生，您的话费余额为$balance%.3f 元")
亲爱的 LiHua    先生，您的话费余额为 6.500 元
```

（2）println()函数输出结束后自动换行

println()函数和 print()函数的功能类似，在 Scala 中，println()函数和 print()函数的区别在于前者输出结束后会自动换行，而后者不能换行，如需换行必须在输出内容的结尾添加"\n"。示例代例如下：

```
scala> :paste
//进入粘贴模式，按 Ctrl+D 组合键退出粘贴模式
println("Hello")
println ("World")
//退出粘贴模式
```

代码编写完成后通过按 Ctrl+D 组合键退出粘贴模式，执行输入的代码，执行结果如下：

```
Hello
World
```

（3）printf()函数格式化输出

printf()函数格式化输出的用法类似于 Python 的 print()函数的格式化输出的用法：

```
scala> printf("亲爱的$name%-8s 先生, 您的话费余额为$balance%.3f 元", name, balance)
亲爱的$nameLiHua     先生, 您的话费余额为$balance6.500 元
```

5.2.3　数据类型

Scala 的数据类型和 Java 的数据类型是类似的，Java 的所有基本数据类型在 Scala 包中都有对应的类，将 Scala 代码编译为 Java 字节码时，Scala 编译器将尽可能使用 Java 的基本数据类型，从而发挥基本数据类型的性能优势。Scala 语言是一种面向对象、编译型编程语言，Scala 中"一切皆对象"，所有值都属于某种类型，所有的操作都是对象的方法的调用。

Scala 有 9 种基本数据类型：Byte、Short、Int、Long、Float、Double、Char、Boolean 和 String，如表 5-1 所示。其中，String 位于 java.lang 包，其他 8 种数据类型位于 Scala 包中。由于 Scala 包和 java.lang 包的所有成员都被每个 Scala 源文件自动引用，因此可以省略包名，如将 scala.Int 简化为 Int。

表 5-1　Scala 的 9 种基本数据类型

数据类型	描述
Byte	8 位有符号整数类型
Short	16 位有符号整数类型
Int	32 位有符号整数类型
Long	64 位有符号整数类型
Float	单精度浮点数类型
Double	双精度浮点数类型
Char	字符类型
Boolean	布尔类型，值为 true 或 false
String	字符串类型

从表 5-1 中可以看出，Scala 所有数据类型的第一个字母都必须大写。Scala 程序用于处理各种类型的数据（即对象），不同的数据属于不同的数据类型，支持不同的运算操作。数据对象的类型决定了对象可以存储什么类型的值，有哪些属性和方法，可以进行哪些操作。如 Int 代表整数类型，所声明的整数类型的变量只能保存整数。

在 Java 中用 void 创建一个无返回值的函数，而 Scala 中没有 void 关键字，而是用 Unit 表示无返回值，用作不返回任何值的函数的返回值类型。此外，还有两种特殊的数据类型：Nothing 和 Any。Nothing 类型在 Scala 的类层级的最底端，它是任何其他类型的子类。Any 类型是所有其他类型的超类（父类）。

Scala 为基本数据类型提供了丰富的运算符和方法。运算符实际只是数据类型的方法调用的另一种表现形式。例如，1+2 与 1.+(2)其实是一回事。1.+(2)的含义是 Int 类型的具体对象 1 调用了 Int 类型下的 "+()" 方法对传入的实际参数 2 执行 "+" 操作，即两个 Int 值相加，并返回一个相加的结果：

```
scala> 1+2
res44: Int = 3
scala> 1.+(2)
res45: Int = 3
```

在 Scala 中，字符串是一个不可变的对象，也就是一个不能修改的对象。这意味着如果修改字符串就会产生一个新的字符串对象。一个字符串对象就是用一对双引号括起来的字符序列。

```
var greeting = "Hello World!"   //创建字符串对象 greeting
```

在 Scala 的交互式编程环境中测试字符串的类型，可以发现其就是 Java 中的 String。

```
scala> "hello".getClass.getName
res46: String = java.lang.String
```

所以，在 Scala 中可以使用 Java 中 String 的所有方法，如获取字符串的长度、连接多个字符串等的方法。在 Scala 中，由于 String 可以被隐式转化成 StringOps 类型，可将字符串看成一个字符序列，并且可以使用 foreach()方法遍历字符串中的每个字符：

```
scala> "ABC".foreach(println)
A
B
C
```

下面给出 String 对象的常用方法。

（1）String concat(String str)方法

该方法将指定字符串连接到此字符串的结尾，示例代码如下：

```
scala> "ABC".concat("DEF")
res2: String = ABCDEF
```

（2）Boolean endsWith(String suffix)方法

该方法测试字符串是否以指定的后缀结束，示例代码如下：

```
scala> "ABC". endsWith ("C")
res3: Boolean = true
```

（3）Int length()方法

该方法返回字符串的长度，示例代码如下：

```
scala> "ScalaPythonJava".length()
res6: Int = 15
```

（4）Boolean matches(String regex)方法

该方法判断字符串是否匹配给定的正则表达式，示例代码如下：

```
scala> "ScalaPythonJava".matches(".*Python.*")
res7: Boolean = true
```

（5）String replace(char oldChar, char newChar)方法

该方法返回一个新的字符串，它是通过用 newChar 字符串替换原字符串中出现的所有 oldChar 字符串得到的，示例代码如下：

```
scala> "I love Python". replace("Python", "Scala")
res8: String = I love Scala
```

（6）String replaceAll(String regex, String replacement)方法

该方法使用给定的replacement字符串替换字符串中所有与给定的正则表达式相匹配的子字符串，示例代码如下：

```
scala> "ab123sdab4543das756as876asd".replaceAll("\\d+", "#num#")
res10: String = ab#num#sdab#num#das#num#as#num#asd
```

（7） String replaceFirst(String regex, String replacement)方法

该方法使用给定的replacement字符串替换字符串中与给定的正则表达式相匹配的第一个子字符串。

（8）String[] split(String regex)方法

该方法按正则表达式匹配的子字符串拆分字符串。String[]表示split(String regex)方法执行结束后的返回值是字符串数组，示例代码如下：

```
scala> "I love Python". split(" ")
res11: Array[String] = Array(I, love, Python)
```

（9）Char[] toCharArray()方法

该方法将字符串转换为一个字符数组，示例代码如下：

```
scala> "Scala".toCharArray()
res14: Array[Char] = Array(S, c, a, l, a)
```

（10）String toLowerCase()方法

该方法将字符串中的所有字符都转换为小写，示例代码如下：

```
scala> "Scala".toLowerCase()
res15: String = scala
```

（11）String trim()方法

该方法删除字符串的首尾空白符，示例代码如下：

```
scala> " Scala ".trim()
res16: String = Scala
```

（12）String take(num)方法

该方法获取字符串前 num 个字符，示例代码如下：

```
scala> "hello".take(2)  //获取"hello"前两个字符
res1: String = he
```

（13）reverse 属性

该方法反转字符串，示例代码如下：

```
scala> "hello".reverse
res3: String = olleh
```

5.2.4 运算符

运算符是一种特殊的符号，用于让编译器执行指定的计算、赋值和比较等操作。Scala含有丰富的内置运算符，常用的运算符类型有：算术运算符、关系运算符（比较运算符）、逻辑运算符、赋值运算符。

1. 算术运算符

算术运算符是对数值类型的变量进行运算的，表 5-2 列出了 Scala 支持的算术运算符。

表5-2　Scala 支持的算术运算符

算术运算符	描述	示　例
+	加号	1+2 或 1.+(2)的运算结果为 3
-	减号	2-1 或 2.-(1)的运算结果为 1
*	乘号	1*2 或 1.*(2)的运算结果为 2
/	除号	2/1 或 2./(1)的运算结果为 2
%	取余	4%2 或 4.% (2)的运算结果为 0

对于除号，它的整数除法和小数除法是有区别的，整数之间做除法时，只保留整数部分而舍弃小数部分，示例代码如下：

```
scala> 10/3
res5: Int = 3
scala> 10/3.0
res6: Double = 3.3333333333333335
```

⚠️ 注意：Scala 中没有++、--，需要通过+=、-=实现同样的效果。

2．关系运算符（比较运算符）

关系运算的结果都是布尔类型的，要么是 true，要么是 false。关系运算符组成的表达式称为关系表达式，关系表达式经常用在选择结构或循环结构的条件中。Scala 支持的关系运算符如表 5-3 所示。假定变量 A 为 1，B 为 2。

表5-3　Scala 支持的关系运算符

关系运算符	描述	示例
==	等于	(A == B) 的运算结果为 false
!=	不等于	(A != B) 的运算结果为 true
>	大于	(A > B) 的运算结果为 false
<	小于	(A < B) 的运算结果为 true
>=	大于等于	(A >= B) 的运算结果为 false
<=	小于等于	(A <= B) 的运算结果为 true

3．逻辑运算符

逻辑运算符用于连接多个条件（一般来讲就是关系表达式），最终的结果也是一个布尔类型的值。Scala 支持的逻辑运算符如表 5-4 所示。假定变量 A 为 true，B 为 false。

表5-4　Scala 支持的逻辑运算符

逻辑运算符	描述	示例
&&	逻辑与	(A && B)的运算结果为 false
‖	逻辑或	(A ‖ B)的运算结果为 true
!	逻辑非	!(A && B)的运算结果为 true

由关系运算符和逻辑运算符按一定的语法规则组成的式子称为布尔表达。布尔表达

式的值只有两个：true 和 false。

4．赋值运算符

赋值运算符用于将某个运算后的值赋给指定的变量。Scala 支持的赋值运算符如表 5-5 所示。

表 5-5　Scala 支持的赋值运算符

赋值运算符	描述	示例
=	将右侧的值赋给左侧的变量	C=A+B，将 A+B 的运算结果赋值给 C
+=	相加后再赋值	C += A，相当于 C = C + A
−=	相减后再赋值	C −= A，相当于 C = C − A
*=	相乘后再赋值	C *= A，相当于 C = C * A
/=	相除后再赋值	C /= A，相当于 C = C / A
%=	求余后再赋值	C %= A，相当于 C = C % A

⚠ **注意**：赋值运算符的左边只能是变量，右边可以是变量、表达式、常量。

5.3　Scala 控制结构

5.3.1　条件表达式

Scala 的 if…else 语法结构和 Java 的一样。不过，在 Scala 中 if…else 条件表达式有值，这个值就是跟在 if 或 else 之后的表达式的值。在 Scala 中，条件表达式的用法举例如下所示：

```
if (x > 0) 1 else -1
```

上述条件表达式的值是 1 或−1，具体是哪一个取决于 x 的值。可以将条件表达式赋值给变量：

```
val s = if (x > 0) 1 else -1
```

与如下语句的效果一样：

```
if (x > 0) s = 1 else s = -1
```

不过，第一种写法更好，因为它可以用来初始化一个 val 变量。而在第二种写法中，s 必须是 var 变量，示例代码如下：

```
scala> val x = 3
scala> val y = if ( x > 1 ) 1 else -1
y: Int = 1
```

5.3.2　if...else 选择结构

1．单分支 if 语句

单分支 if 语句由布尔表达式及之后的语句块组成，具体语法格式如下所示：

```
if(布尔表达式)
{
    语句块  //如果布尔表达式为 true 则执行该语句块
}
```

举例如下：

```
scala> :paste    //进入粘贴模式
//按 Ctrl+D 组合键退出粘贴模式
 var x = 10
 if( x < 20 ){
     println("x < 20");
 }
```

代码编写完成后通过按 Ctrl+D 组合键退出粘贴模式，执行输入的代码，执行结果如下：

```
x < 20
```

2．双分支 if...else 语句

双分支 if...else 语句的语法格式如下所示：

```
if(布尔表达式){
    语句块 1      //如果布尔表达式为 true 则执行语句块 1
}else{
    语句块 2      //如果布尔表达式为 false 则执行语句块 2
}
```

3．多分支 if...else if...else 语句

有时候需要在多组操作中选择一组执行，这时就会用到多分支结构，对于 Scala 语言来说就是 if...else if...else 语句。该语句可以利用一系列布尔表达式进行检查，并在某个布尔表达式为 true 的情况下执行相应的代码。需要注意的是，虽然 if...else if...else 语句的备选操作较多，但是有且仅有一组操作被执行，if...else if...else 语句的语法格式如下所示：

```
if(布尔表达式 1){
    语句块 1     //如果布尔表达式 1 为 true 则执行语句块 1
}else if(布尔表达式 2){
    语句块 2     //如果布尔表达式 2 为 true 则执行语句块 2
}else if(布尔表达式 3){
    语句块 3     //如果布尔表达式 3 为 true 则执行语句块 3
}else {
    语句块 4     //如果以上布尔表达式都为 false 则执行语句块 4
}
```

5.3.3　编写和运行 Scala 脚本

可以把经常一起执行的 Scala 语句序列放在同一个文件中，该文件称为一个脚本。例如把以下代码放在名为 test.scala 的文件中：

```
var x = 30;
if( x < 20 ){
        println("x 小于 20");
   }else{
        println("x 大于 20");
   }
```

在 cmd 窗口中，切换到 test.scala 文件所在的路径，执行 test.scala 脚本，系统会输出 x<20，具体执行方式如下。

```
C:\Users\caojie\Desktop>scala test.scala   //执行test.scala脚本
x < 20
```

5.3.4　循环结构

Scala 与 Java 拥有相同的 while 循环和 do while 循环。

1．while 循环

Scala 中的 while 循环和 Java 中的 while 循环完全一样，Scala 中的 while 循环的语法格式如下所示：

```
while(布尔表达式){
    循环体
}
```

while 循环的示例如下：

```
scala> :paste
var i:Int = 0       //定义变量
while (i < 5){
   print("hello" + i+" ")
   i += 1
   }
```

代码编写完成后通过按 Ctrl+D 组合键退出粘贴模式，执行输入的代码，执行结果如下：

```
hello0 hello1 hello2 hello3 hello4
```

2．do while 循环

do while 循环的示例如下：

```
do{
    循环体
}
while(条件语句)
```

3．for 循环

Scala 的 for 循环和 Java 的 for 循环在语法上有较大的区别，Scala 没有与 for(初始化变量;检查变量是否满足某条件;更新变量)循环直接对应的结构。Scala 的 for 循环主要有以下几种。

（1）for(x <- Range)循环

其语法格式如下所示：

```
for(x <- Range ){
    循环体}
```

Range 可以是一个数字区间，如 i to j ，或者 i until j。"<-"表示为变量 x 赋值。
i to j 表示的区间是[i, j]，i until j 表示的区间是[i, j)，两种形式分别举例如下：

```
scala> for (i <- 1 to 10) printf("%d ",i)
1 2 3 4 5 6 7 8 9 10
scala> for (i <- 1 until 10) printf("%d ",i)
1 2 3 4 5 6 7 8 9
```

（2）for 循环可用分号隔开多个区间

for 循环可用分号隔开多个区间，它将迭代多个区间的所有可能值，示例如下：

```
scala> for( a <- 1 to 2; b <- 1 to 2){
           println( "a: " + a + " b: " + b) }
```

运行上述代码，得到的输出结果如下：

```
a: 1 b: 1
a: 1 b: 2
a: 2 b: 1
a: 2 b: 2
```

（3）for 循环中使用数组、列表和集合

for 循环中使用列表的示例如下：

```
scala> val list1=List(3,5,2,1,7)    //创建列表
list1: List[Int] = List(3, 5, 2, 1, 7)
scala> for(x <- list1){
     | print(" "+ x)}
 3 5 2 1 7
```

（4）for 循环中使用过滤器

for 循环中使用过滤器的示例如下：

```
scala> for(x <- list1 if x%2==1){print(" "+x)}
 3 5 1 7
```

5.4 数组

数组是 Scala 中常用的一种数据结构，是一种存储相同类型元素的顺序数据集合。在
Scala 中有两种数组：定长数组和变长数组。

5.4.1 定长数组

在 Scala 中，使用 Array 声明一个长度不变的定长数组，初始化时就有了固定的长度，
不能直接对其元素进行删除操作，也不能增加元素，只能修改某个位置的元素值，也就不
能进行 add、insert、remove 等操作。声明定长数组的语法格式如下：

```
var z:Array[String] = new Array[String](3)
```

或：

```
var z = new Array[String](3)
```

上面的语句声明了一个字符串类型的定长数组 z，可存储 3 个元素，所有元素初始化为 null。

```
scala> var nums=new Array[Int](10)        //创建 10 个整数的数组，所有元素初始化为 0
nums: Array[Int] = Array(0, 0, 0, 0, 0, 0, 0, 0, 0, 0)
```

⚠️注意：在 Scala 中使用(index)而不是[index]访问数组中的元素。

```
scala> var b=Array("hello","Scala")        //创建长度为 2 的 Array[String]数组
b: Array[String] = Array(hello, Scala)
scala> b(1)                                // 访问数组元素
res1: String = Scala
```

5.4.2 变长数组

1．创建变长数组

在 Scala 中，使用 ArrayBuffer 声明一个数组长度可变的变长数组。对于变长数组，既可以修改某个位置的元素值，也可以增加或删除数组元素。使用 ArrayBuffer 创建变长数组之前，需要先导入 scala.collection.mutable.ArrayBuffer 包。

```
scala> import scala.collection.mutable.ArrayBuffer //导入 ArrayBuffer 包
import scala.collection.mutable.ArrayBuffer
scala> val arr1 = ArrayBuffer[Int]()     //定义一个 Int 类型、长度为 0 的变长数组
arr1: scala.collection.mutable.ArrayBuffer[Int] = ArrayBuffer()
scala> arr1.length                        //获取 arr1 的数组长度
res3: Int = 0
```

2．追加、修改、删除变长数组的元素

```
scala> import scala.collection.mutable.ArrayBuffer   //导入包
scala> val bigData = ArrayBuffer("Hadoop","Storm")   //创建变长数组
```

（1）使用"+="追加一个元素

```
scala> bigData += "Spark"   //为数组 bigData 添加一个元素"Spark"
res0: bigData.type = ArrayBuffer(Hadoop, Storm, Spark)
```

（2）使用"++="追加一个数组的元素

```
scala> bigData ++= Array("Hbase","GraphX")              //将一个数组的元素追加进去
res2: bigData.type = ArrayBuffer(Hadoop, Storm, Spark, Hbase, GraphX)
```

⚠️注意：使用"++="可追加任何集合。

（3）使用"-="删除元素

```
scala> bigData -= "GraphX"                //删除 bigData 中的元素"GraphX"
res3: bigData.type = ArrayBuffer(Hadoop, Storm, Spark, Hbase)
```

（4）使用"--="删除在指定数组中出现的元素

```
//删除 bigData 中在 Array("Spark","GraphX")数组中出现的元素
scala> bigData --= Array("Spark","GraphX")
res4: bigData.type = ArrayBuffer(Hadoop, Storm, Hbase)
```

（5）使用 remove()方法删除指定位置的元素

调用变长数组对象的 remove()方法从指定索引开始移除指定数量的元素。

```
scala> print(bigData)
ArrayBuffer(Hadoop, Storm, Hbase)
scala> bigData.remove(1,2)                //从索引 1 处开始移除 2 个元素
scala> print(bigData)
ArrayBuffer(Hadoop)
```

（6）使用 insert()方法在指定位置前插入元素

调用变长数组对象的 insert()方法在指定索引前插入元素。

```
scala> bigData.insert(0,"Spark")          //在索引 0 前插入元素"Spark"
scala> print(bigData)                      //输出 bigData 的值
ArrayBuffer(Spark, Hadoop)
```

如果需要在定长数组和变长数组之间转换，那么分别调用 toBuffer()和 toArray()方法。

```
scala> val b = ArrayBuffer(0,1,2)          //创建变长数组
b: scala.collection.mutable.ArrayBuffer[Int] = ArrayBuffer(0, 1, 2)
scala> b.toArray
res9: Array[Int] = Array(0, 1, 2)
```

5.4.3　遍历数组

1. 使用 for 循环和 until 遍历数组

使用 for 循环和 until 遍历数组 a 的语法格式如下：

```
for(i <- 0 until a.length)
    循环体语句
```

⚠️ 注意：变量 i 的取值从 0 到 a.length-1。

下面在交互式编程环境下使用代码块一次运行多条语句。先输入":paste"，按 Enter 键后，粘贴（写入）代码块。

```
scala> :paste        //进入粘贴模式
var a = Array("hello","Scala")
for (i <- 0 until a.length)
    println(a(i))
```

代码编写完成后通过按 Ctrl+D 组合键退出粘贴模式，执行输入的代码，执行结果如下：

```
hello
Scala
```

如果想要以隔一个元素的方式遍历一个数组的元素，可以采用如下方式：

```
scala> val b=Array(1,2,3,4,5,6)
b: Array[Int] = Array(1, 2, 3, 4, 5, 6)
scala> for (i <- 0 until (b.length,2))
     | printf("%d ",i)
0 2 4
```

如果要从数组的尾端开始遍历，语法格式如下：

```
for(i <- (0 until b.length).reverse)
    循环体语句
```

示例如下：

```
scala> for (i <- (0 until b.length).reverse)
     | printf("%d ",i)
5 4 3 2 1 0
```

2. 直接遍历数组元素

不使用数组索引，直接遍历数组元素的语法格式如下：

```
for(e <- b)
    循环体语句
```

示例如下：

```
scala> for(e <- b)
     | printf("%d ",e)
1 2 3 4 5 6
```

⚠ 注意：变量 e 先被设为 b(0)，然后被设为 b(1)，以此类推。

5.4.4 数组转换

可以按某种方式将一个数组转换为一个全新的数组，而原数组不变。

1. 使用 for(...) yield 创建一个新数组

```
scala> val a=Array(1,2,3,4)
scala> val result = for(elem <- a) yield 2 * elem
result: Array[Int] = Array(2, 4, 6, 8)
```

从 result 的结果可以看出，result 中的值由 yield 之后的表达式 2 * elem 产生，每次迭代为 result 产生一个值。

添加 if 语句处理那些满足特定条件的元素。

```
scala> val result1 = for(elem <- a if elem % 2 == 0) yield 2 * elem
result1: Array[Int] = Array(4, 8)
```

2．使用数组对象的map()方法创建一个新数组

```
scala> val result2 = a.map{ 3 * _ }
result2: Array[Int] = Array(3, 6, 9, 12)
```

3．使用数组对象的filter()和map()方法创建一个新数组

```
scala> val result3 = a.filter(_ % 2 == 0).map { 2 * _ }
result3: Array[Int] = Array(4, 8)
```

5.4.5　数组对象的操作方法

Scala具有许多操作数组对象的方法。

1．使用map()方法映射数组

map()方法通过一个函数改变数组中的每个元素，返回值组成一个新数组，新数组与原数组的元素数目相同。

比如，给定一个整数数组，通过map()方法对数组中的每个整数进行变换，让每个整数乘5，这样变换后就可以得到一个新的数组。下面在Scala解释器中演示这个过程。

```
scala> var arr = Array(1,2,3,4)            //创建数组arr
arr: Array[Int] = Array(1, 2, 3, 4)
scala> arr.map(x => x * 5)                 //调用数组对象的map()方法
res1: Array[Int] = Array(5, 10, 15, 20)
```

⚠️ **注意**：x => x * 5 这种表达式称为Lambda表达式，用来创建临时使用的匿名函数。

Lambda表达式的语法格式如下：

```
(参数1,参数2,…) => 表达式
```

可以看出Lambda表达式的一般形式是：(参数1,参数2,…)，后面接"=>"，之后是一个表达式。如果参数只有一个，那么参数的圆括号可以省略。x => x * 5 的含义是，对于每个输入x，都执行乘5操作。

2．使用foreach()方法遍历数组中的元素

foreach()方法和map()方法类似，但是foreach()方法没有返回值。

```
scala> var arr = Array("Hello Beijing","Hello Shanghai")
arr: Array[String] = Array(Hello Beijing, Hello Shanghai)
scala> arr.foreach(x => println(x))          //遍历输出数组中的元素
Hello Beijing
Hello Shanghai
scala> arr.foreach(x => println(x+"!"))       //遍历输出数组中的元素
Hello Beijing!
Hello Shanghai!
```

3．使用 min、max、sum 分别输出数组的最小的元素、最大的元素、数组元素的和

```
scala> var arr = Array(10,20,35,45)          //创建数组 arr
arr: Array[Int] = Array(10, 20, 35, 45)
scala> arr.max
res9: Int = 45
scala> arr.min
res10: Int = 10
scala> arr.sum
res11: Int = 110
```

4．使用 head、tail 分别查看数组的第一个元素、除第一个元素外的其他元素

```
scala> var arr = Array(10,20,35,45)          //创建数组 arr
arr: Array[Int] = Array(10, 20, 35, 45)
scala> arr.head                              //查看数组的第一个元素
res12: Int = 10
scala> arr.tail                              //查看数组除第一个元素外的其他元素
res13: Array[Int] = Array(20, 35, 45)
```

5．使用 sorted、sortBy()、sortWith()排序

（1）使用 sorted 排序

sorted 默认为升序排列，如果想要降序排列则需要进行反转。

```
scala> val arr = Array(1,17,12, 9)           //创建数组 arr
arr: Array[Int] = Array(1, 17, 12, 9)
scala> arr.sorted                            //升序
res17: Array[Int] = Array(1, 9, 12, 17)
scala> arr.sorted.reverse                    //降序
res18: Array[Int] = Array(17, 12, 9, 1)
```

（2）使用 sortBy()排序

sortBy()方法需要参数，表明进行排序的数组元素的形式。

```
scala> val arr = Array (1,17,12, 9)          //创建数组 arr
arr: Array[Int] = Array(1, 17, 12, 9)
scala> arr.sortBy(x => x)                    //升序
res19: Array[Int] = Array(1, 9, 12, 17)
scala> arr.sortBy(x => -x)                   //降序
res20: Array[Int] = Array(17, 12, 9, 1)
```

（3）使用 sortWith()排序

sortWith((String,String)=>Boolean)方法需要一个匿名函数来说明排序规则，这个函数需要有两个参数进行比较。

```
scala> var arr = Array("a","d","F","B","e")
arr: Array[String] = Array(a, d, F, B, e)
scala> arr.sortWith((x:String, y:String) => x<y)
res5: Array[String] = Array(B, F, a, d, e)
scala> arr.sortWith((x, y) => x<y)
res6: Array[String] = Array(B, F, a, d, e)
```

6. 使用 filter()方法进行过滤

filter()方法移除传入函数的返回值为 false 的数组元素。例如，过滤掉数组 arr 中的奇数，得到只包含偶数的数组。

```scala
scala> val arr = Array(1,4,17,12,9)                //创建数组 arr
arr: Array[Int] = Array(1, 4, 17, 12, 9)
scala> arr.filter(x=>x%2==0)
res0: Array[Int] = Array(4, 12)
```

7. flatten 扁平化操作

flatten 可以把嵌套的结构展开，或者说 flatten 可以把一个二维数组展开成一个一维数组。

```scala
scala> val arr = Array(Array(1,2),Array(3,4))    //创建二维数组
arr: Array[Array[Int]] = Array(Array(1, 2),Array(3, 4))
scala> arr.flatten
res1: Array[Int] = Array(1, 2, 3, 4)
```

8. flatMap 操作

flatMap 结合了 map()和 flatten 的功能，相当于先进行 map()操作再进行 flatten 操作，接收一个可以处理嵌套数组的函数，然后把返回结果连接起来。

```scala
scala> arr.flatMap(x => x.map(_*10))
res0: Array[Int] = Array(10, 20, 30, 40)
```

9. 显示数组内容

可以使用 mkString()方法显示数组的内容，它允许人们指定元素之间的分隔符，该方法的另一个重载版本可以指定元素的前缀和后缀。

```scala
scala> val c = Array(1, 2, 3, 4, 5)
c: Array[Int] = Array(1, 2, 3, 4, 5)
scala> c.mkString("and")
res2: String = 1and2and3and4and5
scala> c.mkString(" ")
res3: String = 1 2 3 4 5
scala> c.mkString("<" , "," , ">")
res4: String = <1,2,3,4,5>
```

to*方法（*为数据类型名）在很多情况下可以用来方便地进行数据类型转换，也可以用来显示数组的内容。

Int 类型转换到 String 类型的示例如下：

```scala
scala> 10.toString
res5: String = 10
```

String 类型转换到 Int 类型的示例如下：

```scala
scala> "10".toInt
res6: Int = 10
scala> val d = Array(1, 2, 3, 4)
```

```
d: Array[Int] = Array(1, 2, 3, 4)
scala> d.toString        //对于定长数组，toString 的返回结果没有意义
res25: String = [I@19c38153
scala> import scala.collection.mutable.ArrayBuffer //导入 ArrayBuffer 包
import scala.collection.mutable.ArrayBuffer
scala> val e = ArrayBuffer(1,7,2, 9)
e: scala.collection.mutable.ArrayBuffer[Int] = ArrayBuffer(1, 7, 2, 9)
scala> val f=e.toString  //对于变长数组，toString 方法报告数据类型，便于调试
f: String = ArrayBuffer(1, 7, 2, 9)
```

5.5 列表

列表包括不可变列表和可变列表两种类型。

5.5.1 不可变列表

Scala 中的不可变列表（使用 List 声明）类似于数组，它的所有元素都具有相同的数据类型。与数组不同的是，不可变列表的元素是不可变的，不可变列表的元素值一旦被定义了就不能改变。

1. 创建不可变列表

```
scala> val course: List[String] = List("Scala", "Python")      //创建字符串列表
course: List[String] = List(Scala, Python)
scala> val dim: List[List[Int]] = List(List(1,0), List(0,1)) //创建二维列表
dim: List[List[Int]] = List(List(1, 0), List(0, 1))
```

不可变列表具有递归的结构（也就是链接表结构），而数组不具有，也就是说，不可变列表要么是 Nil（即空列表），要么是一个 head 元素加上一个 tail，而 tail 又是一个列表。

```
scala> val nums: List[Int] = List(1, 2, 3, 4)     //创建整数类型列表
nums: List[Int] = List(1, 2, 3, 4)
scala> nums.head                                  //nums.head 的值是 1
res27: Int = 1
scala> nums.tail                                  // nums.tail 是 List(2, 3, 4)
res28: List[Int] = List(2, 3, 4)
```

（1）创建空列表

```
scala> val L = Nil                                //创建空列表
L: scala.collection.immutable.Nil.type = List()
scala> val L2 = List()                            //创建空列表
L2: List[Nothing] = List()
```

（2）使用 "::" 创建列表

"::" 可根据给定的 head 和 tail 创建一个新的列表。示例如下：

```
scala> val newList=1::List(3, 5)                  //创建新列表 List(1,3,5)
newList: List[Int] = List(1, 3, 5)
```

也可以这样创建上面的列表 List(1,3,5)：

```
scala> 1:: 3:: 5::Nil
res30: List[Int] = List(1, 3, 5)
```

⚠ 注意：":："是右结合的，即从末端开始创建列表。

```
1::(3::(5::Nil))
scala> val L3 = "Spark" :: "Scala" :: "Python" :: Nil //用字符串创建列表
L3: List[String] = List(Spark, Scala, Python)
```

（3）使用"::："连接列表创建新列表

```
scala> val L4 = L3 ::: List("Hadoop", "Hbase")
L4: List[String] = List(Spark, Scala, Python, Hadoop, Hbase)
```

2．不可变列表的操作

不可变列表的 9 个基本操作如下。

- head：返回列表的第一个元素。
- tail：返回一个列表，包含除了第一个元素之外的其他元素。
- init：返回一个列表，包含除了最后一个元素之外的其他元素。
- reverse：用于将列表的元素顺序反转。
- last：返回列表的最后一个元素。
- length：返回列表的长度。
- sorted：排序。
- range：创建数值范围的列表，最简单的形式是 List.range(from,until)，可以创建从 from 到 until（不包括 until）的所有数值的列表。如果把 step 值作为第 3 个参数，将产生从 from 到 until 的间隔为 step 的列表元素。step 值可以为正数，也可以为负数。
- isEmpty：判断列表是否为空，在列表为空时返回 true。

```
scala> var lista=List(1,2,3,4)
lista: List[Int] = List(1, 2, 3, 4)
scala> lista.head              //返回列表的第一个元素
res31: Int = 1
scala> lista.tail              //返回列表除第一个元素之外的其他元素所组成的列表
res32: List[Int] = List(2, 3, 4)
scala> lista.last
res33: Int = 4
scala> lista.tail.head         // tail 与 head 组合使用
res34: Int = 2
scala> lista.reverse           //反转列表元素的顺序
res35: List[Int] = List(4, 3, 2, 1)
scala> lista.init
res36: List[Int] = List(1, 2, 3)
scala> lista.length
res37: Int = 4
scala> lista.sorted            //排序
res38: List[Int] = List(1, 2, 3, 4)
scala> List.range(1,6)
res39: List[Int] = List(1, 2, 3, 4, 5)
```

```
scala> List.range(1,9,2)
res40: List[Int] = List(1, 3, 5, 7)
```

不可变列表对象的常用方法有如下 15 个。

```
scala> val L5= List("Spark", "Scala", "Python", "Hadoop", "Hbase")
L5: List[String] = List(Spark, Scala, Python, Hadoop, Hbase)
```

（1）count(s => s.length == num)，统计列表中长度为 num 的字符串的个数

```
scala> L5.count(s => s.length == 5)  //对 L5 中长度为 5 的字符串进行计数
res0: Int = 3
```

（2）drop(num)，返回去掉列表开头 num 个元素的列表

```
scala> L5.drop(2)
res1: List[String] = List(Python, Hadoop, Hbase)
```

（3）dropRight(num)，返回去掉列表最后 num 个元素的列表

```
scala> L5.dropRight(3)
res2: List[String] = List(Spark, Scala)
```

（4）exists(s =>s=="***")，判断列表中是否有字符串的值为"***"

```
scala> L5.exists(s =>s=="Spark")
res3: Boolean = true
```

（5）forall(s => s.endsWith("k"))，判断列表里的元素是否都以"k"结尾

```
scala> L5.forall(s => s.endsWith("k"))
res4: Boolean = false
```

（6）foreach(s => println(s))，遍历输出列表元素

```
scala> L5.foreach(s => println(s))
Spark
...
scala> L5.foreach(s => print(s))
SparkScalaPythonHadoopHbase
scala> L5.foreach(s => print(s+" "))
Spark Scala Python Hadoop Hbase
```

（7）map(f)，通过给定的函数 f 将所有元素重新计算

```
scala> L5.map(s => s + "$")              //对 L5 的元素都拼接$，并返回一个新的列表
res10: List[String] = List(Spark$, Scala$, Python$, Hadoop$, Hbase$)
```

（8）mkString("-")，对列表的元素以"-"拼接并返回

```
scala> L5.mkString("-")
res11: String = Spark-Scala-Python-Hadoop-Hbase
scala> L5.mkString("{",",","}")              //格式化输出成字符串
res19: String = {Spark,Scala,Python,Hadoop,Hbase}
```

（9）filterNot(s =>s.length==5)，返回列表中长度不为 5 的元素所组成的列表

```
scala> L5.filterNot(s => s.length == 5)
res12: List[String] = List(Python, Hadoop)
```

（10）take(num)，从列表左边取 num 个元素组成一个新列表

```
scala> L5.take(3)
res13: List[String] = List(Spark, Scala, Python)
```

（11）takeRight(num)，从列表右边取 num 个元素组成一个新列表

```
scala> L5.takeRight(3)
res14: List[String] = List(Python, Hadoop, Hbase)
```

（12）sortBy(x => x)，对列表元素按升序排列

```
scala> val list2=List(3,5,2,1,7)
list2: List[Int] = List(3, 5, 2, 1, 7)
scala> list2.sortBy(x => x)          //升序排列
res21: List[Int] = List(1, 2, 3, 5, 7)
scala> list2.sortBy(x => -x)         //降序排列
res22: List[Int] = List(7, 5, 3, 2, 1)
```

（13）sortWith(_<_)，对列表元素按升序排列

```
scala> list2.sortWith(_<_)           //升序排列
res23: List[Int] = List(1, 2, 3, 5, 7)
scala> list2.sortWith(_>_)           //降序排列
res24: List[Int] = List(7, 5, 3, 2, 1)
```

（14）在列表末端和首端添加元素，以得到一个新列表

```
scala> list2.:+(10)                  // ":+"在末端添加元素以得到一个新列表
res25: List[Int] = List(3, 5, 2, 1, 7, 10)
scala> list2.+:(0)                   // "+:"在首端添加元素以得到一个新列表
res26: List[Int] = List(0, 3, 5, 2, 1, 7)
```

（15）toString()，将列表转换为字符串

```
scala> List(1,2,3).toString()
res27: String = List(1, 2, 3)
```

5.5.2 可变列表

在 Scala 中，使用 ListBuffer 声明一个可变列表。对于可变列表，既可以修改某个位置的元素值，也可以增加或删除列表元素。使用 ListBuffer 创建可变列表之前，需要先导入 scala.collection.mutable.ListBuffer 包。

1．创建可变列表

```
scala> import scala.collection.mutable.ListBuffer    //导入包
import scala.collection.mutable.ListBuffer
scala> val LB1 = ListBuffer(1,2,3,4,5,6)             //创建可变列表
LB1: scala.collection.mutable.ListBuffer[Int] = ListBuffer(1, 2, 3, 4, 5, 6)
scala> val course = ListBuffer("Scala", "Python")    //创建可变列表
scala> println(course)                               //输出列表
ListBuffer(Scala, Python)
```

2．可变列表的常用操作

（1）按值删除列表元素

```
scala> LB1-= 6                        //一次删除1个元素
res1: LB1.type = ListBuffer(1, 2, 3, 4, 5)
scala> LB1-= (3,4,5)                  //一次删除3个元素
res2: LB1.type = ListBuffer(1, 2)
```

（2）从指定位置删除元素

```
scala> LB1.remove(0)                  //删除0索引处的元素，返回删除的元素
res3: Int = 1
scala> println(LB1)
ListBuffer(2)
```

remove()方法可以从指定位置开始删除指定数量的元素。

```
scala> val x = ListBuffer(1,2,3,4,5,6,7,8,9) //创建可变列表
scala> x.remove(2,3)                  //从指定索引2开始删除3个元素
scala> println(x)
ListBuffer(1, 2, 6, 7, 8, 9)
```

remove()方法还可以用"——="从指定的集合中删除元素。

```
scala> x --= Seq(1,2,6)
res10: x.type = ListBuffer(7, 8, 9)
```

（3）增加元素

```
scala> x += 10                        //增加一个元素
res11: x.type = ListBuffer(7, 8, 9, 10)
scala> x ++= List(11,12,13)           //把一个列表的元素都添加进去
res12: x.type = ListBuffer(7, 8, 9, 10, 11, 12, 13)
scala> x ++= Array('b','c')           //把一个数组的元素添加进去
res13: x.type = ListBuffer(7, 8, 9, 10, 11, 12, 13, 98, 99)
scala> x.insert(0,6)                  //在0索引处插入元素6
scala> println(x)
ListBuffer(6, 7, 8, 9, 10, 11, 12, 13, 98, 99)
```

（4）更新元素

```
scala> x(0) = 5                       //更新元素
scala> print(x)
ListBuffer(5, 7, 8, 9, 10, 11, 12, 13, 98, 99)
```

5.6 集合

集合（使用 Set 声明）是没有重复元素的合集，所有的元素都是唯一的。和列表不同，集合并不保留元素插入的顺序，默认情况下，集合是以哈希函数实现的，集合的元素是根据 hashCode()方法进行组织的（Scala 和 Java 一样，每个对象都有 hashCode()方法）。Scala 集合分为可变集合和不可变集合。默认情况下，Scala 使用的是不可变集合，如果想使用可变集合，需要导入 scala.collection.mutable.Set 包。

5.6.1 不可变集合

下面介绍不可变集合的创建方法、集合的基本操作和集合的常用方法。

1．创建不可变集合

```
scala> val immutableSet = Set("Scala", "Python", "Java") //创建不可变集合
immutableSet: scala.collection.immutable.Set[String] = Set(Scala, Python, Java)
scala> val a=Set(1,1,2,3)                        //创建不可变集合
a: scala.collection.immutable.Set[Int] = Set(1, 2, 3)
scala> val bSet=Set.range(1,6)                   //使用数值范围创建集合
bSet: scala.collection.immutable.Set[Int] = HashSet(5, 1, 2, 3, 4)
```

2．集合的基本操作

集合的基本操作如下。

（1）head 返回集合的第一个元素

```
scala> bSet.head
res36: Int = 5
```

（2）tail 返回集合除了第一个元素之外的其他元素所组成的集合

```
scala> bSet.tail
res37: scala.collection.immutable.Set[Int] = HashSet(1, 2, 3, 4)
```

（3）使用 "++" 运算符或 Set.++()方法连接两个集合

```
scala> val Set1 = Set("Scala", "Python")
scala> val Set2 = Set("C", "Java")
scala> var Set3 = Set1 ++ Set2      //使用 "++" 运算符来连接两个集合
Set3: scala.collection.immutable.Set[String] = Set(Scala, Python, C, Java)
scala> println( "Set1.++(Set2): " + Set1.++(Set2))
Set1.++(Set2): Set(Scala, Python, C, Java)
```

（4）查找集合中最大、最小元素及对集合中的元素求和

```
scala> val numSet = Set(10,60,20,30,45)
numSet: scala.collection.immutable.Set[Int] = HashSet(10, 20, 60, 45, 30)
scala> println("Set(10,60,20,30,45)集合中的最小元素是:" + numSet.min)
Set(10,60,20,30,45)集合中的最小元素是:10
scala> println("Set(10,60,20,30,45)集合中的最大元素是:" + numSet.max)
Set(10,60,20,30,45)集合中的最大元素是:60
scala> println("Set(10,60,20,30,45)集合中元素的和是:" + numSet.sum)
Set(10,60,20,30,45)集合中的元素的和是:165
```

3．集合的常用方法

（1）使用 filter()方法输出不可变集合中符合指定条件的所有元素

```
scala> val numSet1 = Set(1,3,5,7,60,30,45)        //创建集合
scala> print(numSet1)                             //输出集合 numSet1
HashSet(5, 1, 60, 45, 7, 3, 30)
scala> numSet1.filter(_%2==1)                     //获取集合中的奇数
res43: scala.collection.immutable.Set[Int] = HashSet(5, 1, 45, 7, 3)
scala> numSet1.filter(e=>e%2==0)                  //获取集合中的偶数
res44: scala.collection.immutable.Set[Int] = HashSet(60, 30)
```

（2）使用 map(f)方法按给定的函数 f 将所有元素重新计算

```
scala> val result=numSet1.map(_*10)
scala> print(result)
HashSet(10, 70, 50, 600, 450, 300, 30)
scala> val charSet = Set('a','b')          //创建字符集合
charSet: scala.collection.immutable.Set[Char] = Set(a, b)
scala> charSet.map(_.toUpper)              //将小写字符转化成大写字符
res47: scala.collection.immutable.Set[Char] = Set(A, B)
scala> val charSet1=charSet.map(ch=>Set(ch,ch.toUpper))//将小写字符转化成大写字符
scala> print(charSet1)
Set(Set(a, A), Set(b, B))
scala> charSet1.flatten                    //通过 flatten 把嵌套的结构展开
res52: scala.collection.immutable.Set[Char] = Set(a, A, b, B)
```

（3）使用 forall()方法对集合里面的每个元素做判断

```
scala> numSet1.forall(e=>e>100)            //判断集合中的每个元素是否都大于 100
res53: Boolean = false
```

返回结果为 false，表明集合中的元素不是每个都大于 100。

```
scala> numSet1.forall(e=>e<100)            //判断集合中的每个元素是否都小于 100
res54: Boolean = true
```

（4）使用 foreach()方法对集合里面的每个元素做处理

```
scala> numSet1.foreach(e=>print(e+" "))
5 1 60 45 7 3 30
```

（5）使用+(elem)方法为集合添加新元素 elem 并创建一个新的集合

```
scala> val set=Set(1,2,3)
set: scala.collection.immutable.Set[Int] = Set(1, 2, 3)
scala> set.+(4)            //为集合添加新元素 4 并创建一个新的集合
res56: scala.collection.immutable.Set[Int] = Set(1, 2, 3, 4)
```

（6）使用−(elem)方法移除集合中的元素 elem 并创建一个新的集合

```
scala> set.-(1)            //移除集合中的元素 1 并创建一个新的集合
res58: scala.collection.immutable.Set[Int] = Set(2, 3)
```

（7）使用 groupBy()方法对集合中的元素进行分组

groupBy()方法对集合中的元素进行分组，得到的结果是一个 Map 对象（映射对象）。

```
scala> val set1=Set(1,2,3,4,5,6)
set1: scala.collection.immutable.Set[Int] = HashSet(5, 1, 6, 2, 3, 4)
scala> set1.groupBy(x=>x%2==0)
res3: scala.collection.immutable.Map[Boolean,scala.collection.immutable. Set[Int]] =
HashMap(false -> HashSet(5, 1, 3), true -> HashSet(6, 2, 4))
```

set1.groupBy(x=>x%2==0)实现了对 set1 中的数字根据奇偶性进行分组，groupBy()方法接收的参数是一个计算偶数的函数，得到的结果是一个包含两个键值对的 Map 对象，键为 false 对应的值为奇数的集合，键为 true 对应的值为偶数的集合。

下面给出利用 groupBy()方法实现学生集合男、女分组的例子。

```
scala> val StudentSet= Set("李明,男,18","王丽,女,18","王明,男,19","刘涛,女,19")
scala> StudentSet.groupBy(x=>x.split(",")(1))
res5: scala.collection.immutable.Map[String,scala.collection.immutable. Set[String]]
= HashMap(男 -> Set(李明,男,18, 王明,男,19),女 -> Set(王丽,女,18, 刘涛,女,19))
```

StudentSet.groupBy(x=>x.split(",")(1))对 StudentSet 中的数据进行了男、女分组，得到的
结果中键为男的值有两条记录，键为女的值有两条记录。

5.6.2　可变集合

如果想使用可变集合，需要导入 scala.collection.mutable.Set 包。

```
scala> import scala.collection.mutable.Set   //导入包
import scala.collection.mutable.Set
scala> val mutableSet = Set(1,7,3,5,2)       //创建可变集合
mutableSet: scala.collection.mutable.Set[Int] = HashSet(1, 2, 3, 5, 7)
scala> mutableSet.add(4)                      //添加元素 4
res4: Boolean = true
scala> mutableSet.remove(1)                   //删除元素 1
res6: Boolean = true
scala> print(mutableSet)
HashSet(2, 3, 4, 5, 7)
```

⚠ 注意：虽然可变集合和不可变集合都有添加或删除元素的操作，但是有一个非常大的
差别。对不可变集合进行操作，会产生一个新的集合，原来的集合并没有改变。而对
可变集合进行操作，改变的是该集合本身。

5.7　元组

用圆括号将多个元素括起来就构成一个元组（使用 Tuple 声明），元素之间用逗号隔
开，元素的类型可以不一样。元组是不可变的，元组和数据库中记录的概念类似。
(1,"XiaoMing","男",23,"高新区")就是一个元组，在元组中定义了 5 个元素，对应的类型分
别为 Int、String、String、Int 和 String。

```
scala> val person=(1,"XiaoMing","男",23,"高新区")   //创建一个元组
person: (Int, String, String, Int, String) = (1,XiaoMing,男,23,高新区)
scala> person._1               //通过"._1"方法获取元组的第一个元素
res1: Int = 1
scala> person._2               //通过"._2"方法获取元组的第二个元素
res2: String = XiaoMing
```

⚠ 注意：元组的索引是从 1 开始的，而列表的索引是从 0 开始的。

通常，使用模式匹配获取元组的元素，示例如下：

```
val (first,second,third,fourth,fifth)= person
```

将 first 设为 1，second 设为"XiaoMing"，third 设为"男"，fourth 设为 23，fifth 设为"高新区"。

```
scala> val (first,second,third,fourth,fifth)= person
first: Int = 1
second: String = XiaoMing
third: String = 男
fourth: Int = 23
fifth: String = 高新区
scala> print(first)
1
scala> print(fifth)
高新区
```

也可以使用下述方式创建元组，但一般不这么用，都用简写形式：

```
val t1=new Tuple3(元素1,元素2,元素3)
```

使用 Tuple1、Tuple2、Tuple3 等元组类型创建元组，需要提前固定元素的个数，目前上限是 22 个元素，如果需要更多个元素，可以使用集合，而不是元组。对于每个 TupleN 类型，N 的取值范围为 $1 \leqslant N \leqslant 22$。

5.7.1 元组的常用操作

1．遍历元组

通过元组对象的 productIterator 属性的 foreach()方法可以遍历输出元组的每个元素。

```
scala> person.productIterator.foreach{i => println("遍历输出元组元素:" + i)}
遍历输出元组元素:1
遍历输出元组元素:XiaoMing
遍历输出元组元素:男
遍历输出元组元素:23
遍历输出元组元素:高新区
```

2．元组转化为字符串

使用元组对象的 toString()方法可以将元组转化为字符串。

```
scala> person.toString()
res5: String = (1,XiaoMing,男,23,高新区)
```

3．交换元组中的元素

使用元组对象的 swap()方法可以交换长度为 2 的元组的两个元素。

```
scala> val t1=(1,2)
t1: (Int, Int) = (1,2)
scala> t1.swap
res14: (Int, Int) = (2,1)
```

4．将数组、列表等中的元组分成不同的组

调用数组、列表等对象的 groupBy(f:(A) ⇒ K)方法，可以按照函数"f:(A) ⇒ K"将数

组、列表等中的元组分成不同的组，返回值是 Map 对象。

```scala
scala> val list1 = List(("a",85),("b",3),("a",90),("b",95),("c",4))
list1: List[(String, Int)] = List((a,85), (b,3), (a,90), (b,95), (c,4))
//按列表中每个二元组的第 1 个元素将二元组分组
scala> val list2 = list1.groupBy(_._1)
list2: scala.collection.immutable.Map[String,List[(String, Int)]] = HashMap(a ->
List((a,85), (a,90)), b -> List((b,3), (b,95)), c -> List((c,4)))
scala> val list3 = List(("李明","男"), ("王丽","女"), ("王强","男"), ("刘芳","女"))
list3: List[(String, String)] = List((李明,男), (王丽,女), (王强,男), (刘芳,女))
scala> list3.groupBy(_._2)          //按性别分组
res23: scala.collection.immutable.Map[String,List[(String, String)]] = HashMap(男
-> List((李明,男), (王强,男)),女 -> List((王丽,女), (刘芳,女)))
```

下面给出统计单词出现次数的代码实现，用数组存储各条语句。

```scala
scala> val array1 = Array("Hello Spark", "Hello Hadoop", "Hello Scala","Hello Scala
is good")
array1: Array[String] = Array(Hello Spark, Hello Hadoop, Hello Scala, Hello Scala
is good)
//统计单词出现的次数，并按单词出现次数降序排列
scala> val list4 = array1.flatMap(_.split(" ")).map((_,1)).groupBy(t => t._1).map(t
=>(t._1,t._2.length)) .toList.sortBy(t => t._2).reverse
list4: List[(String, Int)] = List((Hello,4), (Scala,2), (good,1), (Hadoop,1),
(Spark,1), (is,1))
scala> list4.foreach(x=>println(x))          //遍历输出
(Hello,4)
(Scala,2)
(good,1)
(Hadoop,1)
(Spark,1)
(is,1)
```

5.7.2　拉链操作

使用元组的原因之一是元组能把多个值绑在一起，以便它们能够被一起处理，这通常可以用 zip 操作（拉链操作）来完成。

```scala
scala> val symbols = Array ("<","-",">")
symbols: Array[String] = Array(<, -, >)
scala> val counts = Array(2,10,2)
counts: Array[Int] = Array(2, 10, 2)
scala> val pairs = symbols.zip(counts)  //得到对偶数组，对偶是最简单的元组
pairs: Array[(String, Int)] = Array((<,2), (-,10), (>,2))
```

然后这些对偶数组就可以被一起处理：

```scala
scala> for ((s,n) <- pairs) print(s*n)
<<---------->>
```

⚠ **注意**：用 toMap 方法可以将对偶数组的集合转换成映射。如果有一个键的集合，以及一个与之对应的值的集合，那么可以用拉链操作将它们组合成映射：

```
keys.zip(values).toMap
scala> pairs.toMap    //将对偶数组的集合转换成映射
res31: scala.collection.immutable.Map[String,Int] = Map(< -> 2, - -> 10, > -> 2)
```

5.8 映射

在 Scala 中，映射（使用 Map 声明）是一系列键值对的集合，所有值都可以通过键获取，并且映射中的键都是唯一的。映射也叫哈希表。

映射有两种类型，即可变映射与不可变映射，默认创建的都是不可变映射，如果要创建可变映射，需要导入 scala.collection.mutable.Map 包。

5.8.1 不可变映射

1. 创建映射

（1）使用"->"方式创建

在 a->b 中，a 是键，b 是值。

```
scala> val NameGrades=Map("LiHua"->89,"LiuTao"->91,"YangLi"->88)//创建映射
scala> print(NameGrades)
Map(LiHua -> 89, LiuTao -> 91, YangLi -> 88)
```

可使用"()"查找某个键对应的值，如果不包含指定的键，则会抛出异常。

```
scala> NameGrades("LiHua") //获取键 LiHua 对应的值
res10: Int = 89
```

循环遍历映射，示例如下：

```
scala> for((k,v) <- NameGrades) printf("Name is %s and Grade is %s\n",k,v)
Name is LiHua and Grade is 89
Name is LiuTao and Grade is 91
Name is YangLi and Grade is 88
```

（2）使用(k,v)方式创建

在（k,v）中，k 是键（key），v 是值（value）。

```
scala> val standard = Map(("优秀","85~100"),("良好","75~84"))
scala> print(standard)
Map(优秀 -> 85~100, 良好 -> 75~84)
```

2. 映射的基本操作

映射有如下 3 个基本操作。
- keys：返回映射所有的键。
- values：返回映射所有的值。
- isEmpty：在映射为空时返回 true。

```
scala> NameGrades.keys              //返回 NameGrades 所有的键
res2: Iterable[String] = Set(LiHua, LiuTao, YangLi)
```

```
scala> NameGrades.values          //返回 NameGrades 所有的值
res3: Iterable[Int] = Iterable(89, 91, 88)
```

3．映射合并

使用 "++" 或 Map.++()方法可以合并两个映射，映射合并时会移除重复的键。

```
scala> val ASC1 = Map("A" -> 65,"B" -> 66, "C" -> 67)
scala> val ASC2 = Map("C" -> 67,"D" -> 68,"E" -> 69)
scala> var ASC = ASC1 ++ ASC2
scala> print("ASC1 ++ ASC2:" + ASC)     //输出 ASC 映射
ASC1 ++ ASC2:HashMap(E -> 69, A -> 65, B -> 66, C -> 67, D -> 68)
scala> var result = ASC1.++(ASC2)       //合并映射
scala> print(result)
HashMap(E -> 69, A -> 65, B -> 66, C -> 67, D -> 68)
```

4．查看映射中是否存在指定的键

使用映射的 contains()方法可以查看映射中是否存在指定的键。

```
scala> ASC1.contains("A")
res9: Boolean = true
```

5．映射的常用方法

（1）使用 get(key)方法可返回指定键对应的值

```
scala> NameGrades.get("LiuTao")
res11: Option[Int] = Some(91)
```

（2）使用 "+" 可以为映射添加一个或者多个元素，创建新映射

```
scala> val result = NameGrades + ("TangLi"->86,"LiuQiang"->95)
scala> print(result)
HashMap(YangLi -> 88, LiuQiang -> 95, LiHua -> 89, LiuTao -> 91, TangLi -> 86)
```

（3）使用 "−" 可以删除一个或者多个元素

```
scala> val result1 = NameGrades - "TangLi" - "LiuQiang"
scala> print(result1)
Map(LiHua -> 89, LiuTao -> 91, YangLi -> 88)
```

（4）映射的遍历

① 使用 for 循环遍历所有的映射元素

```
scala> for((k,v) <- NameGrades) println(s"key: $k, value: $v")
key: LiHua, value: 89
key: LiuTao, value: 91
key: YangLi, value: 88
```

② 使用 foreach{}方法访问映射元素

```
scala> NameGrades.foreach{case(k,v) => printf("Name is %s and Grade is %s\n",k,v)}
Name is LiHua and Grade is 89
Name is LiuTao and Grade is 91
Name is YangLi and Grade is 88
```

③ 使用 foreach()方法访问映射元素

```
scala> NameGrades.foreach(x => println(s"key: ${x._1},value: ${x._2}"))
key: LiHua,value: 89
key: LiuTao,value: 91
key: YangLi,value: 88
```

5.8.2 可变映射

默认情况下使用 Map 创建的是不可变映射，不可变映射是无法更新元素的，也无法增加新的元素。如果想要更新映射的元素，就需要定义可变映射，需要导入 scala.collection.mutable.Map 包创建可变映射，具体如下：

```
scala> import scala.collection.mutable.Map          //导入包
import scala.collection.mutable.Map
scala> val NameScores=Map("LiLi"->89,"LiuYun"->91,"YangXue"->88)
NameScores: scala.collection.mutable.Map[String,Int] = HashMap(YangXue -> 88, LiuYun ->
91, LiLi -> 89)
scala> NameScores("LiLi") = 92                       //更新已有元素的值
scala> NameScores("TangShi") = 95                    //添加新元素
scala> print(NameScores)                             //输出变化了的映射
HashMap(TangShi -> 95, YangXue -> 88, LiuYun -> 91, LiLi -> 92)
```

1．添加、更新和删除元素

（1）通过给键指定值的方式为可变映射添加元素

```
scala> NameScores("MaMing") = 90                     //添加新元素
```

（2）用"+="添加一个或者多个元素

```
scala> NameScores += (("WangLi",89), ("WangHua",86))
scala> print(NameScores)                             //输出变化了的映射
HashMap(WangLi -> 89, TangShi -> 95, WangHua -> 86, LiuYun -> 91, MaMing -> 90, YangXue ->
88, LiLi -> 92)
```

（3）用"++="通过列表添加多个元素

```
scala> NameScores ++= List(("WangQiang",80),("YuHong",90))
res30: NameScores.type = HashMap(WangLi->89,TangShi->95,WangHua->86, LiuYun->91,
WangQiang->80,MaMing->90,YangXue->88,YuHong->90,LiLi->92)
```

（4）用"-="通过指定元素的键从映射中删除一个或者多个元素

```
scala> NameScores -= "YangXue"                       //删除一个元素
res31: NameScores.type = HashMap(WangLi -> 89, TangShi -> 95, WangHua -> 86, LiuYun -> 91,
WangQiang -> 80, MaMing -> 90, YuHong -> 90, LiLi -> 92)
scala> NameScores -= ("WangQiang","YuHong" )         //删除两个元素
res32: NameScores.type = HashMap(WangLi -> 89, TangShi -> 95, WangHua -> 86, LiuYun -> 91,
MaMing -> 90, LiLi -> 92)
```

（5）用"—="删除列表里指定的元素

```
scala> NameScores --= List("MaMing","LiLi")
res33: NameScores.type = HashMap(WangLi -> 89, TangShi -> 95, WangHua -> 86, LiuYun ->
91)
```

2. 映射的遍历

（1）用 for 循环遍历映射的元素

```scala
scala> for((k,v) <- NameScores) println(s"key: $k, value: $v")
key: WangLi, value: 89
key: TangShi, value: 95
key: WangHua, value: 86
key: LiuYun, value: 91
```

（2）用 foreach()方法遍历映射的元素

```scala
scala> NameScores.foreach(x => println(s"key: ${x._1},value: ${x._2}"))
key: WangLi,value: 89
key: TangShi,value: 95
key: WangHua,value: 86
key: LiuYun,value: 91
```

5.9 Scala 函数

Scala 函数

5.9.1 函数的定义

Scala 声明函数的语法格式如下：

```
def 函数名([参数列表]):[函数的返回值类型] = {
    函数体
    return [返回值表达式]
}
```

在 Scala 中使用 def 关键字定义函数，定义函数时需要注意以下几点。

① 定义函数以 def 关键字开头。

② def 之后是函数名，该名称由用户自己指定，def 和函数名中间至少要留一个空格。

③ 函数名后跟圆括号，之后是 "：[函数的返回值类型]"，再后面是 "="，最后是函数体及 return 语句（用花括号括起来）。圆括号内用于定义函数参数，称为形式参数，简称形参，参数是可选的，函数可以没有参数。如果有参数，必须指明参数类型，如果有多个参数，参数之间用逗号隔开。只要函数不是递归的，通常不需要指定函数的返回值类型。

④ 函数体用于指定函数应当完成什么操作，由语句组成，如果最后没有 return 语句，函数体中最后一个表达式的值就是函数的返回值。也可以像 Java 那样使用 return 语句传递返回值，不过在 Scala 中这种做法并不常见。

1. 有返回值的函数的定义

（1）标准形式（函数形参、返回值类型、return 语句全有）

```scala
def addInt(a:Int, b:Int):Int = {
    var total:Int = a + b
    return total
}
```

圆括号里是形参，圆括号后面的冒号的后面是函数返回值的类型，花括号里是函数体。

（2）省略返回值类型和 return 语句

当有返回值的时候，可以不显式地写出返回值类型，Scala 会自动判断，同时 return 语句也可以省略。上面的函数可以简写成：

```
def addInt(a:Int, b:Int) = {
    a + b
}
```

Scala 自动返回函数体中最后一个表达式的值并判断其类型。在 Scala 中，赋值语句返回的是空值，所以，如果想要返回值，不要以赋值语句作为最后一条语句。

（3）省略花括号

当函数体只有一行语句的时候，可以省略花括号。上面的函数可以进一步简写成：

```
def addInt(a:Int, b:Int) = a + b
```

2．无返回值的函数的定义

（1）显式标识无返回值

```
def retrunNone(a:Int,b:Int):Unit = {
  print(a + b)
}
```

Unit 关键字表示函数无返回值。

（2）省略 Unit

这里可以省略 Unit 关键字，让 Scala 推断这个函数无返回值。那么 Scala 是怎么知道的呢？通过省略等号。当函数的定义中没有等号的时候，无论函数内部有没有返回值，Scala 都认为这个函数无返回值。

```
def retrunNone(a:Int,b:Int){
  a + b
}
scala> retrunNone(1,2)      //执行后没有返回值
```

3．函数的调用

Scala 提供了多种函数调用方式，以下是调用函数的标准格式。

```
functionName(参数列表)
```

使用递归函数计算阶乘：

```
scala> :paste
    def factorial(n: Int): Int = {
     if (n <= 1)
        return 1
     else
     return n * factorial(n - 1)
   }
print("4 的阶乘为: ")
factorial(4)
```

代码编写完成后通过按 Ctrl+D 组合键退出粘贴模式，执行输入的代码，执行结果如下：

```
4的阶乘为: factorial: (n: Int)Int
res5: Int = 24
```

5.9.2 匿名函数

Scala 匿名函数是使用箭头 "=>" 定义的，箭头的左边是参数列表，箭头的右边是表达式，表达式的值即匿名函数的返回值。

```
scala> def f1(a:Int,b:Int)={a+b}          //声明一个普通函数
f1: (a: Int, b: Int)Int
scala> (a:Int,b:Int)=>{a+b}               //声明一个匿名函数
res14: (Int, Int) => Int = $$Lambda$858/371976262@503358e6
scala> ((a:Int,b:Int)=>{a+b})(1,2)        //声明匿名函数并调用
res15: Int = 3
scala> val f2=(a:Int,b:Int)=>{a+b}        //声明一个匿名函数，并赋值给一个变量
f2: (Int, Int) => Int = $$Lambda$861/1399992133@6c8f2e4e
scala> f2(1,2)                            //调用匿名函数
res16: Int = 3
```

5.9.3 高阶函数

高阶函数是指使用其他函数作为参数，或者返回一个函数作为结果的函数。

```
scala> def f3(a:Int,b:Int,f:(Int,Int)=>Int)={f(a,b)} //定义一个高阶函数
f3: (a: Int, b: Int, f: (Int, Int) => Int)Int
scala> f3(2,3,(a:Int,b:Int)=>{a*b})       //调用高阶函数
res17: Int = 6
scala> f3(2,3,(a:Int,b:Int)=>{a+b})       //调用高阶函数
res18: Int = 5
```

5.10 Scala 模式匹配

Scala 的模式匹配方式是 match case，类似于 Java 中的 switch case 语法，即对一个值进行条件判断，然后针对不同的条件进行不同的处理。

但 Scala 的 match case 语法的功能比 Java 的 switch case 语法的功能要强大得多。Java 的 switch case 语法只能对值进行匹配，而 Scala 的 match case 语法除了可以对值进行匹配，还可以匹配类型、数组、列表、case class，甚至匹配是否有值。

match case 的语法格式如下：

```
变量 match { case 值 => 代码 }
```

> 💬 说明：如果值为 "_"，则代表了不满足以上所有情况的默认情况如何处理；在 match case 中，只要有一个 case 分支满足并处理了，就不会继续判断下一个 case 分支了，而 Java 的 switch case 需要用 break 语句阻止。match case 最基本的应用，是对变量的值进行模式匹配。

下面给出典型的模式匹配场景。

1．匹配字符串

在 Scala 交互式编程环境下，执行":paste"后进入粘贴模式，在该模式下可以粘贴 Scala 代码块，代码编写完成后通过按 Ctrl+D 组合键退出粘贴模式，并执行代码块。

```scala
scala> import util.Random
scala> val arr=Array("Python","Scala","Spark")
scala> val index=Random.nextInt(3)  //用于随机获取数组的任意元素
index: Int = 1
scala> val value=arr(index)
value: String = Scala
scala> //模式匹配
scala> value match{
     |    case "Python" => println("匹配的是 Python")
     |    case "Scala" => println("匹配的是 Scala")
     |    case "Spark" => println("匹配的是 Spark")
     |    case _ => println("null")   //若以上语句都没有匹配成功则执行这里
     | }
匹配的是 Scala
```

2．匹配数组、列表

（1）匹配数组

```scala
scala> var Arr1=Array(1,2,3)
Arr1: Array[Int] = Array(1, 2, 3)
scala> Arr1 match {
     |    case Array(0)=>println("只有 0")
     |    case Array(x,y)=>println("有两个元素")
     |    case Array(x,y,z)=>println("有三个元素")
     |    case _=>println("有很多元素")
     |    }
有三个元素
```

（2）匹配列表

```scala
scala> def ListMatch(list: List[String])= list match {
     |    case "Scala" :: Nil => println("Hello Scala")
     |    case "Scala" :: "Python" :: Nil => println("Hello Scala, Hello Python")
     |    case _ => println("Who are you?")
     |    }
ListMatch: (list: List[String])Unit
scala> ListMatch(List("Scala"))
Hello Scala
scala> ListMatch(List("Scala","Python"))
Hello Scala, Hello Python
scala> ListMatch(List())
Who are you?
```

3．匹配类型

match 匹配除了可以匹配具体的值之外，还可以用来匹配数据类型。

```
scala> def typeMatch(x:Any)=x match {
     |     case x:String=> println("String")
     |     case x:Int=> println("Int")
     |     case x:Boolean=>println("Boolean")
     |     case _ => println("其他")
     |   }
typeMatch: (x: Any)Unit
scala> typeMatch("x")
String
scala> typeMatch(true)
Boolean
```

5.11　Scala 面向对象编程

Scala 是一种面向对象语言，其重要的两个概念是类和对象。在现实世界中，所谓对象就是某种人们可以感知、触摸和操纵的有形的东西，对象代表现实世界中可以被明确辨识的实体，如一个人、一台电视、一架飞机甚至一次会议都可以被认为是一个对象。一个对象有独特的标识、状态和操作。

类是对象的抽象，是构建对象的模板，而对象是类的具体实例。类是抽象的，不占用内存，而对象是具体的，占用存储空间。一旦定义了类，就可以用关键字 new 根据类创建对象。

5.11.1　类与对象

在 Scala 中，通过 class 关键字定义类，定义类的语法格式如下：

```
class ClassName{
//此处定义类的字段和方法
}
```

其中，ClassName 是所定义的类的名称，用来代表类，Scala 建议类名的第一个字母要大写，如果需要使用几个单词来构成一个类的名称，每个单词的第一个字母都要大写。

与 Java 等其他语言中的类不同的是，Scala 中的类无须声明 public，而默认有 public，并且 Scala 中的类可以有参数。字段用 val 或 var 所声明的常量或变量表示，字段的值表示类的对象的状态；类的方法用 def 定义的函数表示，方法通常对类的对象的属性进行操作；类中定义的字段不显式地指定任何访问修饰符时，默认是 public 访问的，可在类的内部和外部进行访问，当定义成 private 时，只能被定义在同一个类里的方法访问，所有更新字段的代码将锁定在类里。类的字段和方法被笼统地称为类的成员。下面定义 Person 类并内置名为 name 的字段和名为 sayName 的方法，代码如下所示：

```
class Person{
  val name = "ZhangSan"
  def sayName() = {
    println("My name is "+ name)
  }
}
```

下面定义一个 Point 类来计算点移动后的坐标，代码如下所示：

```
class Point(xc: Int, yc: Int) {
    var x: Int = xc                              //定义可读写属性
    var y: Int = yc                              //定义可读写属性
    def move(dx: Int, dy: Int) : Unit ={         //定义方法
        x = x + dx
        y = y + dy
        println ("x 坐标: " + x);
        println ("y 坐标: " + y);
    }
}
```

从上述类的定义中可以看出：类的名称为 Point，包括两个属性 x 和 y，一个方法 move()。Scala 中类的定义可以有参数，称为类参数，如上面的 xc、yc，类参数在整个类中都可以访问。

有了类的定义，就可以使用 new 关键字进行类的实例化来创建一个对象，并通过对象访问对象的字段和方法。在 Scala 交互式编程环境中执行 ":paste" 进入粘贴模式，将 Point 类代码粘贴进去，代码编写完成后通过按 Ctrl+D 组合键退出粘贴模式。然后实例化该类，并调用实例的方法 move()，代码如下所示：

```
scala> :paste
class Point(xc: Int, yc: Int) {
    var x: Int = xc                              //定义可读写属性 x
    var y: Int = yc                              //定义可读写属性 y
    def move(dx: Int, dy: Int) : Unit ={         //定义方法
        x = x + dx
        y = y + dy
        println ("x 坐标: " + x);
        println ("y 坐标: " + y);
    }
}

//退出粘贴模式

defined class Point

scala> new Point(2,2).move(3,3)   //生成一个类对象并调用该对象的方法
x 坐标: 5
y 坐标: 5
```

⚠ 注意：Scala 允许类的嵌套定义，即在一个类定义里再定义另外一个类。

5.11.2 单例对象和伴生对象

Scala 类中没有 Java 中的 static 类型，类的属性和方法必须通过使用关键字 new 创建的对象调用，所以即使有 main()函数也没用。但是，Scala 提供了用 object 这个关键字创建的单例对象达到同样的目的，单例对象的定义与类的定义类似。Scala 中的单例对象相当于 Java 中的工具类，可以看作定义静态方法的类。object 与 class 的联系与区别：用 class 定义的类可以传参数，意味着有默认的构造函数，而使用 object 定义的对象不可以传参数；使

用 object 时不需要用 new 实例化对象；使用 class 时需要用 new 实例化对象；如果在同一个文件中，object 对象和 class 类的名称相同，则这个对象就是这个类的伴生对象，这个类就是这个对象的伴生类。必须在同一个源文件里定义类和它的伴生对象，它们可以互相访问对方的私有成员（用 private 修饰的成员）。

下面给出单例对象的使用示例。

```scala
import java.io._
class Person (val namec: String, val agec: Int) {
    var name: String = namec
    var age: Int = agec
    def printPerson : Unit = {
        println ("name " + name)
        println ("age " + age)
    }
}

object Test {
    def main(args: Array[String]) : Unit ={
        val person = new Person ("ZhangSan", 20)
        printPerson1
        def printPerson1 : Unit ={
            println("name:" + person.name)
            println("age:" + person.age)
        }
    }
}
```

将上述代码写入 Test.scala 文件中，放到一个文件夹下，打开 cmd 窗口，将路径切换到 Test.scala 所在的文件夹，执行下述代码运行 Test.scala 程序文件。

```
>scalac Test.scala      //把源代码编译为字节码
>scala Test             //把字节码放到虚拟机中解释运行
name:ZhangSan
age:20
```

再给出一个单例对象的示例。

```scala
object Personobject {
    var name: String = "WangQiang"
    var age: Int = 19
    def printPerson (): Unit ={
        println("name: " + name)
        println("age: " + age)
    }
}
```

有了 Personobject 单例对象，就可以直接通过其名称使用它，就像使用一个普通的类实例一样。

```scala
scala> Personobject.name
res2: String = WangQiang
scala> Personobject.printPerson()
name: WangQiang
age: 19
```

5.12 Scala 读写文件

本节用到的 student.txt 文件的内容如图 5-4 所示。

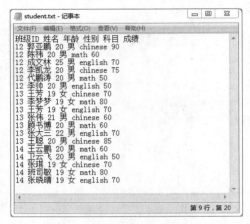

图 5-4 student.txt 文件的内容

5.12.1 读文件

1. 调用 scala. io. Source 对象的 getLines () 方法读取文件的所有行

```
scala> import scala.io.Source
//读取 student.txt 文件
scala> val source = Source.fromFile("D://shuju//student.txt")
source: scala.io.BufferedSource = <iterator>
scala> val lines = source.getLines().toArray        //获取文件的所有行并放到数组中
scala> source.close()                               //关闭文件
scala> println(lines.size)                          //获取数组元素的个数
19
scala> for(line <- lines) println(line)             //输出文件内容
班级 ID 姓名 年龄 性别 科目 成绩
12 郭亚鹏 20 男 chinese 90
12 陈祎 20 男 math 60
...
14 班司敏 19 女 math 80
14 张晓晴 19 女 english 70
```

⚠️注意：getLines()方法返回的数据是迭代器（使用 Iterator 声明），遍历后再读取，读出的内容是空的，要想多次读取可将其转换成列表、数组等。

2. 通过 mkString 方法读取文件

```
scala> import scala.io.Source
scala> val source = Source.fromFile("D://shuju//student.txt")
```

```
source: scala.io.BufferedSource = <iterator>
scala> println(source.mkString)
班级 ID 姓名 年龄 性别 科目 成绩
12 郭亚鹏 20 男 chinese 90
12 陈祎 20 男 math 60
...
14 班司敏 19 女 math 80
14 张晓晴 19 女 english 70
```

5.12.2　写文件

Scala 没有内建的对写入文件的支持，要写入文本文件，可使用 Java 的 java.io.PrintWriter。下面给出写文件的示例。

```
scala> import java.io.PrintWriter
import java.io.PrintWriter
scala> val pw = new PrintWriter("D://shuju//file.txt")
pw: java.io.PrintWriter = java.io.PrintWriter@4aed311e
scala> pw.write("Hello Scala! ")          //写入"Hello Scala! "
scala> pw.close                           //写入结束后关闭文件
```

5.13　习题

1. 关于元组的说法中错误的是（　　　　）。
   - A. 元组可以包含不同类型的元素
   - B. 元组是不可变的
   - C. 访问元组第一个元素的方式为 pair._1
   - D. 元组最多只有两个元素

2. 对于元组 val t = (1, 3.14, "Fred")，说法错误的是（　　　　）。
   - A. t._1 等于 1
   - B. t 的类型为 Tuple3[Int, Double, java.lang.String]
   - C. val (first, second, _) = t // second 等于 3.14
   - D. t._0 无法访问，会抛出异常

3. Scala 中常量和变量的区别是什么？

4. 创建一个列表(1,7,9,8,0,3,5,4,6,2)，将列表中每个元素乘 10 后生成一个新的集合。

5. 编写函数，实现：输入一个数字，如果为正数，则它的 signum 为 1；如果是负数，则它的 signum 为-1；如果为 0，则它的 signum 为 0。

6. "水仙花数"是指一个 3 位的十进制数，其各位数字的 3 次方的和等于该数本身。例如，153 是一个"水仙花数"，因为 $153=1^3+5^3+3^3$，请用 Scala 编程求出所有水仙花数。

7. 设计一个三维向量类，并实现向量的加法、减法，以及向量与标量的乘法运算。

Scala 基础编程　第 5 章

第6章 Spark 大数据处理框架

Hadoop MapReduce 框架基于磁盘计算，在计算过程中需要不断从磁盘存取数据，计算模型的延迟高，无法胜任实时计算。而 Spark 框架吸取教训，采取基于内存计算的模式，中间计算结果也存于内存中，计算效率大大提升。本章主要介绍 Spark 概述，Spark 的运行机制，Spark 的安装及配置，使用 Spark Shell 编写 Scala 代码和使用 PySpark Shell 编写 Python 代码。

6.1 Spark 概述

Spark 概述

Spark 最初是由美国加利福尼亚大学伯克利分校的 AMP 实验室开发的基于内存计算的大数据并行计算框架。Spark 在 2013 年 6 月进入 Apache 成为孵化项目，8 个月后成为 Apache 顶级项目。Spark 以其先进的设计理念，迅速成为社区的热门项目。Spark 生态圈包含 Spark SQL、Spark Streaming、GraphX 和 MLlib 等组件，这些组件可以相互调用，非常容易地实现处理大数据的完整流程。Spark 的这种特性大大减轻了原先需要对各种平台分别管理、维护依赖关系的负担。

6.1.1 Spark 的产生背景

在大数据处理领域，已经广泛使用分布式编程模型在众多机器搭建的集群上处理日益增长的数据，典型的分布式编程模型如 Hadoop 中的 MapReduce 框架。但 MapReduce 框架存在以下局限性。

（1）仅支持 Map 和 Reduce 两种操作。数据处理流程中的每一步都需要一个 Map 阶段和一个 Reduce 阶段，如果要利用这一解决方案，需要将所有用例都转换成 MapReduce 模式。

（2）处理效率低。Map 中间结果写入磁盘，Reduce 中间结果写入 HDFS，多个 MapReduce 之间通过 HDFS 交换数据，任务调度和启动开销大，具体表现在：一是客户端需要把应用程序提交给 ResourceManager，ResourceManager 选择节点去运行；二是当 Map 任务和 Reduce 任务被 ResourceManager 调度的时候，会先启动一个 Container（容器）进程，Container 将内存、CPU、键盘、网络等资源封装在一起。然后让它们运行起来，每一个任务都要经历 JVM 的启动、销毁等流程。

（3）Map 和 Reduce 均需要排序，但是有的任务处理完全不需要排序（比如求最大值、求最小值等），所以就造成了性能的低效。

（4）不适合做迭代计算（如机器学习、图计算等）、交互式处理（如数据挖掘）和流处理（如日志分析）。

而 Spark 可以基于内存也可以基于磁盘做迭代计算。Spark 所处理的数据可以来自任何一种存储介质，如关系数据库、本地文件系统、分布式存储空间等。Spark 将需要处理的数据加载至内存，并将数据集抽象为 RDD（resilient distributed dataset，弹性分布式数据集）对象；然后采用一系列 RDD 操作处理 RDD，并将处理好的结果以 RDD 的形式输出到内存，以数据流的方式持久化写入其他存储介质中。

Spark 使用 Scala 语言作为编程语言，它是一种面向对象、函数式编程语言，能够像操作本地集合对象一样轻松地操作 RDD。

6.1.2　Spark 的优点

Spark 计算框架在处理数据时，所有的中间计算结果都保存在内存中，从而可减少磁盘读写操作，提高框架计算效率。Spark 具有以下几个显著的优点。

1．运行速度快

根据 Apache Spark 官方描述，Spark 基于磁盘做迭代计算的速度比 MapReduce 基于磁盘做迭代计算的速度快 10 余倍；Spark 基于内存做迭代计算的速度则比 MapReduce 基于磁盘做迭代计算的速度快 100 倍以上。Spark 实现了高效的 DAG（directed acyclic graph，有向无环图）执行引擎，可以通过内存计算高效处理数据流。

2．易用性好

Spark 支持 Java、Python、Scala 等语言进行编程，支持交互式的 Python 和 Scala 的 Shell。

3．通用性强

Spark 提供了统一的大数据处理解决方案。Spark 可用于批处理、交互式查询（通过 Spark SQL 组件）、实时流处理（通过 Spark Streaming 组件）、机器学习（通过 Spark MLlib 组件）和图计算（通过 Spark GraphX 组件），这些不同类型的解决方案都可以在同一个应用中无缝使用。

4．兼容性好

Spark 可以非常方便地与其他的开源大数据处理产品进行融合，如 Spark 可以使用 Hadoop 的 YARN 作为它的资源管理和调度器。Spark 也可以不依赖于第三方的资源管理和调度器，它实现了 Standalone 作为其内置的资源管理和调度框架，能够读取 HDFS、Cassandra、HBase、Amazon S3 中的数据。

6.1.3　Spark 的应用场景

Spark 的应用场景主要有以下几种。

（1）Spark 是基于内存的迭代计算框架，适用于需要多次操作特定数据集的应用场景。需要反复操作的次数越多，所需读取的数据量越大，收益越大；数据量小但是计算密集度较大的场合，收益就相对较小。

（2）由于 RDD 的特性，Spark 不适用于那种异步细粒度更新状态的应用，例如 Web 服务的存储或者增量的 Web 爬虫和索引。

（3）数据量不是特别大，但有实时统计分析需求的应用场景。

6.1.4　Spark 的生态系统

Spark 是一个大数据并行计算框架，是对广泛使用的 MapReduce 计算框架的扩展。Spark 具有自己的生态系统，如图 6-1 所示，并且同时兼容 HDFS、Hive 等分布式存储系统，可以完美融入 Hadoop 的生态圈中，代替 MapReduce 去执行更为高效的分布式计算。Spark 的生态系统以 Spark Core 为核心，能够从 HDFS、Amazon S3、HBase 等数据存储层读取数据；以 Mesos、YARN 和自身携带的 Standalone 为资源管理器调度作业完成 Spark 应用程序的计算。这些应用程序可以来自不同的组件，如 Spark SQL 的交互式查询应用、Spark Streaming 的实时流处理应用、Spark MLlib 的机器学习应用、Spark GraphX 的图处理应用和 SparkR 的数学计算应用等。

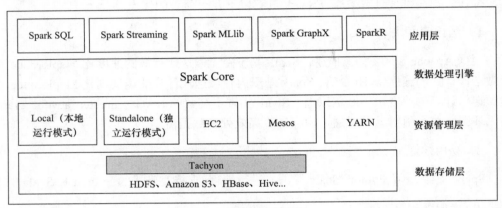

图 6-1　Spark 的生态系统

下面对 Spark 的生态系统的部分组件进行介绍。

（1）Spark Core：是 Spark 的生态系统的核心组件，是一个分布式大数据处理框架。它主要包含两部分功能：一是负责任务调度、内存管理、错误恢复、与存储系统交互等；二是对 RDD 的 API。

（2）Spark SQL：是用来操作结构化数据的核心组件，能够统一处理关系表和 RDD。通过 Spark SQL 可以直接查询 Hive、HBase 等多种外部数据源中的数据。Spark SQL 还支持开发者将 SQL 语句融入 Spark 应用程序的开发过程中，使用户可以在单个应用中同时进行 SQL 查询和复杂的数据分析。

（3）Spark Streaming：Spark 提供的用于处理流数据的计算框架，具有可伸缩、高吞吐量、容错能力强等特点。Spark Streaming 可以从 Kafka、Flume、Kinesis、TCP Sockets 等多个数据源中获取数据。Spark Streaming 的核心原理是将流数据分解成一系列短小的批处理作业，每个短小的批处理作业都可以使用 Spark Core 进行快速处理。处理的结果既可以保存在文件系统和数据库中，也可以进行实时展示。

（4）Spark MLlib：是 Spark 提供的可扩展的机器学习库。MLlib（machine learning library，机器学习库）包含一些通用的学习算法和工具，包括分类、回归、聚类、协同过滤算法等，还提供降维、模型评估、数据导入等额外的功能。

（5）Spark GraphX：是 Spark 提供的分布式图处理框架，拥有图计算和图挖掘算法的简洁易用的 API，极大地方便了人们进行分布式图处理，在海量数据上运行复杂的图算法。

GraphX 通过扩展 RDD 引入了图抽象数据结构弹性分布式属性图（resilient distributed property graph，RDPG），即一种点和边都带属性的有向多重图。

（6）Local、Standalone、EC2、Mesos 和 YARN：Spark 的 5 种部署模式，其中 Local 是本地模式，一般用来开发测试，Standalone 是 Spark 自带的资源管理框架，EC2、Mesos 和 YARN 是另外 3 种资源管理框架，Spark 用哪种模式部署，也就是使用了哪种资源管理框架。

6.2 Spark 的运行机制

6.2.1 Spark 的基本概念

在具体讲解 Spark 运行架构之前，首先介绍几个重要的概念。

1．弹性分布式数据集

弹性分布式数据集（RDD）是只读分区记录的集合，是 Spark 对所处理数据的基本抽象。Spark 中的计算可以简单抽象为对 RDD 的创建、转换和返回操作结果的过程。

通过加载外部物理存储（如 HDFS）中的数据集，或 Spark 应用中定义的对象集合（如列表）来创建 RDD。RDD 在创建后不可被改变，只可以对其执行下面的转换和行动操作。

（1）转换（Transformation）操作：对已有的 RDD 中的数据执行转换操作产生新的 RDD，在这个过程中有时会生成中间 RDD。Spark 对转换操作采用惰性计算机制，遇到转换操作时并不会立即转换，而是在执行行动操作时才一起执行。

（2）行动（Action）操作：对已有的 RDD 中的数据执行计算并产生结果，将结果返回驱动程序或写入外部物理存储。在行动操作的执行过程中同样可能生成中间 RDD。

2．分区

一个 RDD 在物理上被切分为多个分区，即数据分区，这些分区可以分布在集群中的不同节点上，从而让 RDD 中的数据可以被并行操作。分区是 Spark 计算任务的基本处理单位，可决定并行计算的粒度。

3．Spark 应用

Spark 应用指的是用户使用 Spark API 编写的应用程序。Spark 应用的 main()函数为应用程序的入口。Spark 应用通过 Spark API 创建 RDD，对 RDD 进行操作。

4．驱动程序和执行器

Spark 在执行每个应用的过程中会启动驱动程序和执行器两种 JVM 进程。

驱动程序运行用户应用中的 main()函数，创建 SparkContext，准备 Spark 应用程序的运行环境，划分 RDD 并生成 DAG，如图 6-2 所示。驱动程序也负责提交作业，并将作业转化为任务，在各个执行器的进程间进行任务的调度。

执行器是 Spark 应用运行在工作节点上的一个进程，如图 6-3 所示。执行器的进程负责运行某些任务，并将结果返回给驱动程序，同时为需要缓存的 RDD 提供存储功能。每个 Spark 应用都有各自独立的一批执行器。

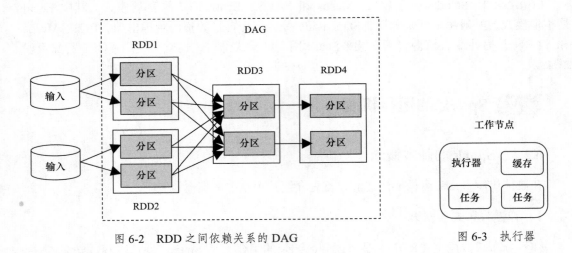

图 6-2　RDD 之间依赖关系的 DAG

图 6-3　执行器

5．作业

在一个 Spark 应用中，每个行动操作都生成一个作业。Spark 对 RDD 采用惰性计算机制，对 RDD 的创建和转换并不会立即执行，只有在执行行动操作时才会生成一个作业，然后统一调度执行。一个作业包含 n 个转换操作和一个行动操作。一个作业会被拆分为多组任务，每组任务被称为阶段或者任务集。

6．洗牌

有一部分转换操作或行动操作会让 RDD 产生宽依赖，这样 RDD 操作过程就像是对父 RDD 中所有分区的数据进行了"洗牌"，数据被打散、重组，如转换操作的 join()、行动操作的 reduce()等，都会产生洗牌。

7．阶段

用户提交的应用程序的计算过程表示为一个由 RDD 构成的 DAG，如果 RDD 在转换的时候需要洗牌，那么这个洗牌的过程就将这个 DAG 分为了不同的阶段。由于洗牌的存在，不同的阶段是不能并行计算的，因为后面阶段的计算需要前面阶段的洗牌的结果。在对作业中的所有操作划分阶段时，一般会按照倒序进行，即从行动操作开始，遇到窄依赖操作，则划分到同一个执行阶段；遇到宽依赖操作，则划分一个新的执行阶段，且新的阶段为之前阶段的父阶段，然后依此类推，递归执行。阶段之间根据依赖关系构成了一个大粒度的 DAG。

8．任务

任务是运行在执行器上的工作单元，是单个分区数据集上的最小处理流程单元。一个作业在每个阶段内都会按照 RDD 的分区数量，创建多个任务。每个阶段内多个并发的任务的执行逻辑完全相同，只是作用于不同的分区。

9．工作节点

Spark 的工作节点用于执行提交的作业。在 YARN 部署模式下工作节点由 NodeManager 代替。工作节点的作用有如下几点：通过注册机制向资源管理器汇报自身的 CPU 和内存等资源；在 Master 节点的指示下创建并启动执行器，将资源和任务分配给执行器，由执行器负责运行某些任务；同步资源信息、执行器状态信息给资源管理器。

10．资源管理器

Spark 以 Spark 自带的 Standalone、Hadoop 的 YARN 等为资源管理器调度作业完成 Spark 应用程序的计算。Standalone 是 Spark 原生的资源管理器，由 Master 节点负责资源的分配。对于 YARN，由 YARN 中的 ResearchManager 负责资源的分配。

6.2.2　Spark 的运行架构

Spark 的运行架构如图 6-4 所示，主要包括集群的资源管理器、运行作业的工作节点、Spark 应用的驱动程序和每个工作节点上负责具体任务的执行器。

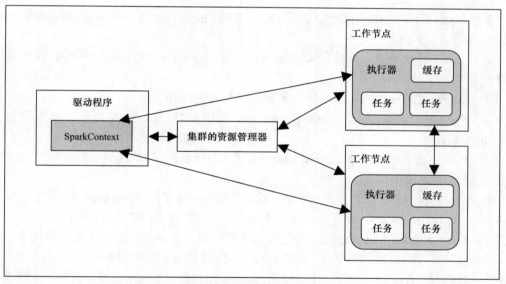

图 6-4　Spark 的运行架构

驱动程序负责执行 Spark 应用中的 main()函数，准备 Spark 应用的运行环境，创建 SparkContext。SparkContext 对象还负责和资源管理器进行通信、资源申请、任务分配和运行监控等。

资源管理器负责申请和管理在工作节点上运行应用所需的资源，资源管理器根据具体实现方式的不同，可分为 Spark 自带的资源管理器、Mesos 的资源管理器和 Hadoop YARN 的资源管理器。

工作节点上的不同执行器服务于不同的 Spark 应用，它们之间是不共享数据的。与 MapReduce 计算框架相比，Spark 采用执行器具有如下两大优势。

（1）执行器利用多线程执行具体任务，相比 MapReduce 的进程模型，使用的资源和启动开销要小很多。

（2）执行器中有一个 BlockManager 存储模块。BlockManager 会将内存和磁盘共同作为存储设备，当需要多轮迭代计算的时候，可以将中间结果存储到这个 BlockManager 存储模块里，供下次需要时直接使用，而不需要从磁盘中读取，从而有效地减少 I/O 开销。在交互式查询场景下，可以预先将数据缓存到 BlockManager 存储模块上，从而提高 I/O 性能。

6.3　Spark 的安装及配置

Spark 的安装及配置

Spark 运行模式可分为单机模式、伪分布式模式和分布式模式。下面只给出单机模式和伪分布式模式的配置过程。

6.3.1　Spark 的基础环境

本书采用的环境配置是：Linux 系统（Ubuntu 16.04）；Hadoop 2.7.1；Java 1.8；Spark 2.4.5。

6.3.2　下载安装文件

登录 Linux 系统，打开浏览器，访问 Spark 官网（http://spark.apache.org/downloads.html），选择 Spark 2.4.5 下载。

关于 Spark 官网下载页面中的 Choose a package type 下拉列表的选择问题，这里简单介绍一下。

（1）Source Code：Spark 源代码，需要编译后才能使用。

（2）Pre-build with user-provided Hadoop：属于免费 Hadoop 免费版，可应用到任意 Hadoop 版本。

（3）Pre-build for Hadoop 2.6 and later：基于 Hadoop 2.6 的预先编译版，需要与本机的 Hadoop 版本对应。

由于之前我们已经安装了 Hadoop，这里在 Choose a package type 下拉列表中选择 Pre-build with user-provided Apache Hadoop，然后单击 Down Spark 后面的 spark-2.4.5-bin-without-hadoop.tgz，将安装文件下载到"/home/hadoop/下载"目录下。

下载完安装文件以后，需要对文件进行解压。按照 Linux 系统使用的默认规范，用户安装的软件一般都存放在/usr/local 目录下。使用 hadoop 用户登录 Linux 系统，打开一个终端，执行如下命令，将下载的安装文件 spark-2.4.5-bin-without-hadoop.tgz 解压到/usr/local 目录下：

```
$ sudo tar -zxf ~/下载/spark-2.4.5-bin-without-hadoop.tgz -C /usr/local/   #解压
$ cd /usr/local
$ sudo mv ./spark-2.4.5-bin-without-hadoop ./spark       #更改文件名
$ sudo chown -R hadoop:hadoop ./spark
#把./spark 以及它的所有子文件/文件夹的用户改成 hadoop
#hadoop 是当前登录 Linux 系统的用户
```

6.3.3　单机模式的配置

安装文件解压以后，还需要修改 Spark 的配置文件 spark-env.sh。复制 Spark 安装目录中/user/local/spark/conf 目录下的模板文件 spark-env.sh.template，并命名为 spark-env.sh，命令如下：

```
$ cd /usr/local/spark
$ cp ./conf/spark-env.sh.template ./conf/spark-env.sh    #复制生成 spark-env.sh 文件
```

然后使用 Vim 编辑器打开 spark-env.sh 文件进行编辑，具体命令如下：

```
$ vim /usr/local/spark/conf/spark-env.sh  #用 Vim 编辑器打开 spark-env.sh 文件
```

在 spark-env.sh 文件的第一行添加以下配置信息：

```
export SPARK_DIST_CLASSPATH=$(/usr/local/hadoop/bin/hadoop classpath)
```

添加上面的配置信息以后，Spark 就可以把数据存储到 HDFS 中，也可以从 HDFS 中读取数据。如果没有添加上面的配置信息，Spark 就只能读写本地数据，无法读写 HDFS 中的数据。

配置完成后就可以直接使用 Spark，不需要像 Hadoop 那样运行启动命令。通过运行 Spark 自带的求 π 的近似值实例，验证 Spark 是否安装成功，命令如下：

```
$ cd /usr/local/spark/bin          #进入 Spark 安装目录的 bin 目录
$ ./run-example SparkPi            #运行求 π 的近似值实例
```

运行时会输出很多信息，不容易找到最终的执行结果，为了能从大量的输出信息中快速找到我们想要的执行结果，可以通过 grep 命令进行过滤：

```
$ ./run-example SparkPi 2>&1 | grep "Pi is roughly"
```

使用 grep 命令过滤后的运行结果如图 6-5 所示，得到了 π 的 5 位小数近似值。

```
hadoop@Master:/usr/local/spark/bin$ ./run-example SparkPi 2>&1 | grep "Pi is roughly"
Pi is roughly 3.13434
```

图 6-5　使用 grep 命令过滤后的运行结果

6.3.4　伪分布式模式的配置

Spark 伪分布式模式是指在一台机器上既有 Master 进程，又有 Worker 进程。Spark 伪分布式模式的环境可在 Hadoop 伪分布式模式的基础上进行搭建。下面介绍如何配置伪分布式模式的环境。

1. 将 Spark 安装文件解压到/usr/local 目录下

下载完 Spark 安装文件以后，将安装文件解压到/usr/local 目录下。使用 hadoop 用户登录 Linux 系统，打开一个终端，执行如下命令，将下载的安装文件 spark-2.4.5-bin-without-hadoop.tgz 解压到/usr/local 目录下：

```
$ sudo tar -zxf ~/下载/spark-2.4.5-bin-without-hadoop.tgz -C /usr/local/  #解压
$ cd /usr/local
$ sudo mv ./spark-2.4.5-bin-without-hadoop ./spark       #更改文件名
$ sudo chown -R hadoop:hadoop ./spark  # hadoop 是当前登录 Linux 系统的用户
```

2．复制模板文件 spark-env.sh.template 得到 spark-env.sh

复制模板文件 spark-env.sh.template 并命名为 spark- env.sh，命令如下。

```
$ cd /usr/local/spark
$ cp ./conf/spark-env.sh.template ./conf/spark-env.sh    #复制生成 spark-env.sh 文件
```

然后使用 Vim 编辑器打开 spark-env.sh 文件进行编辑，在该文件的末尾添加以下配置信息：

```
export JAVA_HOME=/opt/jvm/jdk1.8.0_181
export HADOOP_HOME=/usr/local/hadoop
export HADOOP_CONF_DIR=/usr/local/hadoop/etc/hadoop
export SPARK_MASTER_IP=Master
export SPARK_LOCAL_IP=Master
```

对添加的参数的解释如表 6-1 所示。

表 6-1　参数解释

参数	解释
JAVA_HOME	Java 的安装路径
HADOOP_HOME	Hadoop 的安装路径
HADOOP_CONF_DIR	Hadoop 配置文件的路径
SPARK_MASTER_IP	Spark 主节点的 IP 地址或机器名
SPARK_LOCAL_IP	Spark 本地的 IP 地址或机器名

3．切换到/sbin 目录下启动集群

```
$ cd /usr/local/spark/sbin
$ ./start-all.sh          #启动命令，停止命令为./stop-all.sh
$ jps                     #查看进程
6788 Jps
6716 Worker
6605 Master
```

通过上面的 jps 命令查看进程，如果既有 Master 进程又有 Worker 进程，说明启动成功。

4．验证 Spark 是否安装成功

通过运行 Spark 自带的求 π 的近似值实例，验证 Spark 是否安装成功，命令如下：

```
$ cd /usr/local/spark/bin           #进入 Spark 安装目录的 bin 目录
$ ./run-example SparkPi 2            #运行求 π 的近似值实例，参数 2 是指两个并行度
$ ./run-example SparkPi 2>&1 | grep "Pi is roughly"
Pi is roughly 3.14088
```

⚠️ **注意**：由于求 π 的近似值实例采用随机数，所以每次运行该实例的计算结果也会有差异。

6.4 使用 Spark Shell 编写 Scala 代码

6.4.1 启动 Spark Shell

编写 Scala 代码

Spark Shell 是 Spark 提供的一种类似于 Shell 的交互式编程环境。Spark 支持 Scala 和 Python 两种编程语言。由于 Spark 框架本身是使用 Scala 语言开发的，Scala 语言更贴近 Spark 的内部实现，所以，使用 spark-shell 命令会默认进入 Scala 的交互式编程环境。

在 Spark 的安装目录下执行./bin/spark-shell 命令，就可以进入 Scala 的交互式编程环境：

```
$ cd /usr/local/spark
$ ./bin/spark-shell
```

在 Spark Shell 的启动过程中可以看到图 6-6 所示的提示信息，显示 Spark 版本为 2.4.5，Spark 内嵌的 Scala 版本为 2.11.12，Java 版本为 1.8.0_181。

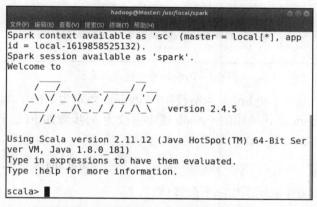

图 6-6　Spark Shell 启动过程中的提示信息

启动 Spark Shell 后，就可看到 scala>命令提示符，Spark Shell 在启动的过程中会初始化 SparkContext 为 sc，以及初始化 SparkSession 为 spark，如图 6-6 所示。SparkSession 是在 Spark 2.0 中引入的，它替换了 SQLContext，简化了对不同上下文的访问。通过访问 SparkSession，可以自动访问 SparkContext，同时保留 SQLContext，以便于向后兼容。有了 SparkSession，即可处理 DataFrame 和 Dataset 对象。SQLContext 适用于 Spark 1.x，是通往 SparkSQL 的入口，有了 SQLContext，即可处理 DataFrame 对象和 Dataset 对象。

现在就可以在里面输入 Scala 代码进行调试了。例如，在 "scala>" 后面输入一个表达式 6*2+8，然后按 Enter 键，就会立即得到结果：

```
scala> 6*2+8
res0: Int = 20
```

6.4.2 退出 Spark Shell

执行 ":quit" 可以退出 Spark Shell。

```
scala> :quit
```

或者，直接按 Ctrl+D 组合键，退出 Spark Shell。

编写 Python
代码

6.5 使用 PySpark Shell 编写 Python 代码

Spark 为了支持 Python，在 Spark 社区发布了一个工具 PySpark，PySpark 是 Spark 为 Python 开发者提供的 API，进入 PySpark Shell 即可使用 PySpark。启动 PySpark Shell 的命令如下：

```
$ cd /usr/local/spark
$ ./bin/pyspark
```

启动 PySpark Shell 后，就会进入 Python 命令提示符界面，如图 6-7 所示。

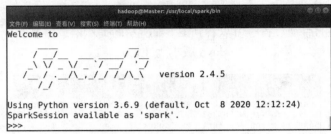

图 6-7　Python 命令提示符界面

从图 6-7 中可以看出，PySpark 当前使用的 Python 版本为 3.6.9，如果使用的 Python 版本不是 3，可把 PySpark 默认使用的 Python 版本更改为 3，步骤如下（已经安装好 Python 3）。

（1）修改 spark-env.sh 文件，具体命令如下：

```
$ vim /usr/local/spark/conf/spark-env.sh          #编辑 spark-env.sh 文件
```

在 spark-env.sh 文件末尾添加以下配置信息：

```
export PYSPARK_PYTHON=/usr/bin/python3
```

（2）修改 pyspark 文件，具体命令如下：

```
$ vim /usr/local/spark/bin/pyspark               #修改 pyspark 文件
```

将其中的 PYSPARK_PYTHON= "$DEFAULT_PYTHON"改成 PYSPARK_PYTHON= python3。

（3）重新启动 PySpark Shell。启动 PySpark Shell 后，进入 Python 命令提示符界面，此时的 Python 版本就会更改为 3。

执行"quit()"退出 PySpark Shell。

6.6 习题

1. 列举 MapReduce 框架的局限性。
2. 简述 Spark 的优点。
3. 简述 Spark 的应用场景。
4. 简述 Spark 应用执行的基本流程。

第7章 Spark RDD 编程

RDD 是 Spark 的核心概念，本质上是一个只读的分区记录集合，每个分区是一个数据集片段。Spark 基于 Scala 语言提供了对 RDD 的转换操作和行动操作，通过这些操作可实现复杂的应用。本章主要介绍创建 RDD 的方式，RDD 的操作方法，RDD 之间的依赖关系，RDD 的持久化，Spark RDD 实现词频统计和 Spark 读写 HBase 数据。

7.1 创建 RDD 的方式

传统的 MapReduce 虽然具有自动容错、平衡负载和可拓展的优点，但是其最大缺点是在迭代计算的时候，要进行大量的磁盘 I/O 操作，而 RDD 正是为纠正这一缺点而出现的。

Spark 数据处理引擎 Spark Core 是建立在统一的 RDD 之上的，这使得 Spark 的 Spark Streaming、Spark SQL、Spark MLlib、Spark GraphX 等应用组件可以无缝集成，从而能够在同一个应用程序中完成大数据处理。RDD 是 Spark 对具体数据对象的一种抽象（封装），本质上是一个只读的分区记录集合，每个分区就是一个数据集片段，对应一个任务来执行。一个 RDD 的不同分区可以保存到集群中的不同节点上。对 RDD 进行操作，相当于对 RDD 的每个分区进行操作。RDD 中的数据对象可以是 Python、Java、Scala 中任意类型的对象，甚至是用户自定义的对象。Spark 中的所有操作都是基于 RDD 进行的，一个 Spark 应用可以看作一个由 "RDD 创建" 到 "一系列 RDD 转换操作"，再到 "RDD 存储" 的过程。图 7-1 展示了 RDD 分区及分区与工作节点的分布关系，图中的 RDD 被切分成 4 个分区。

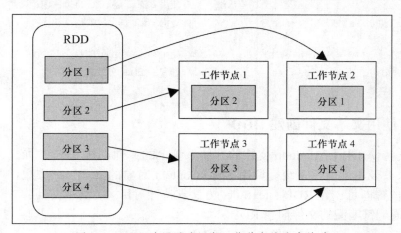

图 7-1　RDD 分区及分区与工作节点的分布关系

RDD 最重要的特性是容错性，如果某个节点上的分区，因为节点故障导致数据丢失，那么 RDD 会自动通过自己的数据重新计算得到该分区，这一切对使用者是透明的。

创建 RDD 的两种方式：通过 Spark 应用程序中的数据集创建；使用本地文件系统或 HDFS、HBase 等外部存储系统上的文件创建。

下面使用 Spark Shell 讲解常用的创建 RDD 的方式。

数据集创建
RDD

7.1.1 使用程序中的数据集创建 RDD

可通过调用 SparkContext 对象的 parallelize()方法并行化程序中的数据集来创建 RDD。使用程序中的数据集创建 RDD 后，可以在将 RDD 实际部署到集群运行之前，使用集合构造测试数据来测试 Spark 应用。

```scala
scala> val arr = Array(1, 2, 3, 4, 5, 6)
arr: Array[Int] = Array(1, 2, 3, 4, 5, 6)
scala> val rdd = sc.parallelize(arr)     //把 arr 这个数据集合并行化到节点上来创建 RDD
rdd: org.apache.spark.rdd.RDD[Int] = ParallelCollectionRDD[2]
```

从返回信息可以看出，上述创建的 RDD 中存储的是 Int 类型的数据。实际上，RDD 也是一个数据集，与 Array 对象不同的是，RDD 的数据可能分布于多台机器上。

```scala
scala> val sum = rdd.reduce( _ + _ )     //实现 1 到 6 的累加求和
sum: Int = 21
```

在调用 parallelize()方法时，可以设置一个参数指定将一个数据集切分成多少个分区，例如，parallelize(arr, 3)指定 RDD 的分区数是 3。Spark 会为每一个分区运行一个任务来进行处理。Spark 官方的建议是，为集群中的每个 CPU 创建 2 ~ 4 个分区。Spark 默认会根据集群的情况来设置分区的个数。

此外，在 Scala 交互式编程环境中，还提供了 makeRDD()方法来创建 RDD，其使用方法与 parallelize()方法类似。当调用 parallelize()方法时，若不指定分区数，则使用系统给出的分区数，而调用 makeRDD()方法时，会为数据集对象创建最佳分区。

```scala
scala> val seq = List(("I believe in human beings", List("uncertainty","fear",
"hunger")), ("the human being", List("Scala", "Python", "Java")), ("Hello World",
List("Red", "Blue", "Black")))
scala> val rddP = sc.parallelize(seq)     //使用 parallelize()方法创建 RDD
scala> rddP.partitions.size               //查询 rddP 的分区数
res18: Int = 1
scala> val rddM = sc.makeRDD(seq)         //使用 makeRDD()方法创建 RDD
scala> rddM.partitions.size               //查询 rddM 的分区数
res19: Int = 3
```

7.1.2 使用文本文件创建 RDD

Spark 支持使用任何 Hadoop 支持的存储系统上的文件创建 RDD，如 HDFS、HBase 及本地文件系统。调用 SparkContext 对象的 textFile()方法读取文件的位置即可创建 RDD。textFile()方法支持针对目录、文本文件、压缩文件及通配符匹配的文件创建 RDD。

Spark 支持的一些常见的文件格式如表 7-1 所示。

文本创建 RDD

表 7-1　Spark 支持的一些常见的文件格式

文件格式名称	是否结构化	描述
文本格式	否	普通的文本文件格式，每一行为一条记录
JSON	半结构化	常见的基于文本的格式
CSV	是	非常常见的基于文本的格式，通常应用在电子表格中
SequenceFile	是	用于键值对数据的常见 Hadoop 文件格式
对象格式	是	用于将 Spark 作业中的数据存储下来以供共享的代码读取的文件格式

将一个文本文件读取为 RDD 时，文本文件中的每一行都会成为 RDD 的一个元素。将多个完整的文本文件一次性读取为一个键值对 RDD，其中键是文件名，值是文件内容。

在 HDFS 上有一个文件/user/hadoop/input/data.txt，其文件内容如下：

```
I believe in human beings, but my faith is without sentimentality. I know that in
environments of uncertainty, fear, and hunger, the human being is dwarfed and shaped without
his being aware of it, just as the plant struggling under a stone does not know its own
condition.
```

在读取 HDFS 中的/user/hadoop/input/data.txt 文件创建 RDD 之前，需要先启动 Hadoop系统，命令如下：

```
$ cd /usr/local/hadoop
$ ./sbin/start-dfs.sh        #启动 Hadoop
#读取 HDFS 上的文件创建 RDD
scala> val rdd = sc.textFile("/user/hadoop/input/data.txt")
rdd: org.apache.spark.rdd.RDD[String] = /user/hadoop/input/data.txt MapPartitionsRDD[2]
//统计 data.txt 文件包含的字符个数
scala> val wordCount = rdd.map(line => line.length).reduce( _ + _ )
scala> wordCount          //输出统计结果
res3: Int = 273
```

从 Linux 本地文件系统读取文件也通过 sc.textFile("路径")方法实现，但需要在路径前面加上"file:"以表示是从 Linux 本地文件系统上读取的。在 Linux 本地文件系统上存在一个文件/home/hadoop/data.txt，其内容和上面 HDFS 的文件/user/hadoop/input/data.txt 的内容完全一致。

下面给出读取 Linux 本地文件系统的/home/hadoop/data.txt 文件，创建一个 RDD 并统计该文件中的字符个数的命令。

```
scala> val rdd = sc.textFile("file:/home/hadoop/data.txt")            //读取本地文件
scala> val wordCount = rdd.map(line => line.length).reduce( _ + _ )  //统计字符个数
scala> wordCount        //输出统计结果
res3: Int = 273
```

textFile()方法也可以读取文件夹，将目录（文件夹）作为参数，会将目录（文件夹）中各个文件中的数据都读入 RDD 中。/home/hadoop/input 目录中有文件 text1.txt 和 text2.txt，text1.txt 中的内容为"Hello Spark"；text2.txt 中的内容为"Hello Scala"。

```
scala> val rddw1 = sc.textFile("file:/home/hadoop/input")            //读取本地文件夹
scala> rddw1.collect()   //RDD 类型的数据转化为 Array 对象
res27: Array[String] = Array(Hello Spark, Hello Scala)
```

SparkContext 对象的 wholeTextFiles()方法也可用来读取给定目录（文件夹）中的所有文件，可在输入路径中使用通配符（如 part-*.txt）。wholeTextFiles()方法会返回若干个键值对 RDD，每个键值对的键是目录中一个文件的文件名，值是该文件名所表示的文件的内容。

```
scala> val rddw2 = sc. wholeTextFiles ("file:/home/hadoop/input")  //读取本地文件夹
scala> rddw2.collect()
res28:  Array[(String,  String)] = Array((file:/home/hadoop/input/text1.txt,"Hello
Spark"), (file:/home/hadoop/input/text2.txt,"Hello Scala"))
```

7.1.3 使用 JSON 文件创建 RDD

JSON（JavaScript object notation，JavaScript 对象简谱）是一种轻量级的数据交换格式，在许多不同的编程 API 中都支持 JSON 文件。简单地说，JSON 可以将 JavaScript 对象中表示的一组数据转换为字符串，从而可以实现在网络或者程序之间轻松地传递，并在需要的时候将字符串还原为各编程语言所支持的数据。JSON 是互联网上最受欢迎的数据交换格式之一。

在 JSON 中，一切皆对象。任何类型的对象都可以通过 JSON 表示，例如字符串、数字、对象、数组等。但是对象和数组是 JSON 中比较特殊且常用的两种类型。

对象在 JSON 中是使用花括号括起来的内容，数据结构为{key1:value1, key2:value2, ...}这样的键值对结构。在面向对象的语言中，键为对象的属性，值为对应的值。键名可以使用整数和字符串表示。值可以是任意类型的。

数组在 JSON 中是使用方括号括起来的内容，如["Java", "Python", "VB", ...]。数组是一种比较特殊的数据类型，数组内也可以像对象那样使用键值对。

JSON 格式的 5 条规则：并列的数据之间用逗号分隔；映射（键值对）用冒号表示；并列数据的集合（数组）用方括号表示；映射（键值对）的集合（对象）用花括号表示；元素值允许的类型为字符串、数字、对象、数组等。

在 Windows 系统上，可以使用记事本或其他类型的文本编辑器打开 JSON 文件以查看内容；在 Linux 系统上，可以使用 Vim 编辑器打开和查看 JSON 文件。

表示中国部分省市的 JSON 数据如下：

```
{
    "name": "中国",
    "province": [{
        "name": "河南",
        "cities": {
            "city": ["郑州", "洛阳"]
        }
    }, {
        "name": "广东",
        "cities": {
            "city": ["广州", "深圳"]
        }
    }, {
        "name": "陕西",
        "cities": {
```

```
                "city": ["西安", "咸阳"]
            }
        }]
}
```

下面再给出一个 JSON 文件的示例数据。

```
{
    "code": 0,
    "msg": "",
    "count": 2,
    "data": [
    {
        "id": "101",
        "username": "ZhangSan",
        "city":"XiaMen",
    }, {
        "id": "102",
        "username": "LiMing",
        "city": "ZhengZhou",
    }]
}
```

创建 JSON 文件的一种方法：新建一个文本文件，文件名以.txt 结尾；在文件中写入 JSON 数据，保存；将文件扩展名.txt 修改成.json 即可。

在本地文件系统/home/hadoop 目录下有一个 JSON 文件 student.json，内容如下：

```
{"学号":"106","姓名":"李明","数据结构":"92"}
{"学号":"242","姓名":"李乐","数据结构":"96"}
{"学号":"107","姓名":"冯涛","数据结构":"84"}
```

从 student.json 文件中可看到每个{...}中为 JSON 格式的数据，一个 JSON 文件中可包含若干 JSON 格式的数据。

读取 JSON 文件创建 RDD 的最简单的方法是将 JSON 文件作为文本文件读取。

```
scala> val jsonStr = sc.textFile("file:/home/hadoop/student.json")
scala> jsonStr.collect()
res17: Array[String] = Array({"学号":"106","姓名":"李明","数据结构":"92"}, {"学号":
"242","姓名":"李乐","数据结构":"96"}, {"学号":"107","姓名":"冯涛","数据结构":"84"})
```

Scala 中有一个自带的 JSON 库 scala.util.parsing.json.JSON，可以实现对 JSON 数据的解析。通过调用 JSON.parseFull(jsonString:String) 函数对输入的 JSON 字符串进行解析，如果解析成功则返回 Some(map:Map[String，Any])，解析失败则返回 None。

下面解析 student.json 文件的内容。

```
scala> import scala.util.parsing.json.JSON
scala> val jsonStr = sc.textFile("file:/home/hadoop/student.json")
scala> val result = jsonStr.map(s => JSON.parseFull(s))    //逐个 JSON 字符串解析
scala> result.foreach(println)
Some(Map(学号 -> 106, 姓名 -> 李明, 数据结构 -> 92))
Some(Map(学号 -> 242, 姓名 -> 李乐, 数据结构 -> 96))
Some(Map(学号 -> 107, 姓名 -> 冯涛, 数据结构 -> 84))
```

7.1.4　使用 CSV 文件创建 RDD

CSV 文件
创建 RDD

CSV（comma separated values，逗号分隔值）文件是一种用来存储表格数据（数字和文本）的纯文本格式文件，文件的内容由 "," 分隔的一列列的数据构成，它可以被导入各种电子表格和数据库中。"纯文本" 意味着该文件是一个字符序列。在 CSV 文件中，列与列之间以逗号分隔。CSV 文件由任意数目的记录组成，记录间以某种换行符分隔，一行就是一条记录。可使用 Word、记事本、Excel 等打开 CSV 文件。

创建 CSV 文件的方法有很多，最常用的方法是用电子表格创建，如使用 Microsoft Excel 创建。在 Microsoft Excel 中，选择 "文件" → "另存为" 命令，然后在 "保存类型" 下拉列表中选择 "CSV（逗号分隔）(*.csv)"，然后单击 "保存" 按钮即创建了一个 CSV 格式的文件。

如果 CSV 文件的所有数据字段均没有包含换行符，可以使用 textFile() 方法读取并解析数据。

在本地文件系统/home/hadoop/sparkdata 目录下保存了一个名为 grade.csv 的 CSV 文件，文件内容如下：

```
101,LiNing,95
102,LiuTao,90
103,WangFei,96
//使用 textFile() 方法读取 grade.csv 文件以创建 RDD
scala> import java.io.StringReader
scala> import au.com.bytecode.opencsv.CSVReader
scala> val gradeRDD = sc.textFile("file:/home/hadoop/sparkdata/grade.csv")  //创建 RDD
scala> val result = gradeRDD.map{ line => val reader = new CSVReader(new
StringReader(line)); reader.readNext()}      //解析数据
scala> result.collect().foreach(x => println(x(0), x(1), x(2)))
(101,LiNing,95)
(102,LiuTao,90)
(103,WangFei,96)
```

7.2　RDD 的操作方法

从相关数据源获取数据形成初始 RDD 后，根据应用需求，调用转换操作对得到的初始 RDD 进行操作，生成一个新的 RDD。对 RDD 的操作分为两大类：转换操作和行动操作。Spark 里的计算就是 RDD 的操作。

RDD 的
操作方法

7.2.1　转换操作

转换操作负责对 RDD 中的数据进行计算并将 RDD 转换为新的 RDD。RDD 转换操作是惰性求值的，只记录下转换的轨迹，而不会立即转换，直到执行行动操作时才会与行动操作一起执行。

下面给出 RDD 对象的常用的转换操作方法。

1．map(func) 映射转换操作

map(func) 将一个 RDD 中的每个元素执行 func 函数，计算得到新元素，这些新元素组

成的 RDD 作为 map(func)的返回结果。

```
scala> val rdd1 = sc.parallelize(List(1, 2, 3, 4))
scala> val result=rdd1.map(x=>x+2)  //用 map()对 rdd1 中的每个数进行加 2 操作
```

上述代码中，向 map()操作传入一个函数 x=>x+2。其中，x 为函数的参数名称，也可以使用其他的字符，如 y；x+2 为函数解析式，用来实现函数变化。Spark 会将 RDD 中的每个元素传入该函数的参数中，得到一个函数值 x+2，所有函数值组成一个新的 RDD。

下面通过 collect()行动操作将 map()转换生成的 RDD 转化为 Array 对象，同时可实现查看 RDD 中数据的效果。

```
scala> result.collect()
res1: Array[Int] = Array(3, 4, 5, 6)        // result.collect()返回的结果
```

用 map()对 RDD 中的所有数求平方值：

```
scala> val input = sc.parallelize(List(1, 2, 3, 4))
scala> val result = input.map(x => x * x)
//使用 mkString()方法以分隔符";"分隔数据，显示 result 中的数据
scala> println(result.collect().mkString(";"))
1;4;9;16
```

map(func)可用来将一个普通的 RDD 转换为一个键值对的 RDD，供只能操作键值对的 RDD 使用。

对一个由英语单词组成的文本行，提取其中的第一个单词作为键，将整个句子作为值，建立键值对 RDD，具体实现如下：

```
scala> val wordsRDD = sc.parallelize(List("Who is that", "What are you doing", "Here
you are"))
scala> val PairRDD = wordsRDD.map(x=>(x.split(" ")(0), x))
scala> PairRDD.collect()
res1: Array[(String, String)] = Array((Who,Who is that), (What,What are you doing),
(Here,Here you are))
```

2. filter(func) 过滤转换操作

filter(func)使用过滤函数 func 过滤 RDD 中的元素，func 函数的返回值为 Boolean 类型的，filter(func)返回由 func 函数处理后返回值为 true 的元素组成的新的 RDD。示例如下：

```
scala> val rdd4=sc.parallelize(List(1,2,2,3,4,3,5,7,9))
scala> rdd4.filter(x=>x>4).collect()    //对 rdd4 进行过滤，得到大于 4 的数据
res1: Array[Int] = Array(5, 7, 9)
```

例如，创建 4 名学生考试数据信息的 RDD，每名学生考试数据信息都包括姓名、考试科目、考试成绩，字符之间用空格分隔。要找出成绩为 100 的学生姓名和考试科目，具体的命令语句如下：

（1）创建学生 RDD

```
scala> val students = sc.parallelize(List("XiaoHua Scala 85","LiTao Scala
100","LiMing Python 95","WangFei Java 100"))
```

（2）将 students 的数据存储为三元组

```
scala> val studentsTup = students.map{x => val splits = x.split(" "); (splits(0),
```

```
splits(1), splits(2).toInt)}
    //成绩转换为 Int 类型
    scala> studentsTup.collect()
    res2: Array[(String, String, Int)] = Array((XiaoHua,Scala,85), (LiTao,Scala,100),
(LiMing,Python,95), (WangFei,Java,100))
```

（3）过滤出成绩为 100 的学生姓名和考试科目

```
scala> studentsTup.filter(_._3==100).map{x=>(x._1, x._2)}.collect().foreach(println)
(LiTao,Scala)
(WangFei,Java)
```

3. flatMap(func)映射转换操作

flatMap(func)类似于 map(func)，但又有所不同。flatMap(func)中的 func 函数会返回 0
个到多个元素，flatMap(func)会将 func 函数返回的 0 个到多个元素合并生成一个 RDD，并
将其作为 flatMap(func)的返回值。示例如下：

```
scala> val rdd1 = sc.parallelize(List(1, 2, 3, 4, 5, 6))
scala> val rdd2 = rdd1.map(_ * 2)        // rdd1 中的每个数乘 2
scala> rdd2.collect()    // collect()以数组的形式返回 rdd2
res1: Array[Int] = Array(2, 4, 6, 8, 10, 12)
scala> val rdd3 = rdd2.filter(x => x > 5).flatMap(x => x to 9)
scala> rdd3.collect()
res5: Array[Int] = Array(6, 7, 8, 9, 8, 9)
```

flatMap()的一个简单用途是把输入的字符串切分为单词。示例如下：

```
scala> def tokenize(ws:String) ={ws.split(" ").toList}        //定义函数
tokenize: (ws: String)List[String]
scala> var lines = sc.parallelize(List("coffee panda","happy panda","happiest panda party"))
scala> lines.map(tokenize).collect().foreach(println)
List(coffee, panda)
List(happy, panda)
List(happiest, panda, party)
scala> lines.flatMap(tokenize).collect().foreach(println)
coffee
panda
happy
panda
happiest
panda
party
```

4. distinct([numPartitions])去重转换操作

distinct([numPartitions])对 RDD 中的数据进行去重操作，返回一个新的 RDD。其中，
可选参数 numPartitions 用来设置操作的并行任务数量，默认情况下，只有 8 个并行任务进
行操作。

```
scala> val Rdd = sc.parallelize(List(1,2,1,5,3,5,4,8,6,4))
scala> val distinctRdd = Rdd.distinct()
scala> distinctRdd.collect()
res6: Array[Int] = Array(4, 1, 6, 3, 8, 5, 2)
```

从返回结果 Array(4, 1, 6, 3, 8, 5, 2)中可以看出，数据已经去重。

5. union (otherDataset) 合并转换操作

union(otherDataset)对源 RDD 和参数 RDD 求并集后返回一个新的 RDD，不进行去重操作，而且两个 RDD 中每个元素的值的个数和类型需要保持一致。示例如下：

```scala
scala> val rdd6 = sc.parallelize(List(1,3,4,5))
scala> val rdd7 = sc.parallelize(List(2,3,4))
scala> val result = rdd6.union(rdd7)
scala> result.collect()
res13: Array[Int] = Array(1, 3, 4, 5, 2, 3, 4)
```

6. intersection (otherRDD) 交集且去重转换操作

intersection(otherRDD)对源 RDD 和参数 RDD 求交集后返回一个新的 RDD，且进行去重操作。示例如下：

```scala
scala> val rdda = sc.parallelize(List(1,3,3,4, 4,5))
scala> val rddb = sc.parallelize(List(2,3,4,3,4,6))
scala> val result = rdda.intersection(rddb)
scala> result.collect()
res2: Array[Int] = Array(4, 3)
```

7. subtract (otherRDD) 差集转换操作

subtract (otherRDD)相当于进行集合的差集操作，即对 RDD 去除其与 otherRDD 相同的元素。示例如下：

```scala
scala> val rdd6 = sc.parallelize(List(1,3,4,5))
scala> val rdd8 = sc.parallelize(1 to 5).subtract(rdd6)
scala> println(rdd8.collect().toBuffer)
ArrayBuffer(2)
```

8. cartesian (otherRDD) 笛卡儿积转换操作

cartesian(otherRDD)对两个 RDD 进行笛卡儿积操作。示例如下：

```scala
scala> val rdd9 = sc.parallelize(List(1, 2, 3))
scala> val rdd10 = sc.parallelize(List(4, 5, 6))
scala> val result = rdd9.cartesian(rdd10)        //进行笛卡儿积操作
scala> result.collect()
res8: Array[(Int, Int)] = Array((1,4), (1,5), (1,6), (2,4), (2,5), (2,6), (3,4), (3,5), (3,6))
```

9. mapValues (func) 转换操作

mapValues (func)针对键值对，函数 func 应用于值，返回新的 RDD。示例如下：

```scala
scala> val rdd11 = sc.parallelize(1 to 9, 3)
scala> rdd11.collect()
res5: Array[Int] = Array(1, 2, 3, 4, 5, 6, 7, 8, 9)
scala> val result = rdd11.map(item => (item % 4, item)).mapValues(v => v + 10)
scala> println(result.collect().toBuffer)
ArrayBuffer((1,11), (2,12), (3,13), (0,14), (1,15), (2,16), (3,17), (0,18), (1,19))
```

10. groupByKey(partitioner)分组转换操作

groupByKey(partitioner)对一个由键值对(k,v)组成的 RDD 进行分组操作，返回由(k,Seq[v])键值对组成的新的 RDD，其中，Seq[v]表示由键相同的值所组成的序列。

⚠️ **注意**：默认情况下，使用 8 个并行任务进行分组，可以传入 partitioner 参数设置并行任务的分区数。

```scala
scala> val rdd11 = sc.parallelize(1 to 9, 3)
scala> val rddMap = rdd11.map(item => (item % 3, item))
scala> val rdd12 = rddMap.groupByKey()
scala> rdd12.collect()
res10:  Array[(Int,  Iterable[Int])]  =  Array((0,CompactBuffer(3,  6,  9)),
(1,CompactBuffer(1, 4, 7)), (2,CompactBuffer(2, 5, 8)))
```

11. reduceByKey(func, [numPartitions])分组聚合转换操作

reduceByKey(func, [numPartitions])对一个由键值对组成的 RDD 进行分组聚合操作，对键相同的值，使用指定的 Reduce 函数 func 聚合到一起。

```scala
//创建键值对 RDD
scala> val rddMap= sc.parallelize(1 to 12, 4).map(item => (item % 4, item))
scala> rddMap.collect()
res8: Array[(Int, Int)] = Array((1,1), (2,2), (3,3), (0,4), (1,5), (2,6), (3,7), (0,8),
(1,9), (2,10), (3,11), (0,12))
scala> val rdd13 = rddMap.reduceByKey((x, y) => x + y)
scala> rdd13.collect
res9: Array[(Int, Int)] = Array((0,24), (1,15), (2,18), (3,21))
scala> rddMap.reduceByKey((x, y) => x * y).collect()
res14: Array[(Int, Int)] = Array((0,384), (1,45), (2,120), (3,231))
```

12. combineByKey()分区聚合转换操作

combineByKey(createCombiner: v => c,mergeValue: (c, v) => c,mergeCombiners: (c, c) => c,numPartitions: Int)对 RDD 中的数据按照键进行聚合操作，即合并相同键的值。聚合操作的逻辑是由提供给 combineByKey()的用户定义的函数实现的。把键值对(k,v)类型的 RDD 转换为键值对(k,c)类型的 RDD。

3 个参数的含义如下。

- createCombiner()函数：在遍历(k,v)时，若 combineByKey()第一次遇到值为 k 的键，则将对该(k,v)键值对调用 createCombiner()函数，将 v 转换为 c（聚合对象类型），c 作为键 k 的累加器的初始值。
- mergeValue()函数：在遍历(k,v)时，若 comineByKey()不是第一次遇到值为 k 的键，则对该(k,v)键值对调用 mergeValue()函数，将 v 累加到聚合对象 c 中，mergeValue()函数的类型是(c, v)=>c，参数中的 c 为遍历到此处的聚合对象，然后对 v 进行聚合，得到新的聚合对象值。
- mergeCombiners()函数：combineByKey()是在分布式环境中执行的，RDD 的每个分区单独进行 combineBykey()操作，最后需要对各个分区进行聚合。mergeCombiners()函数的类型是(c,c)=>c，每个参数都是分区聚合得到的聚合对象。

```
scala> val rdd11 = sc.parallelize(1 to 9, 3)
scala> val rdd14 = rdd11.map(item => (item % 3, item)).mapValues(v =>
v.toDouble).combineByKey((v: Double) => (v, 1), (c: (Double, Int), v: Double) => (c._1
+ v, c._2 + 1), (c1: (Double, Int), c2: (Double, Int)) => (c1._1 + c2._1, c1._2 + c2._2))
scala> rdd14.collect()
res15: Array[(Int, (Double, Int))] = Array((0,(18.0,3)), (1,(12.0,3)), (2,(15.0,3)))
```

13. sortByKey(ascending, [numPartitions])排序转换操作

sortByKey(ascending, [numPartitions])对 RDD 中的数据集进行排序操作，对键值对类型的数据按照键进行排序，返回一个按照键进行排序的键值对 RDD。参数 ascending 用来指定是升序还是降序排列，默认值是 true，按升序排列。参数 numPartitions 用来指定排序分区的并行任务的个数。示例如下：

```
scala> val rdd15 = sc.parallelize(List(("WangLi", 1), ("LiHua", 3), ("LiuFei", 2),
("XuFeng", 1)))
scala> val rdd151 = sc.parallelize(List(("LiHua", 5), ("LiuFei", 1),("WangLi", 2),
("XuFeng", 3)))
scala> val rdd152 = rdd15.union(rdd151)
//按键进行聚合
scala> val rdd153 = rdd152.reduceByKey(_ + _)
//false 表示降序排列
scala> val rdd154 = rdd153.sortByKey(false)
scala> rdd154.collect()
res16: Array[(String, Int)] = Array((XuFeng,4), (WangLi,3), (LiuFei,3), (LiHua,8))
```

14. sortBy(f: (T) => K, [ascending: Boolean = true], [numPartitions])转换操作

sortBy()使用 f: (T) => K 先对数据进行处理，按照处理后的数据进行排序，默认为升序排列。

- 第 1 个参数 f: (T) => K 是一个函数，f: (T) => K 通常表示成 x=>×××的形式，左边的 x 表示 RDD 对象的每一个元素，右边的×××是处理 x 的表达式，sortBy() 按表达式计算的结果对 RDD 中的元素进行排序。
- 第 2 个参数是 ascending，决定排序后 RDD 中的元素是升序还是降序排列，默认是 true，按升序排列。
- 第 3 个参数是 numPartitions，该参数决定排序后的 RDD 的分区个数，默认排序后的分区个数和排序之前的分区个数相等，即 this.partitions.size。

⚠ 注意：sortBy()可以指定按键还是按值进行排序。

创建 4 种商品数据信息的 RDD，每种商品信息都包括名称、单价、数量，字符之间用空格分隔。

```
scala> val goods = sc.parallelize(List("radio 30 50","soap 3 60","cup 6 50","bowl 4 80"))
```

（1）按键进行排序，等同于 sortByKey()
首先将 goods 的数据存储为三元组：

```
scala> val goodsTup = goods.map{x => val splits = x.split(" "); (splits(0),
splits(1).toDouble, splits(2).toInt)}
    scala> goodsTup.sortBy(_._1).collect().foreach(println)    //按商品名称进行排序
(bowl,4.0,80)
(cup,6.0,50)
(radio,30.0,50)
(soap,3.0,60)
```

💬 说明：_._1 中的第一个_表示 RDD 的一个元素（这里为一个三元组），_1 表示元组的第一个元素。

（2）按值进行排序

按照商品单价降序排列：

```
scala> goodsTup.sortBy (x=>x._2, false).collect.foreach(println)
(radio,30.0,50)
(cup,6.0,50)
(bowl,4.0,80)
(soap,3.0,60)
```

按照商品数量升序排列：

```
scala> goodsTup.sortBy (_._3).collect.foreach(println)
(radio,30.0,50)
(cup,6.0,50)
(soap,3.0,60)
(bowl,4.0,80)
```

按照商品数量与 7 的余数升序排列：

```
scala> goodsTup.sortBy (x=>x._3%7).collect.foreach(println)
(radio,30.0,50)
(cup,6.0,50)
(bowl,4.0,80)
(soap,3.0,60)
```

（3）通过元组，按照数组的元素进行排序

```
scala> goodsTup.sortBy(x =>(-x._2, -x._3)).collect.foreach(println)
(radio,30.0,50)
(cup,6.0,50)
(bowl,4.0,80)
(soap,3.0,60)
```

15．sample(withReplacement, fraction, seed)转换操作

以指定的随机种子 seed 随机抽样出抽取比例为 fraction 的数据，withReplacement 表示抽出的数据是否放回，true 表示有放回的抽样，false 表示无放回的抽样，相同的 seed 得到的随机序列一样。示例如下：

```
scala> val SampleRDD=sc.parallelize(1 to 1000)
scala> SampleRDD.sample(false,0.01,1).collect().foreach(x=>print(x+" "))   //输出取样
110 137 196 231 283 456 483 721 783 944 972
```

16．join(otherDataset, [numPartitions])转换操作

join()对两个键值对 RDD 进行内连接，将两个 RDD 中键相同的(k, v)和(k, w)进行连接，

返回(k, (v, w))键值对。示例如下：

```
scala> val pairRDD1 = sc.parallelize(List( ("Scala",2), ("Scala", 3), ("Java",
4),("Python", 8)))
scala> val pairRDD2 = sc.parallelize(List( ("Scala",3), ("Java", 5), ("HBase",
4),( "Java", 10)))
scala> val pairRDD3 = pairRDD1.join(pairRDD2)
scala> pairRDD3.collect()
res17:  Array[(String,  (Int,  Int))]  =  Array((Java,(4,5)),  (Java,(4,10)),
(Scala,(2,3)), (Scala,(3,3)))
```

- leftOuterJoin()可用来对两个键值对 RDD 进行左外连接，保留第一个 RDD 的所有
  键。在 leftOuterJoin()左外连接中，如果右边 RDD 中有对应的键，连接结果显示为
  Some 类型；如果没有，则结果为 None 值。示例如下：

```
scala> val left_Join = pairRDD1.leftOuterJoin (pairRDD2)
scala> left_Join.collect()
res18: Array[(String, (Int, Option[Int]))] = Array((Python,(8,None)), (Java,(4,
Some(5))), (Java,(4,Some(10))), (Scala,(2,Some(3))), (Scala,(3,Some(3))))
```

- rightOuterJoin()可用来对两个键值对 RDD 进行右外连接，确保第二个 RDD 的键必
  须存在，即保留第二个 RDD 的所有键。
- fullOuterJoin()是全外连接，会保留两个连接的 RDD 中所有键的连接结果。示例
  如下：

```
scala> val full_Join = pairRDD1.fullOuterJoin (pairRDD2)
scala> full_Join.collect()
res20: Array[(String, (Option[Int], Option[Int]))] = Array((Python,(Some(8),None)),
(Java,(Some(4),Some(5))),    (Java,(Some(4),Some(10))),    (Scala,(Some(2),Some(3))),
(Scala,(Some(3),Some(3))), (HBase,(None,Some(4))))
```

17. zip (otherDataset)转换操作

将两个 RDD 组合成键值对形式的 RDD，这里默认两个 RDD 的分区数和元素数都相
同，否则会抛出异常。示例如下：

```
scala> val rdd1=sc.parallelize(Array(1,2,3), 3)
scala> val rdd2=sc.parallelize(Array("a","b","c"),3)
scala> val zipRDD=rdd1.zip(rdd2)
scala> zipRDD.collect
res3: Array[(Int, String)] = Array((1,a), (2,b), (3,c))
```

18. 转换操作 keys 与 values

对一个键值对的 RDD，调用 keys 返回一个仅包含键的 RDD，调用 values 返回一个仅
包含值的 RDD。示例如下：

```
scala> zipRDD.keys.collect
res4: Array[Int] = Array(1, 2, 3)
scala> zipRDD.values.collect
res5: Array[String] = Array(a, b, c)
```

19. coalesce (numPartitions: Int)重新分区转换操作

在分布式集群里，网络通信的代价很大，减少网络传输可以极大地提升性能。MapReduce

框架的性能开支主要体现在 I/O 和网络传输。因为要大量读写文件，I/O 是不可避免的，但可以通过网络传输优化降低网络传输的开销，如把大文件压缩为小文件可减少网络传输的开销。

I/O 在 Spark 中也是不可避免的，但 Spark 对网络传输进行了优化，Spark 对 RDD 进行分区（分片），把这些分区放在集群的多个计算节点上并行处理。例如，把 RDD 分成 100 个分区，平均分布到 10 个节点上，平均一个节点 10 个分区。当进行求和计算的时候，先进行每个分区的求和，然后把分区求和得到的结果传输到主程序进行全局求和，这样就可以降低求和计算对网络传输的开销。

```
coalesce(numPartitions: Int, shuffle: Boolean = false)
```

作用：默认使用 HashPartitioner（哈希分区）方式对 RDD 进行重新分区，返回一个新的 RDD，且该 RDD 的分区数等于 numPartitions 值。

参数说明如下。

- numPartitions：拟生成的新 RDD 的分区个数。
- shuffle：是否进行洗牌，默认为 false，重设的分区个数只能比 RDD 的原有分区数小；如果 shuffle 为 true，重设的分区数不受原有 RDD 分区数的限制。示例如下：

```
scala> val rdd =sc.parallelize(1 to 16, 4)      //创建 RDD，分区数为 4
scala> rdd.partitions.size                      //查看 RDD 的分区数
res0: Int = 4
scala> val coalRDD=rdd.coalesce(5)              //重新分区，分区数为 5
scala> coalRDD.partitions.size                  //查看 RDD 的分区数
res2: Int = 4
scala> val coalRDD1 =rdd.coalesce(5, true)      //重新分区，shuffle 为 true
scala> coalRDD1.partitions.size                 //查看 RDD 的分区数
res3: Int = 5
```

20．repartition(numPartitions: Int) 重新分区转换操作

repartition(numPartitions: Int)其实就是 coalesce()方法的第二个参数 shuffle 为 true 的简单实现。示例如下：

```
scala> val rdd = sc.parallelize(1 to 16,8)
scala> rdd.partitions.size                      //查看 RDD 的分区数
res19: Int = 8
scala> val rerdd = rdd.repartition(2)           //转换成具有 2 个分区的 RDD
scala> rerdd.partitions.size                    //查看 rerdd 的分区数
res20: Int = 2
scala> rerdd.getNumPartitions                   //查看 rerdd 的分区数
res44: Int = 2
```

7.2.2　行动操作

行动操作是向驱动程序返回结果或把结果写入外部系统的操作，会触发实际的计算。行动操作接受 RDD，但是返回非 RDD，即输出一个结果值，并把结果值返回到驱动程序中。如果对于一个特定的函数是转换操作还是行动操作感到困惑，可以看看它的返回值：转换操作返回的是 RDD，而行动操作返回的是其他类型的数据。

下面给出 RDD 对象的常用的行动操作方法。

1．collect（）行动操作

collect()方法以 Array 对象的形式返回 RDD 中的所有元素。示例如下：

```
scala> val rddInt = sc.makeRDD(List(1,2,3,4,5,6,2,5,1))   //创建 RDD
scala> rddInt.collect()                               //collect()中的()可以省略
res41: Array[Int] = Array(1, 2, 3, 4, 5, 6, 2, 5, 1)
```

2．count（）行动操作

count()返回 RDD 中元素的个数。示例如下：

```
scala> println(rddInt.count())
9
```

3．countByValue（）行动操作

countByValue()返回各元素在 RDD 中出现的次数。示例如下：

```
scala> rddInt.countByValue()
res24: scala.collection.Map[Int,Long] = Map(5 -> 2, 1 -> 2, 6 -> 1, 2 -> 2, 3 -> 1, 4 -> 1)
```

4．countByKey（）行动操作

countByKey()返回元素类型为键值对的 RDD 中键相同的键值对数量，返回的结果类型为 Map。示例如下：

```
scala> val rdd = sc.makeRDD(List( ("Scala",2), ("Scala", 3), ("Scala", 4),("C", 8),("C",
5)))
scala> rdd.countByKey()
res25: scala.collection.Map[String,Long] = Map(Scala -> 3, C -> 2)
```

5．first（）行动操作

first()返回 RDD 中第 1 个元素。示例如下：

```
scala> val rdd = sc.makeRDD(List( "Scala","Python","Spark", "Hadoop"))
rdd: org.apache.spark.rdd.RDD[String] = ParallelCollectionRDD[1]
scala> rdd.first()
res2: String = Scala
```

6．take（num）行动操作

take(num)以数组的形式返回 RDD 中前 num 个元素。示例如下：

```
scala> rddInt.take(3)
res56: Array[Int] = Array(1, 2, 3)
```

7．top（num）行动操作

top(num)以数组的形式返回 RDD 中按照指定排序（默认降序）方式排列后的最前面的 num 个元素。示例如下：

```
scala> val rdd1 = sc.parallelize(1 to 9)
scala> rdd1.top(3)
res26: Array[Int] = Array(9, 8, 7)
```

8. reduce(func)行动操作

reduce(func)将 RDD 中的元素按 func 函数进行聚合计算。示例如下：

```
scala> val rdd1 = sc.parallelize(List(2,3,4))
scala> rdd1.reduce((x,y)=>x+y)              //通过求和合并 RDD 中的所有元素
res27: Int = 9
scala> rdd1.reduce((x,y)=>x*y)              //通过求积合并 RDD 中的所有元素
res29: Int = 24
```

9. fold(zero)(func)行动操作

fold(zero)(func)和 reduce()的功能一样，但需要提供初始值。示例如下：

```
scala> val rdd1 = sc.parallelize(List(2,3,4))
scala> rdd1.fold(0)((x,y)=>x+y)             //提供的初始值为 0
res30: Int = 9
```

10. foreach(func)行动操作

foreach(func)将 RDD 中的每个元素传递到 func 函数中运行。示例如下：

```
scala> val rdd1 = sc.parallelize(1 to 9)
scala> rdd1.foreach(x=>print(" "+x))      //输出 rdd1 的每一个元素
1 2 3 4 5 6 7 8 9
```

11. lookup()行动操作

lookup()用于键值对类型的 RDD，查找指定键的值，返回 RDD 中该键对应的所有值。示例如下：

```
scala> var LKRDD = sc.makeRDD(Array(("A",0),("A",2),("B",1),("B",2),("C",1)))
scala> LKRDD.lookup("A")
res22: Seq[Int] = WrappedArray(0, 2)
```

12. saveAsTextFile(path)行动操作

saveAsTextFile(path)将 RDD 的元素以文本的形式保存到 path 所表示的文件夹的文本文件中。Spark 会对 RDD 中的每个元素调用 toString()方法，将每个元素转化为文本文件中的一行。Spark 将传入的路径作为目录对待，会在那个目录下输出多个文件。

```
//创建 RDD
scala> val rddText = sc.parallelize(List("Constant dropping wears the stone.", "A
great ship asks for deep waters.","It is never too late to learn."),3)
//将上述创建的 rddText 写入/home/hadoop/input 中
scala> rddText.saveAsTextFile("file:/home/hadoop/input/output")
```

结果在/home/hadoop/input 目录中生成一个文件夹 output，在 output 文件夹下生成 4 个文件，如图 7-2 所示。文件 part-00000 存放的内容是 "Constant dropping wears the stone."，文

件 part-00001 存放的内容是 "A great ship asks for deep waters."，文件 part-00002 存放的内容是 "It is never too late to learn."。part-×××××代表的是分区，分区数决定了 part-×××××形式的文件的个数。

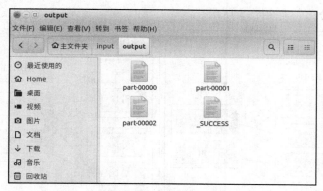

图 7-2　output 文件夹

使用下面的命令可以用一个 part-00000 文件保存 RDD 中的内容。

```
scala> rddw1.repartition(1).saveAsTextFile("file:/home/hadoop/input/output")
```

7.3　RDD 之间的依赖关系

7.3.1　窄依赖

RDD 中不同的操作会使得不同 RDD 中的分区产生不同的依赖。RDD 的每次转换都会生成一个新的 RDD，所以 RDD 之间就会形成类似于流水线一样的前后依赖关系。在部分分区数据丢失时，Spark 可以通过依赖关系重新计算丢失的分区数据，而不是对 RDD 的所有分区进行重新计算。RDD 之间的依赖关系分为窄依赖（narrow dependency）和宽依赖（wide dependency）。

窄依赖是指父 RDD 的每个分区只被子 RDD 的一个分区使用，子 RDD 分区通常对应常数个父 RDD 分区，如图 7-3 所示。

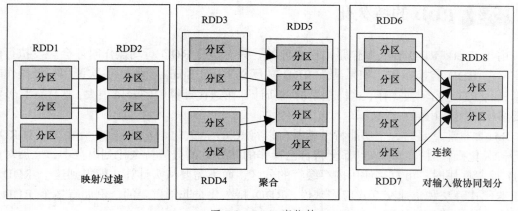

图 7-3　RDD 窄依赖

7.3.2 宽依赖

宽依赖是指父 RDD 的每个分区都可能被多个子 RDD 分区使用，子 RDD 分区通常对应所有的父 RDD 分区，如图 7-4 所示。

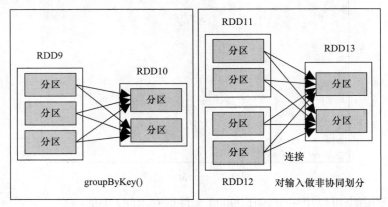

图 7-4　RDD 宽依赖

相比于宽依赖，窄依赖对优化更有利，主要基于以下两点。

（1）宽依赖往往对应着洗牌操作

宽依赖往往对应着洗牌操作，需要在运行过程中将同一个父 RDD 的分区传入不同的子 RDD 分区中，中间可能涉及多个节点之间的数据传输；而窄依赖的每个父 RDD 的分区只会传入一个子 RDD 分区中，通常可以在一个节点内完成转换。

（2）当 RDD 分区丢失时对数据进行重新计算

① 对于窄依赖，由于父 RDD 的一个分区只对应一个子 RDD 分区，这样只需要重新计算和子 RDD 分区对应的父 RDD 分区即可，所以重新计算对数据的利用率是 100%。

② 对于宽依赖，重新计算的父 RDD 分区对应多个子 RDD 分区，这样实际上父 RDD 中只有一部分的数据是用于恢复这个丢失的子 RDD 分区的，另一部分的数据对应子 RDD 的其他未丢失分区，这就造成了多余的计算；一般地，宽依赖中子 RDD 分区通常来自多个父 RDD 分区，极端情况下，所有的父 RDD 分区都要进行重新计算。

7.4　RDD 的持久化

由于 Spark RDD 转换操作是惰性求值的，只有执行 RDD 行动操作时才会触发执行前面定义的 RDD 转换操作。如果某个 RDD 被反复重用，Spark 会在每一次调用行动操作时重新进行 RDD 的转换操作，这样频繁的重新计算在迭代计算中的开销很大，迭代计算经常需要多次重复使用同一组数据。

Spark 非常重要的一个功能特性就是可以将 RDD 持久化（缓存）在内存中。当对 RDD 执行持久化操作时，每个节点都会将自己操作的 RDD 的分区持久化到内存中，之后对该 RDD 反复使用时，可直接使用内存缓存的分区，而不需要从头计算才能得到这个 RDD。对于迭代式算法和快速交互式应用来说，RDD 持久化是非常重要的。例如有多个 RDD，它们之间的依赖关系如图 7-5 所示。

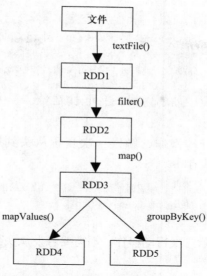

图 7-5 多个 RDD 之间的依赖关系

在图 7-5 中，对 RDD3 进行了两次转换操作，分别生成了 RDD4 和 RDD5。若 RDD3 没有持久化保存，则每次对 RDD3 进行操作时都需要从 textFile()开始计算，先将文件数据转换为 RDD1，再转换为 RDD2，然后转换为 RDD3。

Spark 的持久化机制还是自动容错的，如果持久化的 RDD 的任何分区丢失了，那么 Spark 会自动通过其源 RDD，使用转换操作重新计算该分区，但不需要计算所有的分区。

要持久化一个 RDD，只需调用 RDD 对象的 cache()方法或者 persist()方法即可。cache() 方法是使用默认存储级别的快捷方法，只有一个默认的存储级别 MEMORY_ONLY（数据仅保留在内存中），而 persist()方法可以通过 org.apache.spark.storage.StorageLevel 对象设置存储级别。RDD 持久化的实现方式如下。

- RDD.persist(存储级别)：持久化，存储级别如表 7-2 所示，persist()默认存储级别是 MEMORY_ONLY。
- RDD.unpersist()：取消持久化。

表 7-2 存储级别

存储级别	说明
MEMORY_ONLY	数据仅保留在内存中
MEMORY_ONLY_SER	数据序列化后保存在内存中
MEMORY_AND_DISK	数据先写到内存，如果内存放不下所有数据，则溢写到磁盘上
MEMORY_AND_DISK_SER	数据序列化后先写到内存，若内存不足，则溢写到磁盘上
DISK_ONLY	数据仅存在磁盘上

⚠ **注意**：对于上述任意一种存储级别，如果加上后缀_2，表示把持久化数据存为两份。

巧妙使用 RDD 持久化，在某些场景下可以将 Spark 应用程序的性能提升近 10 倍。对于迭代式算法和快速交互式应用来说，RDD 持久化是非常重要的。

RDD 持久化的示例如下：

```
scala> val rdd1 = sc.parallelize(List(1,2,3,4,5,6,2,5,1))
scala> val rdd2 =rdd1.map(x=>x+2)    //用map()对rdd1中的每个数进行加2操作
scala> val rdd3 = rdd2.map(x => x * x)
scala> rdd3.cache()    //持久化，这时并不会缓存rdd3，因为还没有计算生成rdd3
res45: rdd3.type = MapPartitionsRDD[76] at map at <console>:31
scala> rdd3.count()    //count()返回rdd3中元素的个数
res46: Long = 9
```

rdd3.count()为第一次行动操作，触发一次真正从头到尾的计算，这时执行上面的 rdd3.cache()，把 rdd3 放到缓存中。

```
scala> rdd3.countByValue()    //返回各元素在rdd3中出现的次数
res47: scala.collection.Map[Int,Long] = Map(25 -> 1, 9 -> 2, 64 -> 1, 49 -> 2, 16 ->
2, 36 -> 1)
```

rdd3.countByValue()为第二次行动操作，不需要触发从头到尾的计算，只需要重复使用上面缓存的 rdd3。

7.5 案例实战：Spark RDD 实现词频统计

使用 Scala 语言编写的 Spark 应用程序，需要使用 sbt 进行编译打包；使用 Java 语言编写的 Spark 应用程序，需要使用 Maven 进行编译打包；使用 Python 语言编写的 Spark 应用程序，则可以通过 spark-submit 直接提交。

7.5.1 安装 sbt

Spark 中没有自带 sbt，需要单独安装，可以到 Scala 官网下载 sbt 安装文件 sbt-1.3.8.tgz。将安装文件下载并保存到 Linux 系统的"/home/hadoop/下载"目录下，使用 hadoop 用户登录 Linux 系统，在终端中执行如下命令：

```
$ sudo mkdir /usr/local/sbt                     #创建安装目录
$ cd ~/下载
$ sudo tar -zxvf ./sbt-1.3.8.tgz -C /usr/local
$ cd /usr/local/sbt
$ sudo chown -R hadoop /usr/local/sbt    #此处的hadoop是当前登录Linux系统的用户
```

使用 Vim 编辑器在/usr/local/sbt 中创建 sbt 脚本，用于启动 sbt：

```
$ vim /usr/local/sbt/sbt
```

在 sbt 脚本中，添加如下内容：

```
#!/bin/bash
SBT_OPTS="-Xms512M -Xmx1536M -Xss1M -XX:+CMSClassUnloadingEnabled -XX:MaxPermSize=256M"
java $SBT_OPTS -jar `dirname $0`/sbt-launch.jar "$@"
```

保存 sbt 脚本后退出 Vim 编辑器，然后为 sbt 脚本增加可执行权限：

```
$ chmod u+x /usr/local/sbt/sbt
```

最后执行如下命令，检验 sbt 是否可用：

```
$ cd /usr/local/sbt
$ ./sbt sbtVersion
Java HotSpot(TM) 64-Bit Server VM warning: ignoring option MaxPermSize=256M; support
was removed in 8.0
 [info] [launcher] getting org.scala-sbt sbt 1.3.8  (this may take some time)...
```

确保计算机处于联网状态，首次执行该命令，会长时间处于 getting org.scala-sbt sbt 1.3.8 (this may take some time)...的下载状态。如果最后显示下面所示的信息，表明 sbt 安装成功：

```
[warn] No sbt.version set in project/build.properties, base directory: /usr/local/sbt
[info] Set current project to sbt (in build file:/usr/local/sbt/)
[info] 1.3.8
```

7.5.2　编写词频统计的 Scala 应用程序

WordCount 是大数据领域中一个经典的例子，与 Hadoop 实现的 WordCount 程序相比，Spark 实现的版本显得更加简洁。

在终端中执行如下命令创建一个文件夹 sparkapp：

```
$ cd /home/hadoop                        #进入用户目录
$ mkdir ./sparkapp                       #创建 sparkapp 文件夹
$ mkdir -p ./sparkapp/src/main/scala     #递归创建所需的目录结构
```

需要注意的是，为了能够使用 sbt 对 Scala 应用程序进行编译打包，需要把应用程序代码文件放在/home/hadoop/sparkapp/src/main/scala。

```
$ cd /home/hadoop/sparkapp/src/main/scala
$ vim WordCount.scala                    #创建 WordCount.scala 文件
```

然后在 WordCount.scala 文件中输入如下代码：

```
/* WordCount.scala */
import org.apache.spark.SparkContext
import org.apache.spark.SparkContext._
import org.apache.spark.SparkConf
object WordCount {
    def main(args: Array[String]) {
        val conf = new SparkConf().setAppName("WordCount Application")
        val sc = new SparkContext(conf)
        val lines = sc.textFile("file:/home/hadoop/data.txt") //读取本地文件
        val words = lines.flatMap(line => line.split( " "))
        val pairs = words.map(word => (word, 1))
        val wordCounts = pairs.reduceByKey{ _ + _}
    wordCounts.foreach(word => println(word._1 + " " + word._2))
    }
}
```

上述代码的功能是统计/home/hadoop/data.txt 文件中单词的词频，该文件的内容如下。

```
    What is your most ideal day? Do you know exactly how you want to live your life for
the next five days, five weeks, five months or five years? When was the last best day
of your life? When is the next?
```

不同于 Spark Shell，独立应用程序需要通过 val sc = new SparkContext(conf)初始化 SparkContext。

7.5.3　用 sbt 打包 Scala 应用程序

WordCount.scala 程序依赖于 Spark API，因此，需要通过 sbt 进行编译打包。首先需要使用 Vim 编辑器在/home/hadoop/sparkapp 目录下新建文件 wordcount.sbt，命令如下：

```
$ vim /home/hadoop/sparkapp/wordcount.sbt
```

wordcount.sbt 文件用于声明该独立应用程序的信息，以及与 Spark 的依赖关系，需要在 wordcount.sbt 文件中输入以下内容：

```
name := "WordCount Project"
version := "1.0"
scalaVersion := "2.11.12"
libraryDependencies += "org.apache.spark" %% "spark-core" % "2.4.5"
```

wordcount.sbt 文件需要指明 Spark 和 Scala 的版本。在上面的配置信息中，scalaVersion 用来指定 Scala 的版本，spark-core 用来指定 Spark 的版本，这两个版本信息都可以在之前启动 Spark Shell 的过程中，从屏幕显示的信息中找到。

为了保证 sbt 能够正常运行，先执行如下命令检查整个应用程序的文件结构：

```
$ cd /home/hadoop/sparkapp
$ find .
```

文件结构应该是如下所示的内容：

```
.
./src
./src/main
./src/main/scala
./src/main/scala/WordCount.scala
./wordcount.sbt
```

接下来可以通过如下代码将整个应用程序打包成 JAR 包（首次运行时，sbt 会自动下载相关的依赖包）：

```
$ cd ~/sparkapp  #一定把这个目录设置为当前目录
$ /usr/local/sbt/sbt package
```

对于刚刚安装的 Spark 和 sbt 而言，第一次执行上述命令时，系统会自动从网上下载各种相关的文件，因此上面的执行过程需要多消耗几分钟，如果过了很长时间还没反应或部分文件下载失败，可重复执行上述命令，直到相关文件下载成功，返回成功打包的信息，即屏幕上最后出现如下信息：

```
[info] Set current project to WordCount Project (in build file:/home/hadoop/sparkapp/)
[info] Compiling 1 Scala source to /home/hadoop/sparkapp/target/scala-2.11/classes ...
[success] Total time: 19 s, completed 2021-5-2 1:46:59
```

生成的 JAR 包的位置为~/sparkapp/target/scala-2.11/wordcount-project_2.11-1.0.jar，可以通过如下命令看到该文件：

```
$ cd /home/hadoop/sparkapp/target/scala-2.11/
$ ls
classes  update  wordcount-project_2.11-1.0.jar
```

7.5.4　通过 spark-submit 运行程序

可以将生成的 JAR 包通过 spark-submit 提交到 Spark 中运行，命令如下：

```
$ /usr/local/spark/bin/spark-submit --class "WordCount" ~/sparkapp/target/scala-
2.11/wordcount-project_2.11-1.0.jar
```

最终得到的运行结果如图 7-6 所示。

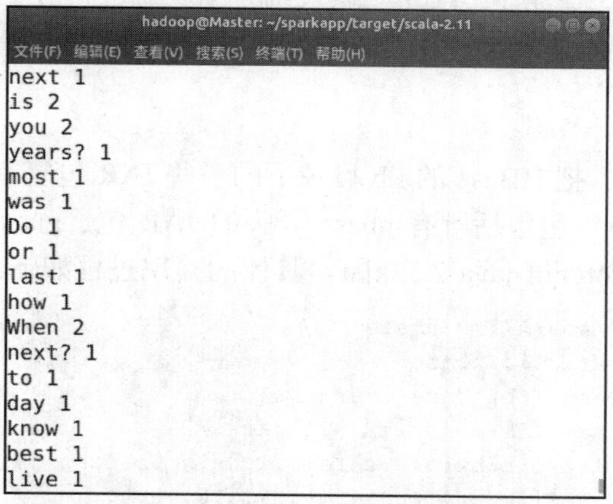

图 7-6　wordcount-project_2.11-1.0.jar 的运行结果

7.6　Spark 读写 HBase 数据

7.6.1　读 HBase 的数据

1. 启动 HBase 并创建表

```
$ cd /usr/local/hbase
$ ./bin/start-hbase.sh      //启动 HBase
$ ./bin/hbase shell         //进入 HBase Shell 模式
```

在 HBase 中存储数据之前要创建表，创建表的同时还需要设置列族的数量和属性。

```
> create 'Student1','Info','Grades'  //新建 Student1 表，包含列族 Info 和 Grades
//插入 Student1 表的第一个学生的记录
> put 'Student1','1','Info:ID','101'
> put 'Student1','1','Info:Name','LiHua'
> put 'Student1','1','Grades:Scala','90'
> put 'Student1','1','Grades:Python','99'
//插入 Student1 表的第二个学生的记录
> put 'Student1','2','Info:ID','102'
> put 'Student1','2','Info:Name','WangLi'
> put 'Student1','2','Grades:Scala','92'
> put 'Student1','2','Grades:Python','95'
```

数据输入结束后，可以使用下面的命令查看刚才已经输入的数据：

```
> scan 'Student1'
ROW                    COLUMN+CELL
 1                     column=Grades:Python, timestamp=1617358804404, value=99
 1                     column=Grades:Scala, timestamp=1617358793968, value=90
 1                     column=Info:ID, timestamp=1617358772918, value=101
 1                     column=Info:Name, timestamp=1617358783063, value=LiHua
 2                     column=Grades:Python, timestamp=1617358877816, value=95
 2                     column=Grades:Scala, timestamp=1617358866848, value=92
 2                     column=Info:ID, timestamp=1617358844694, value=102
 2                     column=Info:Name, timestamp=1617358856166, value=WangLi
```

2．配置 Spark

重新打开一个终端，把 HBase 的 lib 目录下的一些 JAR 包复制到 Spark 安装目录的 lib 目录下，需要复制的 JAR 包包括所有 hbase 开头的 JAR 包、guava-12.0.1.jar、htrace-core-3.1.0-incubating.jar 和 protobuf-java-2.5.0.jar。具体的实现过程如下：

```
$ mkdir /usr/local/spark/lib/hbase
$ cd /usr/local/spark/lib/hbase
$ cp /usr/local/hbase/lib/hbase*.jar ./
$ cp /usr/local/hbase/lib/guava-12.0.1.jar ./
$ cp /usr/local/hbase/lib/htrace-core-3.1.0-incubating.jar ./
$ cp /usr/local/hbase/lib/protobuf-java-2.5.0.jar ./
```

设置 Spark 的 spark-env.sh 文件，告诉 Spark 可以在哪个路径下找到 HBase 相关的 JAR 包，具体的实现过程如下：

```
$ cd /usr/local/spark/conf
$ vim spark-env.sh
```

使用 Vim 编辑器打开 spark-env.sh 文件以后，在该文件最前面增加如下内容：

```
export SPARK_CLASSPATH =$SPARK_CLASSPATH:/usr/local/spark/lib/hbase/*:/usr/local/
hbase/conf
```

3．编写程序读取 HBase 数据

如果要让 Spark 读取 HBase，就需要使用 SparkContext 提供的 newAPIHadoopRDD()将表的内容以 RDD 的形式加载到 Spark 中。

在 Linux 系统中打开一个终端，然后执行如下命令：

```
$ mkdir -p /usr/local/spark/mycode/hbase/src/main/scala
$ cd /usr/local/spark/mycode/hbase/src/main/scala
$ vim ReadHBaseTableDataSpark.scala
```

然后，在 ReadHBaseTableDataSpark.scala 文件中输入如下代码：

```
import org.apache.hadoop.conf.Configuration
import org.apache.hadoop.hbase._
import org.apache.hadoop.hbase.client._
import org.apache.hadoop.hbase.mapreduce.TableInputFormat
import org.apache.hadoop.hbase.util.Bytes
import org.apache.spark.SparkContext
import org.apache.spark.SparkContext._
import org.apache.spark.SparkConf
```

```
object ReadHBaseTableDataSpark {
def main(args: Array[String]) {

    val conf = HBaseConfiguration.create()
    val sc = new SparkContext(new SparkConf())
    //设置查询的表名
    conf.set(TableInputFormat.INPUT_TABLE, "Student1")
    val stuRDD = sc.newAPIHadoopRDD(conf, classOf[TableInputFormat],
        classOf[org.apache.hadoop.hbase.io.ImmutableBytesWritable],
        classOf[org.apache.hadoop.hbase.client.Result])
    val count = stuRDD.count()
    println("Students RDD Count:" + count)
    stuRDD.cache()

    //遍历输出
    stuRDD.foreach({ case (_,result) =>
        val key = Bytes.toString(result.getRow)
        val id = Bytes.toString(result.getValue("Info".getBytes,"ID".getBytes))
        val name = Bytes.toString(result.getValue("Info".getBytes,"Name".getBytes))
        val scala = Bytes.toString(result.getValue("Grades".getBytes,"Scala".getBytes))
        val python = Bytes.toString(result.getValue("Grades".getBytes,"Python".getBytes))
        println("Row  key:"+key+"  ID:"+id+"  Name:"+name+"  Scala:"+scala+  "
Python:"+python)
    })
  }
  }
```

然后，就可以用 sbt 打包编译程序。在编译之前，需要新建一个 simple.sbt 文件，然后在该文件中填写 scalaVersion、spark-core、hbase-client、hbase-common、hbase-server 等信息。

```
$ vim /usr/local/spark/mycode/hbase/simple.sbt   #新建一个 simple.sbt 文件
```

本书采用的 HBase 的版本为 1.1.5，在 simple.sbt 中输入的内容如下：

```
name := "Simple Project"
version := "1.0"
scalaVersion := "2.11.12"
libraryDependencies += "org.apache.spark" %% "spark-core" % "2.4.5"
libraryDependencies += "org.apache.hbase" % "hbase-client" % "1.1.5"
libraryDependencies += "org.apache.hbase" % "hbase-common" % "1.1.5"
libraryDependencies += "org.apache.hbase" % "hbase-server" % "1.1.5"
```

保存文件，退出编辑器。运行 sbt 打包命令：

```
$ cd /usr/local/spark/mycode/hbase        //一定把这个目录设置为当前目录
$ /usr/local/sbt/sbt package              //打包
```

打包成功以后，生成的 JAR 包的位置为：/usr/local/spark/mycode/hbase/target/scala-2.11/simple-project_2.11-1.0.jar。

最后，将生成的 JAR 包通过 spark-submit 命令提交到 Spark 中运行，命令如下：

```
$ /usr/local/spark/bin/spark-submit --class "ReadHBaseTableDataSpark"  /usr/local/
spark/mycode/hbase/target/scala-2.11/simple-project_2.11-1.0.jar
```

执行命令后，得到如下结果：

```
Row key:1 ID:101 Name:LiHua Scala:90 Python:99
Row key:2 ID:102 Name:WangLi Scala:92 Python:95
```

7.6.2　向 HBase 写数据

下面编写程序向 HBase 中写入两行数据。打开一个 Linux 终端，创建应用程序文件 WriteDataToHBaseSpark.scala：

```
$ cd /usr/local/spark/mycode/hbase
$ vim src/main/scala/WriteDataToHBaseSpark.scala
```

在 WriteDataToHBaseSpark.scala 文件中输入如下代码：

```scala
import org.apache.hadoop.hbase.HBaseConfiguration
import org.apache.hadoop.hbase.mapreduce.TableOutputFormat
import org.apache.spark._
import org.apache.hadoop.mapreduce.Job
import org.apache.hadoop.hbase.io.ImmutableBytesWritable
import org.apache.hadoop.hbase.client.Result
import org.apache.hadoop.hbase.client.Put
import org.apache.hadoop.hbase.util.Bytes
object WriteDataToHBaseSpark {
  def main(args: Array[String]): Unit = {
    val sparkConf = new SparkConf().setAppName("WriteDataToHBaseSpark").setMaster
("local")
    val sc = new SparkContext(sparkConf)
    val tablename = "Student1"
    sc.hadoopConfiguration.set(TableOutputFormat.OUTPUT_TABLE, tablename)

    val job = new Job(sc.hadoopConfiguration)
    job.setOutputKeyClass(classOf[ImmutableBytesWritable])
    job.setOutputValueClass(classOf[Result])
    job.setOutputFormatClass(classOf[TableOutputFormat[ImmutableBytesWritable]])

    val indataRDD = sc.makeRDD(Array("3,103,XiaoFei,89,92","4,104,WangFei,98,89"))
    //构建两行记录
    val rdd = indataRDD.map(_.split(',')).map{arr=>{
      val put = new Put(Bytes.toBytes(arr(0)))    //行键的值
      put.add(Bytes.toBytes("Info"),Bytes.toBytes(" ID"),Bytes.toBytes(arr(1)))
      //Info:ID列的值
      put.add(Bytes.toBytes("Info"),Bytes.toBytes("Name"),Bytes.toBytes(arr(2)))
      //Info:Name列的值
      put.add(Bytes.toBytes("Grades"),Bytes.toBytes("Scala"),Bytes.toBytes(arr(3)))
      //Grades:Scala列的值
      put.add(Bytes.toBytes("Grades"),Bytes.toBytes("Python"),Bytes.toBytes(arr(4)))
      //Grades:Python列的值
      (new ImmutableBytesWritable, put)
    }}
    rdd.saveAsNewAPIHadoopDataset(job.getConfiguration())
  }
}
```

保存该文件并退出编辑器，使用 sbt 打包编译，命令如下：

```
$ cd /usr/local/spark/mycode/hbase
$ /usr/local/sbt/sbt package
```

打包成功以后，生成的 JAR 包的位置为：/usr/local/spark/mycode/hbase/target/scala-2.11/盘 simple-project_2.11-1.0.jar。

实际上，由于之前已经编写了一个代码文件 ReadHBaseTableDataSpark.scala，所以，simple-project_2.11-1.0.jar 中实际包含 ReadHBaseTableDataSpark.scala 和 WriteDataToHBase Spark.scala 两个代码文件的编译结果（.class 文件），在执行命令时，可以通过 --class 后面的名称参数决定运行哪个程序。

最后，将生成的 JAR 包通过 spark-submit 命令提交到 Spark 中运行，命令如下：

```
$ /usr/local/spark/bin/spark-submit --class "WriteDataToHBaseSpark" /usr/local/
spark/mycode/hbase/target/scala-2.11/simple-project_2.11-1.0.jar
```

执行后，可以在 HBase Shell 中通过如下命令查看添加数据后的结果：

```
> scan 'Student1'
ROW                 COLUMN+CELL
 1                  column=Grades:Python, timestamp=1617358804404, value=99
 1                  column=Grades:Scala, timestamp=1617358793968, value=90
 1                  column=Info:ID, timestamp=1617358772918, value=101
 1                  column=Info:Name, timestamp=1617358783063, value=LiHua
 2                  column=Grades:Python, timestamp=1617358877816, value=95
 2                  column=Grades:Scala, timestamp=1617358866848, value=92
 2                  column=Info:ID, timestamp=1617358844694, value=102
 2                  column=Info:Name, timestamp=1617358856166, value=WangLi
 3                  column=Grades:Python, timestamp=1617373671777, value=92
 3                  column=Grades:Scala, timestamp=1617373671777, value=89
 3                  column=Info:\x09ID, timestamp=1617373671777, value=103
 3                  column=Info:Name, timestamp=1617373671777, value=XiaoFei
 4                  column=Grades:Python, timestamp=1617373671777, value=89
 4                  column=Grades:Scala, timestamp=1617373671777, value=98
 4                  column=Info:\x09ID, timestamp=1617373671777, value=104
 4                  column=Info:Name, timestamp=1617373671777, value=WangFei
```

7.7 习题

1. 列举创建 RDD 的方式。
2. 简述划分窄依赖、宽依赖的依据。
3. 简述 RDD 转换操作与行动操作的区别。
4. 列举常用的转换操作。
5. 列举常用的行动操作。

第8章

Windows 环境下 Spark 综合编程

本章主要介绍如何在 Windows 系统上搭建 Spark、Hadoop 和 Maven 开发环境，以及 Spark RDD 学生考试成绩分析的综合实例。

8.1 Windows 环境下 Spark 与 Hadoop 的安装

8.1.1 Windows 环境下 Spark 的安装

本书选择的是 Spark 安装文件 spark-2.4.5-bin-hadoop2.7.tgz，环境变量的配置如下。

- 创建环境变量 SPARK_HOME：D:\spark-2.4.5-bin-hadoop2.7。
- PATH 添加：%SPARK_HOME%\bin。
- 测试是否安装成功：打开 cmd 窗口，输入 spark-shell，按 Enter 键，若出现图 8-1 所示的界面，则说明安装成功。

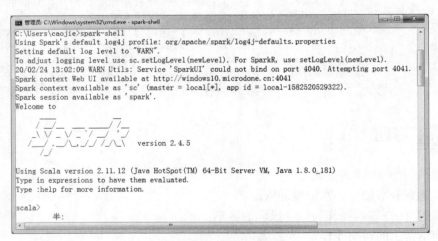

图 8-1　Spark 安装成功的界面

8.1.2 Windows 环境下 Hadoop 的安装

在 Windows 环境下，如果只用 Spark On Standalone 运行模式，就不需要安装 Hadoop；若要用 Spark On YARN 运行模式或者需要从 HDFS 取出数据，应安装 Hadoop。安装与上面 spark-2.4.5- bin-hadoop2.7.tgz 对应的 Hadoop，本书选择的是 hadoop-2.7.7.tar.gz，将其解

压到指定目录即可完成 Hadoop 的安装，本书是解压到 D:\hadoop-2.7.7 目录下。

环境变量的配置如下。

- 创建环境变量 HADOOP_HOME：D:\hadoop-2.7.7。
- PATH 添加：%HADOOP_HOME%\bin。

使用编辑器打开 D:\hadoop-2.7.7\etc\hadoop\hadoop-env.cmd，将 set JAVA_HOME 的值修改为 JDK 的位置：set JAVA_HOME=C:\PROGRA~1\Java\jdk1.8.0_181。

⚠ 注意：PROGRA~1 代表 Program Files。

- 测试 Hadoop 是否安装成功：打开 cmd 窗口，输入 hadoop，按"Enter"键，若出现图 8-2 所示的界面，则说明安装成功。执行 hadoop version 命令后，若显示 Hadoop 为 Hadoop 2.7.7，则表明 Hadoop 安装成功。

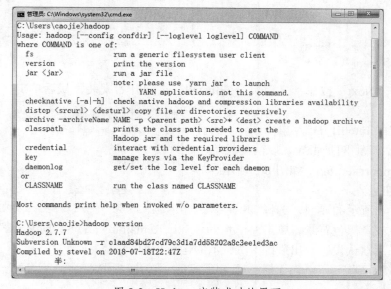

图 8-2　Hadoop 安装成功的界面

8.2　用 IntelliJ IDEA 搭建 Spark 开发环境

Spark Shell 的交互式开发环境会对每个指令做出反馈，适合在学习与测试时使用。而在开发大型的应用程序时，需要很多行代码，涉及很多函数和类，Spark Shell 环境就很难胜任，这时需要一个合适的集成开发环境。在 Windows 环境下，本书选择使用 IntelliJ IDEA 搭建 Spark 开发环境。

8.2.1　下载与安装 IntelliJ IDEA

1．下载安装文件

在 IntelliJ IDEA 官网下载所需的 IntelliJ IDEA 的版本，本书选择的是 Community（社区版），社区版是开源的。

2．安装 IntelliJ IDEA

双击下载好的安装文件，然后单击"Next"按钮，选择安装位置，如图 8-3 所示。
在图 8-3 所示的界面中单击"Next"按钮，进入勾选安装选型界面，如图 8-4 所示。

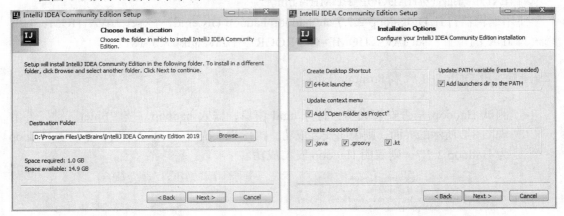

图 8-3　选择安装位置　　　　　　　　　图 8-4　勾选安装选型界面

然后单击"Next"按钮，之后单击"Install"按钮开始安装，最后单击"Finish"按钮
完成安装。

双击生成的 IntelliJ IDEA 桌面图标，运行
IntelliJ IDEA，会询问是否导入以前的设定，
选择 Do not import settings，如图 8-5 所示，单
击"OK"按钮进入下一步。

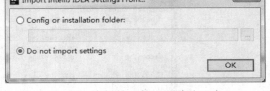

图 8-5　询问是否导入以前的设定

进入图 8-6 所示的界面，选择 UI 主题，
可以选择白色或者黑色背景，单击左下角的"Skip Remaining and Set Defaults"按钮，跳过
其他设置并采用默认设置，出现图 8-7 所示的运行界面。

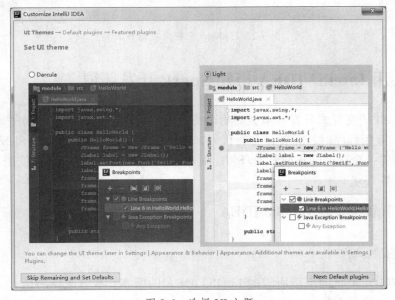

图 8-6　选择 UI 主题

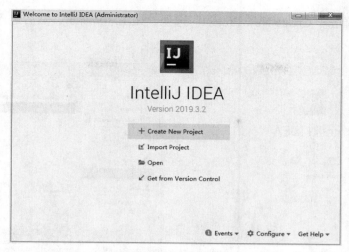

图 8-7　运行界面

8.2.2　Scala 插件的安装与使用

1．安装 Scala 插件

由于之前跳过其他设置并采用默认设置安装，因此 Scala 插件并没有安装，在图 8-7 所示的运行界面中单击右下角的"Configure"下拉按钮，再单击下拉列表中的"Plugins"进行 Scala 插件的安装。

弹出的 Plugins 对话框如图 8-8 所示，在左上角搜索框中输入 Scala，按"Enter"键进行搜索，在搜索框下方会给出搜索结果，单击搜到的 Scala 所在行右边的"Install"按钮，下载安装 Scala 插件，安装完成后单击"OK"按钮退出。

图 8-8　Plugins 对话框

2．创建项目以测试 Scala 插件

下面通过创建 Scala 项目来测试 Scala 插件是否安装成功。双击 IntelliJ IDEA 桌面图标，

在打开的界面中单击"Create New Project"选项，如图 8-9 所示，然后进入 New Project 界面，如图 8-10 所示。

图 8-9 IntelliJ IDEA 界面

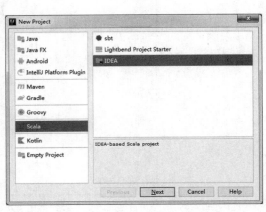

图 8-10 New Project 界面

在图 8-10 所示的界面中选择"Scala"，并在界面右侧选择 IDEA，单击"Next"按钮。在弹出的图 8-11 所示的 New Project 对话框中定义项目名为 HelloWorld，选择项目的存放目录为 D:\IdeaProjects\Hello World，并选择项目所用 JDK 的版本，单击 Scala SDK 下拉列表框右侧的"Create"按钮，选择项目所用的 Scala SDK 版本，单击界面右下角的"Finish"按钮创建项目。

Scala 项目创建完成后，其目录结构如图 8-12 所示。

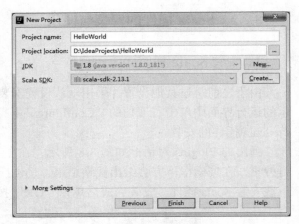

图 8-11 New Project 对话框

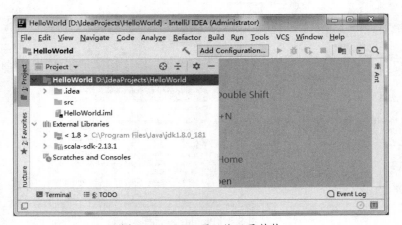

图 8-12 Scala 项目的目录结构

在目录 src 上右击，在弹出的快捷菜单中选择"New→Package"命令创建包，如图 8-13 所示。这里设置包名为 HelloPackage。

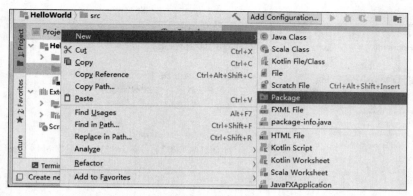

图 8-13　创建包

在包 HelloPackage 上右击，在弹出的快捷菜单中选择 "New→Scala Class" 命令新建 Scala 类，如图 8-14 所示。

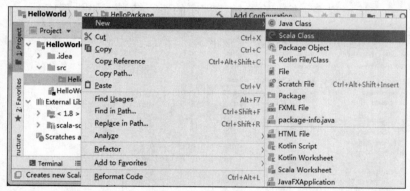

图 8-14　新建 Scala 类

在弹出的窗口中，输入需要新建类的名称。在这里，我们假设需要创建的类的名称为 HelloWorld，那么可以在这里输入新建类的名称 HelloWorld，然后在文本框下面选择 Object，如图 8-15 所示，按 "Enter" 键后完成类的创建。

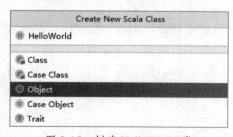

图 8-15　创建 HelloWorld 类

⚠️ 注意：创建类时，默认设置是 Class，如果不更改，运行程序时默认打开的是 Scala 控制台；先选择 Object，再输入类名，运行程序时才会使用此程序的 main()方法。

在弹出的编写程序代码界面中输入程序代码，如图 8-16 所示。

图 8-16　编写程序代码界面

在左侧的项目中，选择需要运行的类，然后右击，在弹出的快捷菜单中选择"Run 'HelloWorld'"命令运行程序，控制台会输出程序的运行结果，如图 8-17 所示。

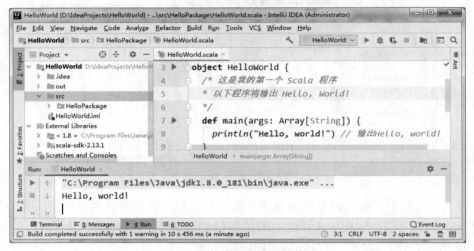

图 8-17　输出程序的运行结果

此外，也可以直接在菜单栏中选择"Run→Run 'HelloWorld'"命令运行这个类。

用 Scala 实现输入 2 个字符串，从第 1 个字符串中删除第 2 个字符串中所有的字符。例如，输入 They are students.和 aeiou，则删除字符之后的第 1 个字符串变成 Thy r stdnts.。代码实现如下：

```scala
import scala.io.StdIn
object DeleteStr {
  def main(args: Array[String]): Unit = {
    var str1 = ""
    var str2 = ""
    var i = 0
    var j = 0
    var flag = 0
    print("请输入第 1 个字符串：")
    str1 = StdIn.readLine()        //从控制台中接收一段字符，按 Enter 键结束输入
```

```
        print("请输入第 2 个字符串: " )
        str2 = StdIn.readLine()
        print("从第 1 个字符串中删除第 2 个字符串中所有的字符的结果为: " )
        for (i <- 0 to str1.length-1){
            j = 0
            flag = 0
            for (j <- 0 to str2.length-1){
                if (str1.charAt(i).equals(str2.charAt(j))){
                    flag = 1
                }
            }

            if (flag==0) {
                print(str1.charAt(i))
            }
        }
    }
}
```

上述程序代码的运行结果如图 8-18 所示。

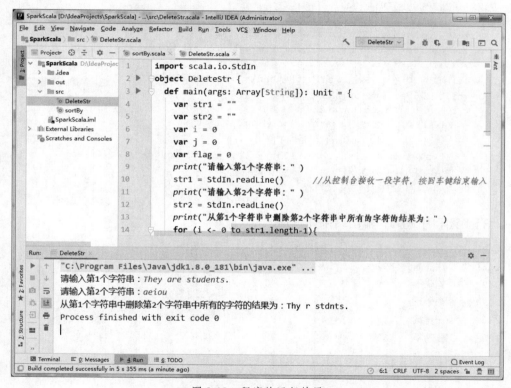

图 8-18　程序的运行结果

用 Scala 编程实现，求出"学生成绩.txt"文件中每个学生的平均成绩，并输出每个学生的平均成绩。

"学生成绩.txt"文件中的数据如图 8-19 所示。

图 8-19 "学生成绩.txt" 文件中的数据

求每个学生平均成绩的 Scala 代码如下：

```scala
import scala.io.{Source, StdIn}
object AverageScore {
  def main(args: Array[String]): Unit = {
    val filePath = "D:\\dataset\\学生成绩.txt"
    val source = Source.fromFile(filePath,"GBK")
    val lineIterator = source.getLines()
    println("学号\t 姓名\tScala\tPython\tJava\t 平均成绩")
    while (lineIterator.hasNext){
      //println(lineIterator.next())
      val list = lineIterator.next().split("\t")
      if (!list(0).equals("学号")){
        val avg = (list(2).toFloat + list(3).toFloat + list(4).toFloat)/3
        println(list(0)+"  \t"+list(1)+"  \t"+list(2)+"  \t"+list(3)+"  \t"+list(4)+"  \t"+ avg.formatted("%.2f"))
      }} }}
```

运行上述程序代码，输出结果如下：

学号	姓名	Scala	Python	Java	平均成绩
106	丁晶晶	92	95	91	92.67
242	闫晓华	96	93	90	93.00
107	冯乐乐	84	92	91	89.00
230	王博漾	87	86	91	88.00
153	张新华	85	90	92	89.00
235	王璐璐	88	83	92	87.67
224	门甜甜	83	86	90	86.33
236	王振飞	87	85	89	87.00
210	韩盼盼	73	93	88	84.67
101	安蒙蒙	84	93	90	89.00
140	徐梁攀	82	89	88	86.33
127	彭晓梅	81	93	91	88.33
237	邬嫚玉	83	81	85	83.00
149	张嘉琦	80	86	90	85.33

118	李珂珂	86	76	88	83.33
150	刘宝庆	82	89	90	87.00
205	崔宗保	80	87	90	85.67
124	马泽泽	67	83	83	77.67
239	熊宝静	76	81	80	79.00

8.2.3 配置全局的 JDK 和 SDK

1．配置全局的 JDK

为了不用每次都配置 JDK，这里先进行一次全局配置。首先在运行界面中单击"Configure"下拉按钮，然后在下拉列表中选择"Project Structure for New Projects"，在弹出的 Project Structure for New Projects 界面的左侧栏中选择"Project"，在界面右侧栏中单击"New"按钮，在下拉列表中选择 JDK，如图 8-20 所示。在打开的对话框中选择安装 JDK 的位置，注意是 JDK 安装路径的根目录，如图 8-21 所示，就是 JAVA_HOME 中设置的目录。

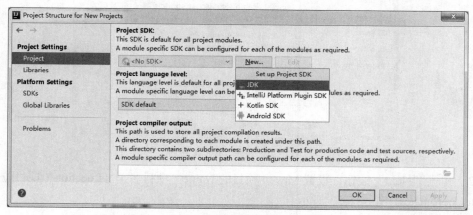

图 8-20　选择 JDK

2．配置全局的 SDK

在图 8-20 所示的界面的左侧栏选择"Global Libraries"，单击中间栏中的加号标志，在下拉列表中选择"Scala SDK"，在打开的对话框中选择需要的 Scala 版本，然后单击"OK"按钮，这时会在中间栏位置处出现 Scala 的 SDK，在其上右击，选择"Copy to Project Libraries"命令，将 Scala SDK 添加到项目的默认 Library 中。

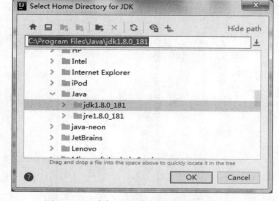

图 8-21　选择 JDK 安装路径的根目录

8.2.4 Maven 的安装与项目开发

本书采用的是 apache-maven-3.6.3-bin.tar.gz。环境变量的配置如下。

- 创建环境变量 MAVEN_HOME：D:\apache-maven-3.5.4。

- 创建环境变量 MAVEN_OPTS：-Xms128m -Xmx512m。
- PATH 添加：%MAVEN_HOME%\bin。
- 测试是否安装成功：打开 cmd 窗口，输入 mvn-v，按 Enter 键，查询 Maven 版本，若输出 Maven 版本信息，则表示安装成功。

使用 IntelliJ IDEA 开发 Maven 项目的流程如下。

（1）选择 IntelliJ IDEA 的"File→New→Project"命令，进行项目的创建，打开 New Project 界面，在其左侧栏中选择"Maven"，在 Project SDK 下拉列表框内会自动填充 JDK，如图 8-22 所示。如果这里没有正常显示 JDK 的话，可以单击右侧的"New"按钮，然后指定 JDK 安装路径的根目录即可。

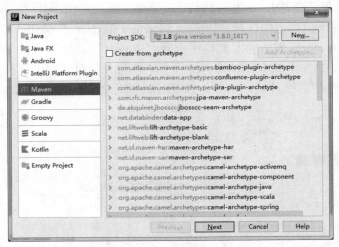

图 8-22　New Project 界面

（2）单击"Next"按钮，设置 Maven 项目的 Name（项目名）、Location（项目位置）和 Artifact Coordinates，如图 8-23 所示。

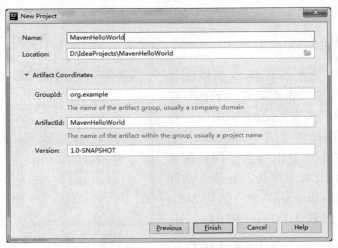

图 8-23　New Project 设置界面

（3）单击"Finish"按钮完成项目的创建。为了让 Scala 的首次体验更"清爽"一些，可以在弹出的图 8-24 所示的 MavenHelloWorld 界面中，将一些暂时无关的文件和文件夹先删除掉，主要有 main\java、main\resources 和 test 这 3 个文件夹。

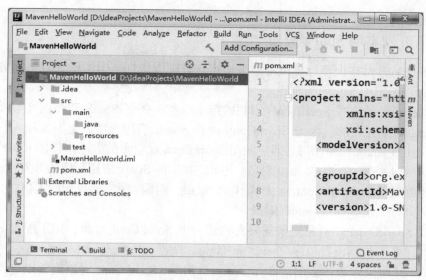

图 8-24　MavenHelloWorld 界面

（4）将 scala-sdk 添加到该项目中，方法是在左侧栏中的项目名上右击，然后在快捷菜单中选择 "Add Framework Support" 命令，然后在打开的对话框的左侧栏中，勾选 "Scala"复选框，然后单击 "OK" 按钮即可。

（5）在 main 文件夹中建立一个名为 scala 的文件夹，并右击 scala 文件夹，选择 Make Directory as，然后选择 Sources Root，将 scala 文件夹标记为源文件的根目录，然后 scala 文件夹中所有代码中的 package 的路径就是从 scala 文件夹这个根目录下开始算的。

（6）在已经标记好为源文件根目录的 scala 文件夹上，右击并选择 "New"，再选择 "Scala Class"，随后选择类的类型为 Object（类似于 Java 中含有静态成员的静态类），然后设置类的名称，这里设为 HelloWorld，按 "Enter" 键，将会打开代码界面，并且可以看到 IntelliJ IDEA 自动添加了一些基本的信息。在创建的 object HelloWorld 中输入下面的语句，输入代码后的界面如图 8-25 所示。

```scala
def main(args: Array[String]):Unit = {
    println("Hello World!")
}
```

图 8-25　object HelloWorld 界面

（7）在程序界面的任意位置，右击后选择 Run 'HelloWorld'命令，控制台会输出 Hello World!。

8.2.5　开发本地 Spark 应用

虽然 Spark 常常在大型计算机集群上运行来处理大数据，但本地 Spark 更方便调试应用程序。

SparkContext 是编写 Spark 程序用到的第一个类，任何 Spark 程序的实际操作都是从 SparkContext 对象开始的。因为 SparkContext 是 Spark 应用程序的上下文和入口，无论是 Scala 程序还是 Python 程序，都是通过调用 SparkContext 对象的方法来创建 RDD 的，Spark Shell 中的 sc 就是一个 SparkContext 对象。因此，在实际 Spark 应用程序的开发中，在 main() 方法中需要创建一个 SparkContext 对象作为 Spark 应用程序实际执行的入口，并在 Spark 应用程序结束时关闭 SparkContext 对象。

但创建 SparkContext 对象之前需要先构建一个 SparkConf 对象，用于配置 Spark 应用程序的属性，其中包括设置程序名 setAppName、设置运行模式 setMaster 等，然后以配置好的 SparkConf 对象作为参数创建 SparkContext 对象。SparkConf 对象通常以键值对的形式配置 Spark 应用程序的属性，可以通过 set(属性名, 属性设置值)的方式修改其属性值。

SparkContext 对象创建完成后，就可以通过使用程序中的数据集、本地文件系统及 HDFS、HBase 等存储系统上的文件创建 RDD，之后对 RDD 的转换操作和行动操作与在 Spark Shell 环境下的用法一致。

下面给出具体的 Spark 应用程序的编写和运行过程，选择 IntelliJ IDEA 的"File→New→Project"命令，在打开的界面左侧栏中，选择 Scala，在右侧栏中选择 IDEA，然后单击"Next"按钮进行 Scala 项目的创建。在弹出的 New Project 界面中设置项目名(本书设置为 SparkScala)、项目位置（设置为 D:\IdeaProjects\SparkScala），JDK 下拉列表框内会自动填充 JDK，Scala SDK 下拉列表框内会自动填充 Scala SDK，如图 8-26 所示。

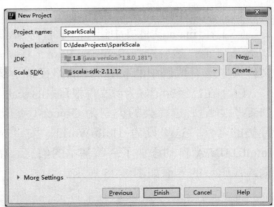

图 8-26　Scala 项目的设置

单击"Finish"按钮完成项目的创建，在弹出的界面上单击 src 再右击，在快捷菜单中选择"New→Scala Class→Object"命令，输入类名 sortBy，按"Enter"键，将会打开 sortBy.scala 的代码编写界面，输入下面的代码，输入代码后如图 8-27 所示。

```
import org.apache.spark.{SparkContext,SparkConf}
object sortBy {
  def main(args: Array[String]): Unit = {
    val conf = new SparkConf().setAppName("sortBy")
    val sc = new SparkContext(conf)
    //创建 4 种商品数据信息的 RDD，商品信息包括名称、单价、数量等
    val goods = sc.parallelize(List("radio 30 50","soap 3 60","cup 6 50","bowl 4 80"))
    //将 goods 的数据存储为三元组
    val goodsTup = goods.map{x => val splits = x.split(" "); (splits(0), splits(1).
```

```
toDouble, splits(2).toInt)}
    //按商品名称进行排序并输出
    goodsTup.sortBy(_._1).collect().foreach(println)
    //按照商品单价降序排列并输出
    goodsTup.sortBy (x=>x._2, false).collect.foreach(println)
    sc.stop()
  }
}
```

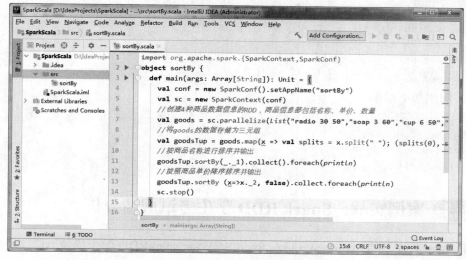

图 8-27 在 object sortBy 中输入代码

设置程序运行的本地模式，选择"Run→Edit Configurations→Application→sortBy"命令，在 VM options 文本框中添加-Dspark.master=local，如图 8-28 所示。

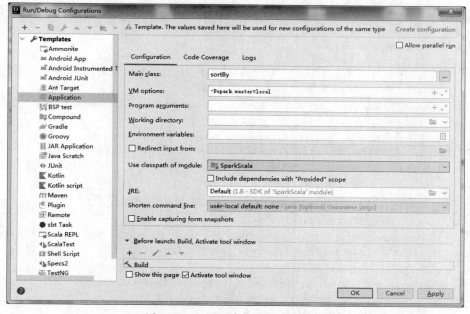

图 8-28 设置程序运行的本地模式

添加 Spark 的 JAR 包和 Scala SDK 的操作如下：选中项目名 SparkScala 再右击，在快捷菜单中选择 "Open Module Settings→Project Settings→Libraries→+→Java" 命令，选择 Spark 安装目录下的 jars 文件夹，单击 "OK" 按钮完成 Spark 的 JAR 包的添加。同样地，选择 "+→Scala SDK"，选择需要的 Scala SDK 版本（与 Spark 版本对应的 SDK，与 Spark 2.4.5 对应的 Scala SDK 版本为 2.11.12），单击 "OK" 按钮完成 Scala SDK 的添加。

在代码编辑区的任意位置右击，在快捷菜单中选择 Run sortBy，运行程序代码，控制台输出如下结果：

```
(bowl,4.0,80)
(cup,6.0,50)
(radio,30.0,50)
(soap,3.0,60)
```

然后输出如下结果：

```
(radio,30.0,50)
(cup,6.0,50)
(bowl,4.0,80)
(soap,3.0,60)
```

8.3 案例实战：Spark RDD 学生考试成绩分析

Windows 系统下的 "D:\IdeaProjects\SparkScala\src\sparkRDD\学生成绩.txt" 文件存储了学生的考试成绩，该文件中的数据如图 8-19 所示。

在 Windows 的 IntelliJ IDEA 开发环境下，用 Scala 编程实现如下功能：输出前 3 个学生的信息、前 3 个学生的平均分、前 3 个学生的最高分、总分数最高的前 3 名、Scala 成绩最高的前 3 名、Python 成绩最高的前 3 名、Java 成绩最高的前 3 名，程序代码如下所示。

```scala
import org.apache.spark.rdd.RDD
import org.apache.spark.{SparkConf, SparkContext}
object stuGradeStatistic {
  def main(args: Array[String]): Unit = {
    val conf = new SparkConf().setAppName("statistics").setMaster("local[*]")
    val sc = new SparkContext(conf)
    val stuRDD = sc.textFile("D:\\IdeaProjects\\SparkScala\\src\\sparkRDD\\学生成绩.txt")
    val header = stuRDD.first() //获取表头
    val stutTuple = stuRDD.filter(_!= header).map{line =>val splits = line.
split("\t"); (splits(0), splits(1), splits(2), splits(3), splits(4))}
    stutTuple.cache()      //持久化
    println("前 3 个学生的信息: ")
    stutTuple.take(3).foreach(println)  //输出所有学生的信息
    println("前 3 个学生的平均分为: ")
    val average = stutTuple.map(x=>(x._2, (x._3.toDouble+ x._4.toDouble+ x._5.
toDouble)/3)).take(3).foreach(x=>println(x._1+"的平均分:"+x._2))
    println("前 3 个学生的最高分为: ")
    stutTuple.map(x=>(x._2,Array(x._3.toDouble,x._4.toDouble,x._5.toDouble).
max)).take(3).foreach(x=>println(x._1+"的最高分:"+x._2))
    println("总分数最高的前 3 名为: ")
    stutTuple.map(x=>(x._3.toDouble+x._4.toDouble+x._5.toDouble, x._2)).sortByKey
```

```
(false).
        take(3).foreach(x=>println(x._2+"的总分数:"+x._1))
      println("Scala 成绩最高的前 3 名为: ")
      stutTuple.map(x=>(x._3.toDouble, x._2)).sortByKey(false).
        take(3).foreach(x=>println(x._2+"的 Scala 分数:"+x._1))
      println("Python 成绩最高的前 3 名为: ")
      stutTuple.map(x=>(x._4.toDouble, x._2)).sortByKey(false).
        take(3).foreach(x=>println(x._2+"的 Python 分数:"+x._1))
      println("Java 成绩最高的前 3 名为: ")
      stutTuple.map(x=>(x._5.toDouble, x._2)).sortByKey(false).
        take(3).foreach(x=>println(x._2+"的 Java 分数:"+x._1))
    sc.stop()
    }
}
```

8.4 习题

1. 简述 Windows 环境下 Spark 的安装。
2. 简述 Windows 环境下 Hadoop 的安装。
3. 简述 Spark 应用程序的编写和运行过程。

第9章 Spark SQL 结构化数据处理

Spark SQL 是 Spark 用于处理结构化数据的组件，提供了 DataFrame 和 Dataset 两种抽象数据模型。Spark SQL 能够将 SQL 查询与 Spark 程序无缝结合，能够将结构化数据对象 DataFrame 作为 Spark 中的分布式数据集。本章主要介绍创建 DataFrame 对象的方式，将 DataFrame 保存为不同格式的文件，DataFrame 的常用操作，创建 Dataset，以及瓜子二手车数据分析案例。

9.1 Spark SQL 概述

Spark SQL 概述

9.1.1 Spark SQL 简介

Spark SQL 是 Spark 用来处理结构化数据的一个组件，可被视为一个分布式的 SQL 查询引擎。Spark SQL 的前身是 Shark，由于 Shark 太依赖 Hive 而制约了 Spark 各个组件的相互集成，因此 Spark 团队提出了 Spark SQL 项目。Spark SQL 汲取了 Shark 的一些优点并摆脱了对 Hive 的依赖。相对于 Shark，Spark SQL 在数据兼容、性能优化、组件扩展等方面的表现优越。

Spark SQL 可以直接处理 RDD、Parquet 文件或者 JSON 文件，甚至可以处理外部数据库中的数据及 Hive 中存在的表。Spark SQL 提供了 DataFrame 和 Dataset 两种抽象数据模型。Spark SQL 通常将外部数据源加载为 DataFrame 对象，然后通过 DataFrame 对象的丰富的操作方法对 DataFrame 对象中的数据进行查询、过滤、分组、聚合等操作。Dataset 是 Spark 1.6 新添加的抽象数据模型，Spark SQL 会逐步将 Dataset 作为主要的抽象数据模型，弱化 RDD 和 DataFrame。

Spark SQL 已经集成在 Spark Shell 中，在 Spark 2.0 之前，在 Spark 的安装目录下执行./bin/spark-shell 命令启动 Spark Shell，启动后会初始化 SQLContext 对象为 sqlContext，sqlContext 对象是创建 DataFrame 对象和执行 SQL 的入口。在 Spark 2.0 之后，Spark 使用 SparkSession 代替 SQLContext，启动 Spark Shell 后，会初始化 SparkSession 对象为 spark。

9.1.2 DataFrame 与 Dataset

Spark SQL 所使用的数据抽象并非 RDD，而是 DataFrame。DataFrame 是以列（列名、列类型、列值）的形式构成的分布式的数据集。DataFrame 最初不是 Spark SQL 提出的，早期在 R 语言、Pandas 语言中就已经有了，它是将 R 语言或者 Pandas 语言处理小数据集的经验应用到处理分布式大数据集上的体现。

DataFrame 是 Spark SQL 提供的核心的数据抽象，DataFrame 的推出，让 Spark 具备了处理大规模结构化数据的能力，它不仅比原有的 RDD 转化方式更加简单易用，而且让 Spark 获得了更高的计算性能。以 Person 类型对象为数据的 DataFrame 和普通的 RDD 的逻辑框架如图 9-1 所示。

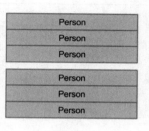

图 9-1　以 Person 类型对象为数据的 DataFrame 和普通的 RDD 的逻辑框架

从图 9-1 中可以看出，DataFrame 中存储的对象是 Row 对象，同时 Spark 存储 Row 对象的 Schema 信息。在 RDD 中，只知道存储的每个 Row 对象是 Person 类型的对象，而在 DataFrame 中，Spark 知道每个 Row 对象包含 Name、Age、Height 这 3 个字段。对于 DataFrame，由于数据结构的元信息已保存，如只需处理 Age 那一列的数据时，RDD 需要读取整个 Person 的数据，DataFrame 则可以只取 Age 那一列的数据。

DataFrame 是无明确类型的数据集，Dataset 是类型安全的 DataFrame，即每行数据加了类型约束，如 Dataset[Person]，表示其每行数据都是 Person 类型的对象，包含其模式信息。

9.2　创建 DataFrame 对象的方式

9.2.1　使用 Parquet 文件创建 DataFrame 对象

创建 DataFrame

Spark SQL 常见的结构化数据文件格式是 Parquet 格式或 JSON 格式。Spark SQL 可以通过 load() 方法将 HDFS 上的格式化文件转换为 DataFrame，load() 方法默认导入的文件格式是 Parquet，Parquet 是面向分析型业务的列式存储格式。

Parquet 格式的特点如下：可以跳过不符合条件的数据，只读取需要的数据，降低 I/O 数据量；使用压缩编码，可以减少磁盘存储空间（由于同一列的数据类型是一样的，可以使用更高效的压缩编码）；只读取需要的列，支持向量运算，能够获取更好的扫描性能；是 Spark SQL 的默认数据源格式，可通过 spark.sql.sources.default 配置。

在 Spark 1.x 中，通过执行 val dfUsers=sqlContext.read.load("/user/hadoop/users.parquet") 命令，将 HFDS 上的 Parquet 格式的文件 users.parquet 转换为 DataFrame 对象 dfUsers，如图 9-2 所示。users.parquet 文件可在 /usr/local/spark/examples/src/main/resources 目录下找到，如图 9-3 所示。本书将 users.parquet 上传到 HDFS 上的 /user/hadoop 目录下。使用 HFDS 上的 Parquet 格式文件创建 DataFrame 之前，先通过如下命令启动 Hadoop：

```
$ cd /usr/local/hadoop
$ ./sbin/start-dfs.sh
```

```
scala> val dfUsers=sqlContext.read.load("/user/hadoop/users.parquet")
dfUsers: org.apache.spark.sql.DataFrame = [name: string, favorite_color: string,
favorite_numbers: array<int>]
```

图 9-2　将 users.parquet 文件转换为 DataFrame 对象 dfUsers

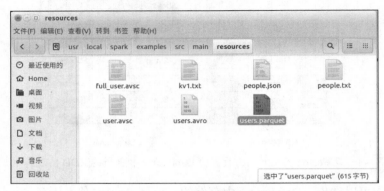

图 9-3　users.parquet 文件所处的位置

在 Spark 2.0 之后，SparkSession 封装了 SparkContext、SqlContext，通过 SparkSession 可以获取 SparkConetxt、SqlContext 对象。在 Spark 2.4.5 中，启动 Spark Shell 后会初始化 SparkSession 对象为 spark，通过 spark.read.load()方法可将 users.parquet 文件转化为 DataFrame 对象。复制 Spark 安装目录下的 users.parquet 文件到/home/hadoop/sparkdata 目录下，下面给出使用本地文件 users.parquet 创建 DataFrame 对象的命令。

```
scala> val usersDF = spark.read.load("file:/home/hadoop/sparkdata/users.parquet")
scala> usersDF.show()        //展示 usersDF 中的数据
+------+--------------+----------------+
|  name|favorite_color|favorite_numbers|
+------+--------------+----------------+
|Alyssa|          null|   [3, 9, 15, 20]|
|   Ben|           red|              []|
+------+--------------+----------------+
```

9.2.2　使用 JSON 文件创建 DataFrame 对象

在 Spark 2.4.5 中，启动 Spark Shell 后会初始化 SparkSession 对象为 spark，通过 spark. read.format("json").load()方法可将 JSON 文件转换为 DataFrame 对象。/home/hadoop 目录下存在 grade. json 文件，其内容如图 9-4 所示。

图 9-4　grade.json 文件的内容

下面给出使用 Linux 本地文件系统上的 JSON 文件创建 DataFrame 对象的语句。

```
//将 grade.json 文件转换为 DataFrame 对象
scala> val dfGrade=spark.read.format("json").load ("file:/home/hadoop/grade.json")
scala> dfGrade.show(3)       // 展示 dfGrade 中的前 3 条数据
+-----+---+-------+-----+-----+
|Class| ID|   Name|Scala|Spark|
+-----+---+-------+-----+-----+
|    1|106|DingHua|   92|   91|
|    2|242| YanHua|   96|   90|
|    1|107|   Feng|   84|   91|
+-----+---+-------+-----+-----+
```

9.2.3　使用 RDD 创建 DataFrame 对象

调用 RDD 对象的 toDF()方法可将 RDD 转换成 DataFrame 对象。toDF()方法的语法格式如下：

```
RDD.toDF("列名 1","列名 2",...)
```

作用：生成一个 DataFrame 对象，("列名 1","列名 2",...)中的列名信息是向由 RDD 转换成的 DataFrame 对象添加的列名信息（相当于关系表中的表头信息），这样每列数据都将有一个列名。下面举例说明 toDF()方法的用法。

```
//创建列表
scala> val list = List(("ZhangSan","18"),("WangLi","19"),("LiHua","20"))
list: List[(String, String)] = List((ZhangSan,18), (WangLi,19), (LiHua,20))
//创建 DataFrame 对象
scala> val df = sc.parallelize(list).toDF("name","age")
df: org.apache.spark.sql.DataFrame = [name: string, age: string]
scala> df.printSchema()          //输出 DataFrame 对象的数据结构信息
root
 |-- name: string (nullable = true)
 |-- age: string (nullable = true)
scala> df.show                   //展示 DataFrame 对象中的数据
```

9.2.4　使用 SparkSession 方式创建 DataFrame 对象

如前所述，在 Spark 2.4.5 中，启动 Spark Shell 后会初始化 SparkSession 对象为 spark，可以使用 spark.read.×××()方法从不同类型的文件中加载数据，以创建 DataFrame 对象，具体方法如表 9-1 所示。

表 9-1　使用 SparkSession 对象 spark 创建 DataFrame 对象的方法

方法名	描述
spark.read.csv("×××.csv")	读取 CSV 格式文件，创建 DataFrame 对象
spark.read.json("×××.json")	读取 JSON 格式文件，创建 DataFrame 对象
spark.read.parquet("×××.parquet")	读取 Parquet 格式文件，创建 DataFrame 对象

1. 使用 JSON 格式文件创建 DataFrame 对象

在/home/hadoop/sparkdata 目录下存在一个 grade.json 文件，内容如下：

```
{"ID":"106","Name":"DingHua","Class":"1","Scala":92,"Spark":91}
{"ID":"242","Name":"YanHua","Class":"2","Scala":96,"Spark":90}
{"ID":"107","Name":"Feng","Class":"1","Scala":84,"Spark":91}
{"ID":"230","Name":"WangYang","Class":"2","Scala":87,"Spark":91}
{"ID":"153","Name":"ZhangHua","Class":"2","Scala":85,"Spark":92}
```

下面给出在 Spark 2.4.5 中使用 grade.json 文件创建 DataFrame 对象的代码。

```
scala> val grade1DF = spark.read.json("file:/home/hadoop/sparkdata/grade.json")
grade1DF: org.apache.spark.sql.DataFrame = [Class: string, ID: string ... 3 more fields]
scala> grade1DF.show(3)
+-----+---+-------+-----+-----+
|Class| ID|   Name|Scala|Spark|
+-----+---+-------+-----+-----+
|    1|106|DingHua|   92|   91|
|    2|242| YanHua|   96|   90|
|    1|107|   Feng|   84|   91|
+-----+---+-------+-----+-----+
```

2. 使用 CSV 格式文件创建 DataFrame 对象

将 grade.json 文件改成 CSV 格式的 grade.csv 文件，内容如下：

```
ID,Name,Class,Scala,Spark
106,DingHua,1,92,91
242,YanHua,2,96,90
107,Feng,1,84,91
230,WangYang,2,87,91
153,ZhangHua,2,85,92
```

下面给出在 Spark 2.4.5 中使用 grade.csv 文件创建 DataFrame 对象的代码。

```
scala> val grade2DF = spark.read.option("header", true).csv("file:/home/hadoop/
sparkdata/grade.csv")
grade2DF: org.apache.spark.sql.DataFrame = [ID: string, Name: string ... 3 more fields]
scala> grade2DF.show(3)
+---+-------+-----+-----+-----+
| ID|   Name|Class|Scala|Spark|
+---+-------+-----+-----+-----+
|106|DingHua|    1|   92|   91|
|242| YanHua|    2|   96|   90|
|107|   Feng|    1|   84|   91|
+---+-------+-----+-----+-----+
```

3. 使用 Parquet 格式文件创建 DataFrame 对象

复制 Spark 安装目录下的 users.parquet 文件到/home/hadoop/sparkdata 目录下。下面给出使用本地文件 users.parquet 创建 DataFrame 对象的代码。

```
scala> val grade3DF = spark.read.parquet("file:/home/hadoop/sparkdata/users.parquet")
grade3DF: org.apache.spark.sql.DataFrame = [name: string, favorite_color: string ...
1 more field]
scala> grade3DF.show(3)
+------+--------------+----------------+
|  name|favorite_color|favorite_numbers|
+------+--------------+----------------+
|Alyssa|          null| [3, 9, 15, 20]|
|   Ben|           red|              []|
+------+--------------+----------------+
```

9.2.5 使用 Seq 创建 DataFrame 对象

使用 Seq 创建 DataFrame 对象的示例如下：

```
scala> val grade4DF = spark.createDataFrame(Seq(
  ("LiMing", 20, 98),
  ("WangFei", 19, 97),
  ("LiHua", 21, 99)
)) toDF("Name", "Age", "Score")
scala> grade4DF.show()
+-------+---+-----+
|   Name|Age|Score|
+-------+---+-----+
| LiMing| 20|   98|
|WangFei| 19|   97|
|  LiHua| 21|   99|
+-------+---+-----+
```

9.3 将 DataFrame 对象保存为不同格式的文件

9.3.1 通过 write.×××()方法保存 DataFrame 对象

保存 DataFrame

可以使用 DataFrame 对象的 write.×××()方法将 DataFrame 对象保存为×××格式的文件。

（1）保存为 JSON 格式的文件

```
//创建 DataFrame 对象
scala> val grade1DF = spark.read.json("file:/home/hadoop/sparkdata/grade.json")
//将 grade1DF 保存为 JSON 格式的文件
scala> grade1DF.write.json("file:/home/hadoop/grade1.json")
```

执行上述命令后，可以看到/home/hadoop 目录下面会生成一个名称为 grade1.json 的目录（而不是文件），该目录包含两个文件：

```
part-00000-99b12631-1222-4209-9c00-13f8bde9bb75-c000.json
_SUCCESS
```

如果需读取/home/hadoop/grade1.json 中的数据生成 DataFrame 对象，可使用 grade1.json 目录，而不需要使用 part-00000-99b12631-1222-4209-9c00-13f8bde9bb75-c000.json 文件（当然，使用这个文件也可以），代码如下：

```
scala> val grade2DF= spark.read.json("file:/home/hadoop/grade1.json")
grade2DF: org.apache.spark.sql.DataFrame = [Class: string, ID: string ... 3 more fields]
```

（2）保存为 Parquet 格式的文件

```
scala> grade1DF.write.parquet("file:/home/hadoop/grade1.parquet")
```

（3）保存为 CSV 格式的文件

在 Spark 2.4.5 中，通过如下命令将 grade1DF 保存为 CSV 格式的文件。

```
scala> grade1DF.write.csv("file:/home/hadoop/grade1.csv")
```

Spark 2.0 才开始支持 CSV，Spark 1.6 需要借助第三方包才可以实现将 DataFrame 对象保存为 CSV 格式的文件。

9.3.2 通过 write.format()方法保存 DataFrame 对象

通过 write.format()方法可将 DataFrame 对象分别保存为 JSON 格式的文件、parquet 格式的文件和 CSV 格式的文件。

（1）保存为 JSON 格式的文件

```
scala> grade1DF.write.format("json").save("file:/home/hadoop/grade2.json")
```

（2）保存为 Parquet 格式的文件

```
scala> grade1DF.write.format("parquet").save("file:/home/hadoop/grade2.parquet")
```

（3）保存为 CSV 格式的文件

在 Spark 2.4.5 中，通过如下命令将 grade1DF 保存为 CSV 格式的文件。

```
scala> grade1DF.write.format("csv").save("file:/home/hadoop/grade2.csv")
```

9.3.3 先将 DataFrame 对象转化成 RDD 再保存到文件中

通过 dfPeople.rdd.saveAsTextFile("file:/")将 dfPeople 先转化成 RDD，然后写入文本文件。

```
scala> dfPeople.rdd.saveAsTextFile("file:/home/hadoop/people")
```

9.4 DataFrame 对象的常用操作

展示数据

9.4.1 展示数据

首先在/home/hadoop 目录下创建一个 grade.json 文件，其内容如图 9-5 所示。

```
{"ID":"106","Name":"DingHua","Class":"1","Scala":92,"Spark":91}
{"ID":"242","Name":"YanHua","Class":"2","Scala":96,"Spark":90}
{"ID":"107","Name":"Feng","Class":"1","Scala":84,"Spark":91}
{"ID":"230","Name":"WangYang","Class":"2","Scala":87,"Spark":91}
{"ID":"153","Name":"ZhangHua","Class":"2","Scala":85,"Spark":92}
{"ID":"235","Name":"WangLu","Class":"1","Scala":88,"Spark":92}
{"ID":"224","Name":"MenTian","Class":"2","Scala":83,"Spark":90}
```

图 9-5　grade.json 文件的内容

然后使用 grade.json 文件创建 DataFrame 对象 gradedf，然后借助 gradedf 展示 DataFrame 对象的常用操作。

```
//生成 DataFrame 对象
scala> val gradedf = spark.read.json("file:/home/hadoop/grade.json")
gradedf: org.apache.spark.sql.DataFrame = [Class: string, ID: string ... 3 more fields]
```

1．通过 show()方法展示数据

DataFrame 对象的 show()方法用来以表格的形式展示 DataFrame 对象中的数据。show()方法有 3 种调用方式。

（1）show()

默认显示前 20 条记录。

```
scala> gradedf.show()  //可以省略()
```

（2）show(numRows: Int)

显示前 numRows 条记录。

```
scala> gradedf.show(3)   //显示前 3 条记录
+-----+---+-------+-----+-----+
|Class| ID|   Name|Scala|Spark|
+-----+---+-------+-----+-----+
|    1|106|DingHua|   92|   91|
|    2|242| YanHua|   96|   90|
|    1|107|   Feng|   84|   91|
+-----+---+-------+-----+-----+
only showing top 3 rows
```

（3）show(truncate: Boolean)

是否最多显示字段值的前 20 个字符，默认为 true，最多显示前 20 个字符。为 false 时表示不进行信息的缩略。

2. 通过 collect() 方法获取所有数据到数组

不同于前面的 show() 方法，collect() 方法以 Array 对象的形式返回 gradedf 中的所有数据。

```
scala> gradedf.collect()
res5: Array[org.apache.spark.sql.Row] = Array([1,106,DingHua,92,91], [2,242,YanHua,
96,90], [1,107,Feng,84,91], [2,230,WangYang,87,91], [2,153,ZhangHua,85,92], [1,235,
WangLu,88,92], [2,224,MenTian,83,90])
```

3. 通过 collectAsList() 方法获取所有数据到列表

其功能和 collect() 方法的功能类似，只不过将返回结构变成了 List 对象。

4. 通过 printSchema() 方法查看 DataFrame 对象的数据模式

通过 DataFrame 对象的 printSchema() 方法，可查看一个 DataFrame 对象中有哪些列、这些列有什么样的数据类型，即输出字段的名称和类型。

```
scala> gradedf.printSchema()
root
 |-- Class: string (nullable = true)
 |-- ID: string (nullable = true)
 |-- Name: string (nullable = true)
 |-- Scala: long (nullable = true)
 |-- Spark: long (nullable = true)
```

5. 通过 count() 方法查看 DataFrame 对象的行数

DataFrame 对象的 count() 方法用来输出 DataFrame 对象的行数。

```
scala> gradedf.count()
res7: Long = 7
```

6．使用 first()、head()、take()、takeAsList()方法获取若干行记录

（1）使用 first()方法返回第一行记录

```
scala> gradedf.first()
res9: org.apache.spark.sql.Row = [1,106,DingHua,92,91]
```

（2）使用 head()方法获取第一行记录，使用 head(n: Int)方法获取前 n 行记录

```
scala> gradedf.head (2)          //获取前 2 行记录
res10: Array[org.apache.spark.sql.Row] = Array([1,106,DingHua,92,91], [2,242,
YanHua,96,90])
```

（3）使用 take(n: Int)方法获取前 n 行记录

```
scala> gradedf.take(2)
res10: Array[org.apache.spark.sql.Row] = Array([1,106,DingHua,92,91], [2,242,
YanHua,96,90])
```

（4）使用 takeAsList(n: Int)方法获取前 n 行记录，并以列表的形式展现

```
scala> gradedf.takeAsList(2)
res12: java.util.List[org.apache.spark.sql.Row] = [[1,106,DingHua,92,91], [2,242,
YanHua,96,90]]
```

7．通过 distinct()方法返回一个不包含重复记录的 DataFrame 对象

```
scala> gradedf.distinct().show()
+-----+---+--------+-----+-----+
|Class| ID|    Name|Scala|Spark|
+-----+---+--------+-----+-----+
|    1|107|    Feng|   84|   91|
|    2|230|WangYang|   87|   91|
|    1|106| DingHua|   92|   91|
|    2|224| MenTian|   83|   90|
|    2|242|  YanHua|   96|   90|
|    2|153|ZhangHua|   85|   92|
|    1|235|  WangLu|   88|   92|
+-----+---+--------+-----+-----+
```

8．通过 dropDuplicates()方法根据指定字段去重，返回一个 DataFrame 对象

根据指定字段去重的示例如下：

```
scala> gradedf.dropDuplicates(Seq("Spark")).show()
+-----+---+--------+-----+-----+
|Class| ID|    Name|Scala|Spark|
+-----+---+--------+-----+-----+
|    2|242|  YanHua|   96|   90|
|    1|106| DingHua|   92|   91|
|    2|153|ZhangHua|   85|   92|
+-----+---+--------+-----+-----+
```

9.4.2　筛选

下面给出几种筛选方法。

1. where(conditionExpr: String) 筛选方法

根据字段进行筛选，通过传入筛选条件表达式（可以用 and 和 or，相当于 SQL 语言中 where 关键字后的条件），返回一个 DataFrame 对象。

```
scala> gradedf.where("Class ='1' and Spark = '91'").show()
+-----+---+-------+-----+-----+
|Class| ID|   Name|Scala|Spark|
+-----+---+-------+-----+-----+
|    1|106|DingHua|   92|   91|
|    1|107|   Feng|   84|   91|
+-----+---+-------+-----+-----+
```

2. filter(conditionExpr: String) 筛选方法

根据字段进行筛选，通过传入筛选条件表达式，返回一个 DataFrame 对象。

```
scala> gradedf.filter("Class ='1' ").show()
+-----+---+-------+-----+-----+
|Class| ID|   Name|Scala|Spark|
+-----+---+-------+-----+-----+
|    1|106|DingHua|   92|   91|
|    1|107|   Feng|   84|   91|
|    1|235| WangLu|   88|   92|
+-----+---+-------+-----+-----+
```

3. select(ColumnNames:String) 筛选方法

根据传入的 String 类型字段名，获取指定字段的值，返回一个 DataFrame 对象。

```
scala> gradedf.select("Class","Name","Scala").show(3,false)
+-----+-------+-----+
|Class|Name   |Scala|
+-----+-------+-----+
|1    |DingHua|92   |
|2    |YanHua |96   |
|1    |Feng   |84   |
+-----+-------+-----+
only showing top 3 rows
//展示筛选的数据时对列进行重命名
scala> gradedf.select(gradedf("Name").as("name"), gradedf("Scala").as("SCALA")).show(2)
+-------+-----+
|   name|SCALA|
+-------+-----+
|DingHua|   92|
| YanHua|   96|
+-------+-----+
```

4. selectExpr(exprs: String) 筛选方法

可以直接对指定字段调用用户自定义函数或者指定别名等，传入 String 类型的参数，返回一个 DataFrame 对象。

```
scala> gradedf.selectExpr("Name","Name as Names","upper(Name)","Scala*10").show(3)
+-------+-------+-----------+----------+
```

```
|   Name|  Names|upper(Name)|(Scala * 10)|
+-------+-------+-----------+------------+
|DingHua|DingHua|    DINGHUA|         920|
| YanHua| YanHua|     YANHUA|         960|
|   Feng|   Feng|       FENG|         840|
+-------+-------+-----------+------------+
```

5. col (ColumnName: String) 筛选方法

只能获取一个字段，返回对象为 Column 类型的数据。

```
scala> gradedf.col("Name")
res28: org.apache.spark.sql.Column = Name
```

6. apply (ColumnName: String) 筛选方法

只能获取一个字段，返回对象为 Column 类型的数据。

```
scala> gradedf.apply("Name")
res29: org.apache.spark.sql.Column = Name
```

7. drop (ColumnName: String) 筛选方法

删除指定字段，保留其他字段，返回一个新的 DataFrame 对象，一次只能删除一个字段。

```
scala> gradedf.drop("ID").show(3)
+-----+-------+-----+-----+
|Class|   Name|Scala|Spark|
+-----+-------+-----+-----+
|    1|DingHua|   92|   91|
|    2| YanHua|   96|   90|
|    1|   Feng|   84|   91|
+-----+-------+-----+-----+
only showing top 3 rows
```

8. limit (n: Int) 筛选方法

获取 DataFrame 的前 n 行记录，返回一个新的 DataFrame 对象。

```
scala> gradedf.limit(2)
res31: org.apache.spark.sql.DataFrame = [Class: string, ID: string, Name: string,
Scala: bigint, Spark: bigint]
```

9.4.3 排序

下面给出几种排序方法。

排序

1. orderBy () 和 sort () 排序方法

按指定字段排序，默认为升序排列，返回一个 DataFrame 对象。orderBy() 和 sort() 的使用方法相同。

```
scala> gradedf.orderBy("ID").show(3)
+-----+---+--------+-----+-----+
|Class| ID|    Name|Scala|Spark|
```

```
+-----+---+--------+-----+-----+
|    1|106| DingHua|   92|   91|
|    1|107|    Feng|   84|   91|
|    2|153|ZhangHua|   85|   92|
+-----+---+--------+-----+-----+
scala> gradedf.sort(gradedf("Scala").desc).show(3)   //按 Scala 降序排列
+-----+---+--------+-----+-----+
|Class| ID|    Name|Scala|Spark|
+-----+---+--------+-----+-----+
|    2|242|  YanHua|   96|   90|
|    1|106| DingHua|   92|   91|
|    1|235|  WangLu|   88|   92|
+-----+---+--------+-----+-----+
scala> gradedf.sort(-gradedf("Scala")).show(3)   //按 Scala 降序排列
+-----+---+--------+-----+-----+
|Class| ID|    Name|Scala|Spark|
+-----+---+--------+-----+-----+
|    2|242|  YanHua|   96|   90|
|    1|106| DingHua|   92|   91|
|    1|235|  WangLu|   88|   92|
+-----+---+--------+-----+-----+
//多列排序
scala> gradedf.sort(gradedf("Class").desc,gradedf("Scala").asc).show(3)
+-----+---+--------+-----+-----+
|Class| ID|    Name|Scala|Spark|
+-----+---+--------+-----+-----+
|    2|224| MenTian|   83|   90|
|    2|153|ZhangHua|   85|   92|
|    2|230|WangYang|   87|   91|
+-----+---+--------+-----+-----+
```

2．sortWithinPartitions()排序方法

其功能和上面的 sort()方法的功能类似，区别在于，sortWithinPartitions()方法返回的是按分区（字段）排好序的 DataFrame 对象。

```
scala> gradedf.sortWithinPartitions("ID").show(5)
+-----+---+--------+-----+-----+
|Class| ID|    Name|Scala|Spark|
+-----+---+--------+-----+-----+
|    1|106| DingHua|   92|   91|
|    1|107|    Feng|   84|   91|
|    2|153|ZhangHua|   85|   92|
|    2|224| MenTian|   83|   90|
|    2|230|WangYang|   87|   91|
+-----+---+--------+-----+-----+
```

9.4.4　汇总与聚合

1．groupBy()汇总操作

groupBy(col1: String, col2: String)方法根据某些字段汇总（也称分组）数据，返回结果是 GroupedData 对象。GroupedData 对象提供了很多种操作分组数据的方法。

```
scala> gradedf.show()    //展示 gradedf 中的数据
+-----+---+--------+-----+-----+
|Class| ID|    Name|Scala|Spark|
+-----+---+--------+-----+-----+
|    1|106| DingHua|   92|   91|
|    2|242|  YanHua|   96|   90|
|    1|107|    Feng|   84|   91|
|    2|230|WangYang|   87|   91|
|    2|153|ZhangHua|   85|   92|
|    1|235|  WangLu|   88|   92|
|    2|224| MenTian|   83|   90|
+-----+---+--------+-----+-----+
```

（1）结合 count()方法统计每组的记录数。

```
scala> gradedf.groupBy("Class").count().show()
+-----+-----+
|Class|count|
+-----+-----+
|    1|    3|
|    2|    4|
+-----+-----+
```

（2）结合 max(colNames: String)方法获取分组指定字段的最大值，只能作用于数值型字段。

```
scala> gradedf.groupBy("Class").max("Scala","Spark").show()
+-----+----------+----------+
|Class|max(Scala)|max(Spark)|
+-----+----------+----------+
|    1|        92|        92|
|    2|        96|        92|
+-----+----------+----------+
```

（3）结合 min(colNames: String)方法获取分组指定字段的最小值，只能作用于数值型字段。

（4）结合 sum(colNames: String)方法获取分组指定字段的和，只能作用于数值型字段。

```
scala> gradedf.groupBy("Class").sum("Spark","Scala").show()
+-----+----------+----------+
|Class|sum(Spark)|sum(Scala)|
+-----+----------+----------+
|    1|       274|       264|
|    2|       363|       351|
+-----+----------+----------+
```

（5）结合 mean(colNames: String)方法获取分组指定字段的平均值，只能作用于数值型字段。

```
scala> gradedf.groupBy("Class").mean("Spark","Scala").show()
+-----+-----------------+----------+
|Class|       avg(Spark)|avg(Scala)|
+-----+-----------------+----------+
|    1|91.33333333333333|      88.0|
|    2|            90.75|     87.75|
+-----+-----------------+----------+
```

2．agg()聚合操作

agg()针对某列进行聚合操作，返回 DataFrame 对象。agg()可以同时对多列进行操作，生成所需要的数据。

常用的聚合操作如下。

（1）结合 countDistinct()计算某一列或某几列不同元素的个数。

计算 Spark 列不同元素的个数的示例如下：

```
scala> gradedf.agg(countDistinct("Spark") as "countDistinct").show()
+-------------+
|countDistinct|
+-------------+
|            3|
+-------------+
```

（2）结合 avg()计算某一列的平均数。

（3）结合 count()计算某一列的元素个数。

（4）结合 first()获取某一列的第一个元素。

（5）结合 last()获取某一列的最后一个元素。

（6）结合 max()或 min()获取某一列的最大值或最小值。

（7）结合 mean()获取某一列的平均值。

计算 Spark 列的最大值、Scala 列的平均值的示例如下：

```
//求 Spark 列的最大值、Scala 列的平均值
scala> gradedf.agg(max("Spark"), avg("Scala")).show()
+----------+-----------------+
|max(Spark)|       avg(Scala)|
+----------+-----------------+
|        92|87.85714285714286|
+----------+-----------------+
```

（8）结合 sum()计算某一列的和。

（9）结合 var_pop()计算某一列的总体方差，结合 variance()计算某一列的样本方差，结合 stddev_pop()计算某一列的标准差。

（10）结合 covar_pop()计算某一列的协方差。

（11）结合 corr()计算某两列的相关系数。

计算 Spark 列和 Scala 列的相关系数的示例如下：

```
scala> gradedf.agg(corr( "Scala","Spark")).show()
+-------------------+
|corr(Scala,Spark,0,0)|
+-------------------+
| -0.2622542517794866|
+-------------------+
```

agg()聚合操作可配合 groupBy()对每个分组内的列进行计算，示例如下：

```
//按 Class 列计算 Scala 列的平均值
scala> val newDF = gradedf.groupBy("Class").agg(mean("Scala") as "meanScala")
newDF: org.apache.spark.sql.DataFrame = [Class: string, meanScala: double]
scala> newDF.show()
```

```
+-----+---------+
|Class|meanScala|
+-----+---------+
|    1|     88.0|
|    2|    87.75|
+-----+---------+
```

9.4.5 统计

describe()方法用来获取指定字段的统计信息，这个方法可以动态地接收一个或多个 String 类型的字段名，比如 count、mean、stddev、min、max 等，对数值类型字段进行统计，结果仍然为 DataFrame 对象。

首先在/home/hadoop 目录下创建一个 grade.txt 文件，其内容如图 9-6 所示。

```
106,丁晶晶,92,95,91
242,闫晓华,96,93,90
107,冯乐乐,84,92,91
230,王博漾,87,86,91
153,张新华,85,90,92
235,王璐璐,88,83,92
224,门甜甜,83,86,90
236,王振飞,87,85,89
210,韩盼盼,73,93,88
101,安蒙蒙,84,93,90
140,徐梁攀,82,89,88
127,彭晓梅,81,93,91
237,邬嫚玉,83,81,85
```

图 9-6 grade.txt 文件的内容

然后使用 grade.txt 文件创建 DataFrame 对象 studentDF，具体代码如下。
（1）定义样例类 student

```scala
scala> case class student(ID:Int, Name:String, Scala:Int,Spark:Int, Python:Int)
```

（2）将 RDD 和样例类关联

```scala
scala> val lineRDD = sc.textFile("file:/home/hadoop/grade.txt").map{line =>line.split(",")}
//RDD 和样例类关联
scala> val studentRDD = lineRDD.map(x => student(x(0).toInt, x(1).toString, x(2).toInt, x(3).toInt, x(4).toInt))
```

（3）将 RDD 转换为 DataFrame 对象

```scala
scala> val studentDF = studentRDD.toDF
studentDF: org.apache.spark.sql.DataFrame = [ID: int, Name: string, Scala: int, Spark: int, Python: int]
```

使用 DataFrame 对象的 describe()方法获取指定字段的统计信息，代码如下：

```scala
scala> studentDF.describe("Scala","Spark","Python").show()
+-------+-----------------+-----------------+-----------------+
|summary|            Scala|            Spark|           Python|
+-------+-----------------+-----------------+-----------------+
|  count|               13|               13|               13|
|   mean|             85.0|89.15384615384616|89.84615384615384|
| stddev|5.522680508593625|4.506405697192864|1.9513309067639732|
|    min|               73|               81|               85|
|    max|               96|               95|               92|
+-------+-----------------+-----------------+-----------------+
```

9.4.6 合并

unionAll(other:Dataframe)方法用于合并两个 DataFrame 对象，unionAll()方法并不是按照列名合并的，而是按照位置合并的，对应位置的列将合并在一起，列名不同并不影响合并，但两个 DataFrame 对象的字段数必须相同。

```
scala> gradedf.select("ID","Name","Scala","Spark").unionAll( studentDF.select ( "ID",
"Name","Scala","Spark")).show()
```

9.4.7 连接

在 SQL 语言中用得较多的是连接操作，DataFrame 同样提供了连接功能。

首先，构建两个 DataFrame 对象。

```
scala> val df1 = sc.parallelize(Seq(("ZhangSan", 86,88), ("LiSi",90,85))).toDF
("name", "Java","Python")
df1: org.apache.spark.sql.DataFrame = [name: string, Java: int, Python: int]
scala> df1.show()
+--------+----+------+
|    name|Java|Python|
+--------+----+------+
|ZhangSan|  86|    88|
|    LiSi|  90|    85|
+--------+----+------+
scala> val df2 = sc.parallelize(Seq(("ZhangSan", 86,88), ("LiSi",90,85), ("WangWU",
86,88), ("WangFei",90,85))).toDF("name","Java","Scala")
scala> df2.show()
+--------+----+-----+
|    name|Java|Scala|
+--------+----+-----+
|ZhangSan|  86|   88|
|    LiSi|  90|   85|
|  WangWU|  86|   88|
| WangFei|  90|   85|
+--------+----+-----+
```

DataFrame 提供了以下 6 种连接方式来调用 join()方法。

1. 笛卡儿积

DataFrame 对象调用 join()方法求两个 DataFrame 对象的笛卡儿积，示例如下：

```
scala> df1.join(df2).show()
+--------+----+------+--------+----+-----+
|    name|Java|Python|    name|Java|Scala|
+--------+----+------+--------+----+-----+
|ZhangSan|  86|    88|ZhangSan|  86|   88|
|ZhangSan|  86|    88|    LiSi|  90|   85|
|ZhangSan|  86|    88|  WangWU|  86|   88|
|ZhangSan|  86|    88| WangFei|  90|   85|
|    LiSi|  90|    85|ZhangSan|  86|   88|
|    LiSi|  90|    85|    LiSi|  90|   85|
|    LiSi|  90|    85|  WangWU|  86|   88|
```

```
|    LiSi|  90|    85| WangFei|  90|    85|
+--------+----+------+--------+----+-----+
```

2. 一个字段形式的连接

通过两个 DataFrame 对象的一个相同字段将两个 DataFrame 对象连接起来，示例如下：

```
scala> df1.join(df2, "name").show()      //name 是 df1 和 df2 中相同的字段
+--------+----+------+----+-----+
|    name|Java|Python|Java|Scala|
+--------+----+------+----+-----+
|ZhangSan|  86|    88|  86|   88|
|    LiSi|  90|    85|  90|   85|
+--------+----+------+----+-----+
```

3. 多个字段形式的连接

通过两个 DataFrame 对象的多个相同字段将两个 DataFrame 对象连接起来，示例如下：

```
//name、Java 是 df1 和 df2 中相同的字段
scala> df1.join(df2, Seq("name", "Java")).show()
+--------+----+------+-----+
|    name|Java|Python|Scala|
+--------+----+------+-----+
|    LiSi|  90|    85|   85|
|ZhangSan|  86|    88|   88|
+--------+----+------+-----+
```

4. 指定类型的连接

两个 DataFrame 对象的连接类型有 inner、outer、left_outer、right_outer、leftsemi。在上面用多个字段进行连接的情况下，可以写第 3 个 String 类型的参数，指定类型的连接如下所示：

```
scala> df1.join(df2, Seq("name", "Java"), "inner").show()
+--------+----+------+-----+
|    name|Java|Python|Scala|
+--------+----+------+-----+
|    LiSi|  90|    85|   85|
|ZhangSan|  86|    88|   88|
+--------+----+------+-----+
```

5. 使用字段的连接

指定两个 DataFrame 对象的字段进行连接，示例如下：

```
scala> df1.join(df2,df1("name") === df1("name")).show()
+--------+----+------+--------+----+-----+
|    name|Java|Python|    name|Java|Scala|
+--------+----+------+--------+----+-----+
|ZhangSan|  86|    88|ZhangSan|  86|   88|
|ZhangSan|  86|    88|    LiSi|  90|   85|
|ZhangSan|  86|    88| WangWU|  86|   88|
|ZhangSan|  86|    88| WangFei|  90|   85|
|    LiSi|  90|    85|ZhangSan|  86|   88|
```

```
|    LiSi|    90|    85|    LiSi|    90|    85|
|    LiSi|    90|    85| WangWU|    86|    88|
|    LiSi|    90|    85| WangFei|    90|    85|
+--------+----+------+--------+----+-----+
```

6．使用字段的同时指定类型的连接

指定两个 DataFrame 对象的字段和类型的连接，示例如下：

```scala
scala> df1.join(df2,df1("name") === df1("name"), "inner").show()
```

9.5 创建 Dataset 对象

在 Spark 2.0 之前，使用 Spark 必须先创建 SparkConf、SparkContext 和 SQLContext，但在 Spark 2.0 中只要创建一个 SparkSession 就可以了，SparkConf、SparkContext 和 SQLContext 都已经被封装在 SparkSession 中。

此外，用户可以自己声明 SparkSession 对象，通过静态类 Builder 实例化来创建一个 SparkSession 对象。在 Spark Shell 环境下创建 SparkSession 对象的语法格式如下：

```
SparkSession.builder.master("local").appName("String name").config("spark.some.
config.option", "some-value").getOrCreate()
```

上述创建 SparkSession 对象的各个函数的功能如下。

- master("local")：用来设置 Spark master URL 连接，例如，"local"表示设置在本地用单线程运行 Spark，"local[4]"表示设置在本地用 4 核运行 Spark，"spark://master:7077"表示设置运行在 Spark Standalone 集群。返回值的类型为 SparkSession.Builder。
- appName(String name)：用来设置应用程序的名字。返回值的类型为 SparkSession.Builder。
- config("spark.some.config.option", "some-value")：用来设置配置项。返回值的类型为 SparkSession.Builder。
- getOrCreate()：用来获取已经得到的 SparkSession，如果它不存在，则创建一个新的基于 builder 的 SparkSession。返回值的类型为 SparkSession.Builder。

启动 Spark Shell 后，会初始化 SparkSession 对象为 spark，该对象可在 Spark Shell 中直接使用。

在本地/home/hadoop 目录下存放了一个 student.txt 文件，其内容如下：

```
106,Ding,92,95,91
242,Yan,96,93,90
107,Feng,84,92,91
230,Wang,87,86,91
153,Yang,85,90,92
```

将该文件中的数据按照学号降序排列，步骤如下。

1．加载数据为 Dataset

调用 SparkSession 对象 spark 的 read.textFile()方法，加载 student.txt 文件创建 Dataset，代码如下。

```
scala> val stuDS=spark.read.textFile("file:/home/hadoop/student.txt")
stuDS: org.apache.spark.sql.Dataset[String] = [value: string]
```

从变量 stuDS 的类型可以看出，read.textFile() 方法将读取的数据转换为 Dataset 对象。
调用 Dataset 对象的 show() 方法可以输出 Dataset 对象中的内容。

```
scala> stuDS.show()
+----------------+
|           value|
+----------------+
|106,Ding,92,95,91|
| 242,Yan,96,93,90|
|107,Feng,84,92,91|
|230,Wang,87,86,91|
|153,Yang,85,90,92|
+----------------+
```

从输出结果中可以看出，Dataset 对象将文件中的每一行看作一个元素，并且所有元素
组成一个列，列名默认为 value。

2．为 Dataset 添加元数据信息

定义一个样例类 Student，用于存放数据描述信息（模式），代码如下：

```
scala> case class Student(ID:Int, Name:String, Java:Int, Scala:Int, Python:Int)
defined class Student
```

为支持 RDD 转换为 DataFrame、Dataset，DataFrame 转换为 Dataset，以及后续的
DataFrame、Dataset 的操作方法，需启用 SparkSession 的隐式转换，代码如下：

```
scala> import spark.implicits._
```

调用 Dataset 对象的 map() 方法，将每一个元素拆分并存入 Student 类中，代码如下：

```
scala> val studentDataset = stuDS.map(line=>{val fields=line.split(","); val
ID=fields(0).toInt;    val Name=fields(1); val Java =fields(2).toInt; val Scala
=fields(3).toInt;val Python =fields(4).toInt; Student(ID, Name, Java, Scala, Python)})
    studentDataset: org.apache.spark.sql.Dataset[Student] = [ID: int, Name: string ...
3 more fields]
```

此时查看 studentDataset 中的数据内容，代码如下：

```
scala> studentDataset.show()
+---+----+----+-----+------+
| ID|Name|Java|Scala|Python|
+---+----+----+-----+------+
|106|Ding|  92|   95|    91|
|242| Yan|  96|   93|    90|
|107|Feng|  84|   92|    91|
|230|Wang|  87|   86|    91|
|153|Yang|  85|   90|    92|
+---+----+----+-----+------+
```

可以看到，studentDataset 中的数据内容类似于一张关系数据库的表。

3．执行查询

将 studentDataset 中的数据按照学号降序排列，代码如下。

```
scala> studentDataset.sort(studentDataset("ID").desc).show()
```

9.6 案例实战：瓜子二手车数据分析

在二手车市场蓬勃发展的背景下，国内汽车金融和融资租赁市场逐步兴起，在汽车贷款、汽车保险、汽车租赁等金融产品的设计过程中，折扣率研究与预测也成为制定合理价格和控制业务经营风险的重要手段。

基于瓜子二手车的交易信息，探索二手车辆的折扣率与车辆的已行驶公里数之间的定量关系，以及折扣率与车辆的出厂年份之间的定量关系。主要需求如下：

① 二手车辆的折扣率与车辆的已行驶公里数之间的定量关系。
② 折扣率与车辆的出厂年份之间的定量关系。
③ 统计售价最低前 5 名。
④ 统计出厂年份最新前 5 名。
⑤ 计算每年的折扣率平均值。
⑥ 数据可视化。

瓜子二手车的交易信息的部分数据如图 9-7 所示。

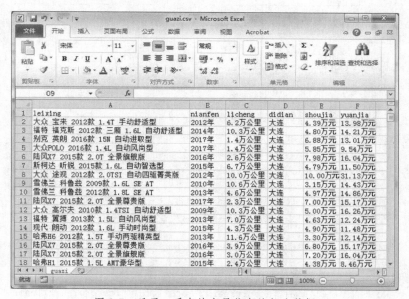

图 9-7　瓜子二手车的交易信息的部分数据

9.6.1　设置程序入口并读取数据

```
//设置程序上下文和入口
val sparkSession = SparkSession.builder.appName("GuaZiAnalysis").master("local").
getOrCreate()
//读取数据
val car = sparkSession.read.format("csv").load("D:\\IdeaProjects1\\Spark\\src\\
guazi.csv")
val header = car.first()
```

```
//转换为RDD
val carDF = car.filter(x => x != header).toDF("type", "factoryYear", "milesTraveled",
"city", "price", "originalPrice")
```

9.6.2 数据清洗

数据清洗的过程主要包括以下 5 步：

① 选取数据子集。

② 重命名列名。

③ 处理缺失值。

④ 转换数据类型。

⑤ 处理异常值。

数据清洗的具体代码如下：

```
var carDF1 = carDF
//显示前 5 条数据
println("\n------------------------前 5 条数据------------------------\n")
carDF1.show(5)
//去除与数据分析无关的 city 列数据
carDF1 = carDF.drop("city")
println("\n------------------------去除重复记录------------------------\n")
println("去重前数据数量: " + carDF1.count() + "条")
//过滤掉重复记录
carDF1 = carDF1.distinct()
println("去重后数据数量: " + carDF1.count() + "条")
println("\n------------------------去除空值------------------------\n")
carDF1 = carDF1.na.drop()
println("去除空值后数据数量: " + carDF1.count() + "条")
//去除数据的单位，如去除"万元""万公里""年"等
println("\n------------------去除数据单位后的前 5 条数据------------------\n")
carDF1 = carDF1.withColumn("factoryYear", regexp_extract(carDF1.col("factoryYear"),
"\\d+", 0))
carDF1 = carDF1.withColumn("price", regexp_replace(carDF1.col("price"), "万元", ""))
carDF1 = carDF1.withColumn("originalPrice", regexp_replace(carDF1.col("originalPrice"), "
万元", ""))
carDF1 = carDF1.withColumn("milesTraveled", regexp_replace(carDF1.col("milesTraveled"), "
万公里", ""))
//数据类型的转换
carDF1 = carDF1.withColumn("factoryYear", carDF1.col("factoryYear").cast("int"))
carDF1 = carDF1.withColumn("price", carDF1.col("price").cast("float"))
carDF1 = carDF1.withColumn("originalPrice", carDF1.col("originalPrice").cast("float"))
carDF1 = carDF1.withColumn("milesTraveled", carDF1.col("milesTraveled").cast("float"))
//显示数据清洗后的前 5 条数据
carDF1.show(5)
println("\n------------------------数据类型显示------------------------\n")
carDF1.printSchema()
```

运行上述代码，得到的输出结果如下：

```
-----------------------前 5 条数据------------------------
+------------------------+-----------+-------------+----+------+-------------+
|                    type|factoryYear|milesTraveled|city| price|originalPrice|
+------------------------+-----------+-------------+----+------+-------------+
|    大众 宝来 2012 款 1.4T...|     2012 年|     6.2 万公里|大连|4.39 万元|     13.98 万元|
|福特 福克斯 2012 款 三厢 1...|     2014 年|    10.3 万公里|大连|4.80 万元|     14.21 万元|
|  别克 英朗 2016 款 15N 自...|     2017 年|     1.4 万公里|大连|6.88 万元|     13.01 万元|
|    大众 POLO 2016 款 1.4L...|     2017 年|     1.4 万公里|大连|5.85 万元|      9.54 万元|
|   陆风 X7 2015 款 2.0T 全...|     2016 年|     2.6 万公里|大连|7.98 万元|     16.04 万元|
+------------------------+-----------+-------------+----+------+-------------+
-----------------------去除重复记录------------------------
```

去重前数据数量：2000 条

去重后数据数量：1988 条

```
-----------------------去除空值------------------------
```

去除空值后数据数量：1985 条

```
-----------------------去除数据单位后的前 5 条数据------------------------
+------------------------+-----------+-------------+------+-------------+
|                    type|factoryYear|milesTraveled| price|originalPrice|
+------------------------+-----------+-------------+------+-------------+
|    别克 英朗 2012 款 XT 1....|       2013|          4.3|  5.14|         14.1|
|    大众 桑塔纳 2013 款 1.4L...|       2014|         10.9|   3.7|         9.22|
|  福特 嘉年华 2011 款 两厢 1...|       2012|          6.9|   3.7|        10.63|
|   本田 飞度 2016 款 1.5L ...|       2016|          4.5|   6.6|         8.88|
|   别克 英朗 2011 款 GT 1....|       2011|          7.9|   5.0|        17.94|
+------------------------+-----------+-------------+------+-------------+
-----------------------数据类型显示------------------------
root
 |-- type: string (nullable = true)
 |-- factoryYear: integer (nullable = true)
 |-- milesTraveled: float (nullable = true)
 |-- price: float (nullable = true)
 |-- originalPrice: float (nullable = true)
```

9.6.3 折扣率分析

```
println("\n-----------------计算折扣率，显示前 5 条数据-----------------\n")
carDF1 = carDF1.selectExpr("type", "factoryYear", "milesTraveled", "price",
"originalPrice", "round(((originalPrice - price) / originalPrice), 3 ) as discountRate")
//显示前 5 条数据的折扣率
carDF1.show(5)
println("\n-----------------显示每年的折扣率平均值-----------------\n")
val data3 = carDF1.groupBy("factoryYear").mean("discountRate").sort("factoryYear")
data3.show()
//利用 corr()方法计算相关系数
println("\n-----------显示行驶里程、出厂年份与折扣率的平均相关系数-----------\n")
val analyzeDF=carDF1.agg(corr("discountRate","milesTraveled") as "discountRate_
milesTraveled", corr("discountRate","factoryYear") as "discountRate_factoryYear")
analyzeDF.selectExpr("round(discountRate_milesTraveled,2)","round(discountRate_
factoryYear,2)").show()
```

运行上述代码，得到的输出结果如下：

```
------------------------计算折扣率，显示前 5 条数据------------------------
+--------------------+-----------+-------------+-----+-------------+------------+
|                type|factoryYear|milesTraveled|price|originalPrice|discountRate|
+--------------------+-----------+-------------+-----+-------------+------------+
|别克 英朗 2012 款 XT 1....|       2013|          4.3| 5.14|         14.1|       0.635|
|大众 桑塔纳 2013 款 1.4L.|       2014|         10.9|  3.7|         9.22|       0.599|
|福特 嘉年华 2011 款 两厢 1.|       2012|          6.9|  3.7|        10.63|       0.652|
| 本田 飞度 2016 款 1.5L .|       2016|          4.5|  6.6|         8.88|       0.257|
|  别克 英朗 2011 款 GT 1..|       2011|          7.9|  5.0|        17.94|       0.721|
+--------------------+-----------+-------------+-----+-------------+------------+

-------------------显示每年的折扣率平均值-------------------
+-----------+------------------+
|factoryYear|  avg(discountRate)|
+-----------+------------------+
|       2009| 0.7459999999999999|
|       2010| 0.7336095238095235|
|       2011| 0.7100824742268043|
|       2012| 0.6717115384615385|
|       2013|  0.629403433476395|
|       2014| 0.5817651245551605|
|       2015| 0.5192959999999999|
|       2016|0.46015482233502547|
|       2017|0.37948430493273566|
|       2018|0.30825555555555567|
|       2019| 0.2524166666666667|
+-----------+------------------+

---------------显示行驶里程、出厂年份与折扣率的平均相关系数---------------
+------------------------------------+-----------------------------------+
|round(discountRate_milesTraveled, 2)|round(discountRate_factoryYear, 2)|
+------------------------------------+-----------------------------------+
|                                 0.6|                              -0.82|
+------------------------------------+-----------------------------------+
```

9.6.4　数据统计

```
//数据统计
println("\n------------------------数据统计------------------------\n")
carDF1.describe("milesTraveled", "price", "originalPrice", "discountRate").show()
println("\n-------------------显示售价最低前 5 名-------------------\n")
carDF1.sort("price").show(5, false)
println("\n-----------------显示出厂年份最新前 5 名-------------------\n")
carDF1.sort(carDF1("factoryYear").desc).show(5, false)
//显示二手车辆的售价最低 Top5
println("\n-----------------显示二手车辆的售价最低前 5 名-------------------\n")
val data4 = carDF1.sort("price").selectExpr("type", "price").limit(5)
data4.show()
```

运行上述代码，得到的输出结果如下：

```
----------------------数据统计-----------------------
+------+------------------+-----------------+------------------+------------------+
|summary|      milesTraveled|            price|     originalPrice|      discountRate|
+------+------------------+-----------------+------------------+------------------+
| count|              1985|             1985|              1985|              1985|
|  mean| 6.029057937079773|8.762020146276248| 19.67846860477246|0.5342599496221665|
|stddev|3.2813382561578273|5.525291900852811| 13.15843584387204|0.1403215630667268|
|   min|              0.01|              2.2|              4.77|             0.003|
|   max|              17.7|            34.98|            128.95|             0.835|
+------+------------------+-----------------+------------------+------------------+
--------------------显示售价最低前 5 名---------------------

+-----------------------+-----------+-------------+-----+-------------+------------+
|type                   |factoryYear|milesTraveled|price|originalPrice|discountRate|
+-----------------------+-----------+-------------+-----+-------------+------------+
|铃木 奥拓 2009 款 1.0L  |2012       |4.2          |2.2  |6.39         |0.656       |
|北汽幻速 S3 2014 款 1.5L|2014       |5.8          |2.3  |7.14         |0.678       |
|斯柯达 晶锐 2012 款 1.4L|2012       |9.7          |2.3  |8.56         |0.731       |
|大众 POLO 2011 款    1.4L|2011      |9.5          |2.5  |9.86         |0.746       |
|奇瑞 旗云 5 2012 款 1.8L |2014      |5.1          |2.51 |9.64         |0.74        |
+-----------------------+-----------+-------------+-----+-------------+------------+
-------------------显示出厂年份最新前 5 名-------------------

+-----------------+-----------+-------------+-----+-------------+------------+
|type             |factoryYear|milesTraveled|price|originalPrice|discountRate|
+-----------------+-----------+-------------+-----+-------------+------------+
|海狮 X30L 2018 款 1.5L|2019   |0.8          |4.5  |5.62         |0.199       |
|飞度 2018 款 1.5L  |2019       |1.4          |7.98 |9.31         |0.143       |
|凯迪拉克 XT5 2018 款 |2019      |1.8          |30.98|45.58        |0.32        |
|宝马 1 系 2018 款 时尚型|2019    |1.0          |15.0 |21.69        |0.308       |
|日产 途达 2018 款 2.5L|2019     |0.7          |17.98|21.69        |0.171       |
+-----------------+-----------+-------------+-----+-------------+------------+
-----------------显示二手车辆的售价最低前 5 名------------------
+-----------------------+-----+
|                   type|price|
+-----------------------+-----+
|  铃木 奥拓 2009 款 1.0L ...|  2.2|
|  斯柯达 晶锐 2012 款 1.4L...|  2.3|
|  北汽幻速 S3 2014 款 1.5L...|  2.3|
|  大众 POLO 2011 款  1.4L...|  2.5|
|  奇瑞 旗云 5 2012 款 1.8L...| 2.51|
+-----------------------+-----+
```

9.7 习题

1. RDD 与 DataFrame 有什么区别?
2. 创建 DataFrame 对象的方式有哪些?
3. 对 DataFrame 对象的数据进行过滤的方法是什么?
4. 分析 Spark SQL 的出现原因。

第10章 Spark Streaming 流计算

随着社交网络的兴起，实时流数据的处理需求变得越来越迫切，比如在使用微信朋友圈的时候，想知道当前最热门的话题有哪些，想知道最新的评论等，这些都会涉及实时流数据的处理。本章主要介绍流计算概述，Spark Streaming 工作原理，Spark Streaming 编程模型，创建 DStream 对象，DStream 操作，以及实时统计文件流的词频的综合案例。

10.1 流计算概述

流计算概述

10.1.1 流数据概述

流数据是一组顺序、大量、快速、连续到达的数据序列，可被视为一个随时间延续而无限增长的动态数据集合。流数据具有以下 4 个特点：

（1）数据实时到达。

（2）数据到达次序独立，不受应用系统控制。

（3）数据规模宏大且不能预知其最大值。

（4）数据一经处理，除非特意保存，否则不能被再次取出处理，换句话说，数据被再次提取的代价昂贵。

对于持续生成动态新数据的大多数场景，采用流数据处理是有利的。这种处理方法适用于大多数行业和大数据使用案例。

例如，交通工具、工业设备和农业机械上的传感器将监测数据源源不断地实时传输到数据中心，然后由流处理应用程序进行分析，分析出设备的性能状况，提前检测出潜在缺陷，应用程序自动订购备用部件，从而防止设备停机。

电子书网站通过对众多用户的在线内容单击流记录进行流处理，优化网站上的内容投放，为用户实时推荐相关内容，让用户获得更佳的阅读体验。

网络游戏公司收集关于玩家与游戏间互动的流数据，并将这些数据提供给游戏平台，然后游戏平台对这些数据进行实时分析，并提供各种激励措施和动态体验来吸引玩家。

10.1.2 批处理与流处理

根据数据处理的时效性，大数据处理可分为批处理和流处理两类。

1．批处理

批处理主要操作大容量静态数据集，并在计算完成后返回结果。批处理模式中使用的数据集通常符合下列特征。

（1）有界：批处理数据集代表数据的有限集合。

（2）持久：数据通常始终存储在某种类型的持久存储位置中。

（3）量大：批处理操作通常是处理极为海量数据集的唯一方法。

批处理非常适合需要访问全套记录才能完成的计算工作，例如在计算总数和平均数时，必须将数据集作为一个整体加以处理。

2．流处理

流处理会对随时进入流处理系统的数据进行计算。相比批处理模式，这是一种截然不同的处理方式。流处理模式无须针对整个数据集执行操作，而是对通过系统传输的每个数据项执行操作。

流处理中的数据集是"无边界"的，完整数据集只能代表截至目前已经进入系统中的数据；处理工作是基于事件的，除非明确停止，否则没有"尽头"，处理结果立刻可用，并会随着新数据的到达持续更新。

流处理很适合用来处理必须对变动或峰值做出响应的，并且关注一段时间内变化趋势的数据。

Spark Streaming
工作原理

10.2　Spark Streaming 工作原理

Spark Streaming 是构建在 Spark Core 上的实时流计算框架，扩展了 Spark Core 处理流式大数据的能力。Spark Streaming 将数据流以时间片为单位分割，形成一系列 RDD（一个 RDD 对应一块分割数据），这些 RDD 在 Spark Streaming 中用一个抽象数据模型 DStream（discretized stream，离散流）描述。DStream 表示一个连续不断的数据流，它可以用 Kafka、Flume、Kinesis、TCP Sockets 等数据源的输入数据流创建，也可以通过对其他 DStream 应用 map()、reduce()、join()等操作进行转换创建。DStream 与 RDD 的对应关系如图 10-1 所示。

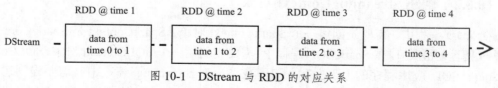

图 10-1　DStream 与 RDD 的对应关系

Spark Streaming 的基本工作原理如图 10-2 所示，Spark Streaming 使用"微批次"的架构，把流计算当作一系列连续的小规模批处理对待。Spark Streaming 从输入源中读取数据，并把数据分组为小的批次。新的批次按均匀的批处理间隔创建出来。在每个时间区间开始的时候，一个新的批次就创建出来，在该时间区间内收到的数据都会被添加到这个批次中。在该时间区间结束时，批次停止增长。时间区间的大小是由批处理间隔这个参数决定的。批处理间隔一般设在 500 ms 到几秒之间，由应用开发者配置。每个输入批次都形成一个 RDD，Spark 以作业的方式处理并生成其他的 RDD，然后就可以对 RDD 进行转换操作，最后将 RDD 经过行动操作生成的中间结果保存在内存中，整个流计算根据业务的需求可以对中间结果进行叠加，最后生成批形式的结果流给外部系统。

图 10-2　Spark Streaming 的基本工作原理

10.3　Spark Streaming 编程模型

Spark Streaming 编程模型

10.3.1　编写 Spark Streaming 程序的步骤

编写 Spark Streaming 程序的基本步骤如下。

（1）创建 StreamingContext 对象。

（2）为 StreamingContext 对象指定输入源，得到 DStream 对象。DStream 对象的数据源可以是文件流、套接字流、RDD 队列流、Kafka 等。

（3）操作 DStream。对从数据源得到的 DStream，用户通过定义转换操作和输出操作来定义流计算。

（4）通过调用 StreamingContext 对象的 start()方法接收处理流数据。之前的所有步骤只创建了执行流程，程序没有真正连接上数据源，也没有对数据进行任何操作。只有 StreamingContext.start()执行后才真正启动程序进行所有预期的操作，之后就不能再更改任何计算逻辑了。一个 JVM 同时只能有一个 StreamingContext 对象执行 start()方法并使该对象处于活跃状态。

（5）通过调用 StreamingContext 对象的 awaitTermination()方法等待流计算过程结束，或者通过调用 StreamingContext 对象的 stop()方法手动结束流计算过程。调用 stop()方法时，会同时停止内部的 SparkContext，如果不希望如此，还希望后面继续使用 SparkContext 创建其他类型的 Context，例如 SQLContext，那么使用 stop(false)。一个 StreamingContext 停止之后，是不能重启的，即调用 stop()之后，不能再调用 start()。

10.3.2　创建 StreamingContext 对象

在 RDD 编程中，需要先创建一个 SparkContext 对象，SparkContext 是 Spark Core 应用程序的上下文和入口。在 Spark SQL 编程中，需要先创建一个 SQLContext 对象，SQLContext 是 Spark SQL 应用程序的上下文和入口。在 Spark Streaming 编程中，需要先创建一个 StreamingContext 对象，StreamingContext 是 Spark Streaming 应用程序的上下文和入口。在 Spark Core 中，通过在 RDD 上进行转换操作（如 map()、filter()等）和行动操作（如 count()、collect()等）进行数据处理。而在 Spark Streaming 中，通过对 DStream 执行转换操作和输出操作进行数据处理。

1．通过 SparkContext 对象创建 StreamingContext 对象

通过 SparkContext 对象创建 StreamingContext 对象的语法格式如下：

```
val ssc = new StreamingContext(SparkContext, Interval)
```

上述命令将创建一个 StreamingContext 对象 ssc。StreamingContext()方法所需的参数有两个，一个是 SparkContext 对象参数，另一个是处理流数据的时间间隔参数 Interval。如果以 s（秒）定义时间间隔参数，格式为 Seconds(n)，该参数指定了 Spark Streaming 处理流数据的时间间隔，即每隔 n s 处理一次到达的流数据。时间间隔参数需要根据用户的需求和集群的处理能力进行适当调整。

new StreamingContext(SparkContext, Interval)方式一般用于在 Spark Shell 中创建 StreamingContext 对象，Spark Shell 启动后会默认创建一个 SparkContext 对象 sc，但不会自动创建 StreamingContext 对象，需要我们手动创建。在建立 StreamingContext 对象之前需要先导入包 org.apache.spark.streaming._，具体的创建过程如下：

```
scala> import org.apache.spark.streaming._
scala> val ssc = new StreamingContext(sc, Seconds(1))
```

⚠️ **注意**：一个 SparkContext 对象可以创建多个 StreamingContext 对象，只要调用 stop(false) 方法时停止前一个 StreamingContext 对象，就可以再创建下一个 StreamingContext 对象。

2. 通过 SparkConf 对象创建 StreamingContext 对象

通过 SparkConf 对象创建 StreamingContext 对象的语法格式如下：

```
new StreamingContext(SparkConf, Interval)
```

通过 SparkConf 对象创建 StreamingContext 对象的方式通常用于编写一个独立的 Spark Streaming 应用程序。

可采用如下过程创建一个带有两个执行线程的本地模式的 StreamingContext 对象，批处理间隔设为 1s。

```
import org.apache.spark._
import org.apache.spark.streaming._
val conf = new SparkConf().setAppName(appName).setMaster("local[2]")
val ssc = new StreamingContext(conf , Seconds(1))
```

💬 **说明**：appName 表示编写的应用程序显示在集群上的名称，如"WordCount"；setMaster (master)中的参数 master 是一个 Spark、Mesos、YARN 集群 URL，或者一个特殊字符串"local[×]"，表示程序用本地模式运行，×的值至少为 2，表示有两个线程执行流计算，一个接收数据，一个处理数据。

当程序运行在集群中时，人们并不希望在程序中设置 master，而是希望用 spark-submit 启动应用程序，并从 spark-submit 中得到 master 的值。对于本地模式，可以设置为"local[×]"字符串。

10.4 创建 DStream 对象

创建好 StreamingContext 对象之后，需要为创建的 StreamingContext 对象指定输入源，创建 DStream 对象。

10.4.1　创建输入源为文件流的 DStream 对象

在文件流的应用场景中，用户编写 Spark Streaming 应用程序对文件系统中的某个目录进行监控，一旦发现有新的文件生成，Spark Streaming 应用程序就会自动把文件内容读取过来，使用用户自定义的流处理逻辑进行处理。

下面给出在 Spark Shell 中创建输入源为文件流的 DStream 对象的过程。

首先，在 Linux 系统中打开一个终端（为了便于区分多个终端，这里称为数据源终端），创建一个 logfile 目录，命令如下：

```
$ mkdir -p /usr/local/spark/mydata/streaming/logfile     #递归创建 logfile 目录
$ cd /usr/local/spark/mydata/streaming/logfile
```

然后，在 Linux 系统中再打开一个终端（这里称为流计算终端），启动 Spark Shell，依次输入如下语句：

```
scala> import org.apache.spark.streaming._
scala> val ssc = new StreamingContext(sc, Seconds(30))   //创建 StreamingContext 对象
scala> val FileDStream = ssc.textFileStream(
       "file:///usr/local/spark/mydata/streaming/logfile")
scala> val words = FileDStream.flatMap(_.split(" "))
scala> val wordPair = words.map((_,1))
scala> val wordCounts = wordPair.reduceByKey(_+_)
scala> wordCounts.print()
scala> ssc.start()
scala> ssc.awaitTermination()
```

在上面的代码中，ssc.textFileStream()表示调用 StreamingContext 对象的 textFileStream()方法创建一个输入源为文件流的 DStream 对象。接下来的 FileDStream.flatMap()、words.map()、wordPair.reduceByKey()和 wordCounts.print()都是流计算处理，负责对从文件流获取流数据而得到的 DStream 对象进行操作。ssc.start()语句用于启动流计算过程，执行该语句后就开始循环监听/usr/local/spark/mydata/streaming/logfile 目录。最后的 ssc.awaitTermination()方法用来等待流计算过程结束，该语句是无法输入命令提示符后面的，但是为了程序的完整性，代码最后给出了 ssc.awaitTermination()。可以使用 Ctrl+C 组合键随时手动停止流计算过程。

在 Spark Shell 中执行 ssc.start()以后，自动进入循环监听状态，屏幕上会不断显示如下信息：

```
//这里省略若干屏幕显示信息
-----------------------------------------
Time: 1583555490000 ms
-----------------------------------------
```

这时切换到数据源终端，在/usr/local/spark/mydata/streaming/logfile 目录下新建一个 log1.txt 文件，在该文件中输入一些英文语句后保存并退出，具体命令如下：

```
$ cat > log1.txt      #创建文件
Hello World
Hello Scala
Hello Spark
Hello Python
```

执行 cat > log1.txt 命令后，会生成一个名为 log1.txt 的文件，并且语句下面会显示空行。输入上述英文语句，输入完成后按 Ctrl+D 组合键保存并退出 cat。此时在当前文件夹下创建了一个包含刚才输入内容的 log1.txt 文件。

然后，切换到流计算终端，最多等待 30 s，就可以看到词频统计结果，具体的输出结果如下：

```
-------------------------------------------
(Spark,1)
(Python,1)
(Hello,4)
(World,1)
(Scala,1)
```

如果监测的路径是 HDFS 上的路径，直接通过 hadoop fs -put×××命令将文件×××放到监测路径中就可以；如果监测的路径是本地目录 file://home/data，必须用流的形式将数据写入这个目录中并形成文件才能被监测到。

10.4.2 定义 DStream 的数据源为套接字流

Spark Streaming 可以通过 Socket 端口监听并接收数据，然后进行相应处理。

1．Socket 工作原理

Socket 的英文原意是插座，在计算机通信领域被翻译为套接字，它是计算机之间进行通信的一种约定或一种方式。通过 Socket 这种约定，一台计算机可以接收其他计算机的数据，也可以向其他计算机发送数据。

Socket 的典型应用就是 Web 服务器和浏览器，浏览器获取用户输入的网址，向服务器发起请求，服务器分析接收到的网址，将对应的网页内容返回浏览器，浏览器再经过解析和渲染，将文字、图片、视频等元素呈现给用户。

通常用一个 Socket 表示打开一个网络连接。网络通信，归根结底是不同计算机上的进程间通信。在网络中，每一个节点都有一个网络地址，也就是 IP 地址。两个进程间通信时，首先要确定各自所在的网络节点的网络地址。但是，网络地址只能确定进程所在的计算机，而一台计算机上很可能同时运行多个进程，所以仅凭网络地址还不能确定到底是和网络中的哪一个进程进行通信，因此 Socket 中还需要包括其他信息，也就是端口号。在一台计算机中，一个端口号一次只能分配给一个进程，端口号和进程之间有一一对应的关系。Socket 使用 IP 地址、协议、端口号标识一个进程。

2．在 Windows 下安装 netcat

netcat 简称 nc，是一款易用、专业的网络辅助工具，可以用来建立 TCP 和 UDP 连接，还支持对各种端口上的连接请求进行监测。netcat 的安装程序如下。

（1）下载 netcat（下载方式请参照本章 PPT）。在打开的下载页面中单击 netcat 1.12 进行下载，如图 10-3 所示。

（2）解压压缩包，将其中的 nc.exe 复制到 C:\Windows\system32 文件夹下。

（3）打开 cmd 窗口。输入 "nc"，按 Enter 键，若出现 Cmd line:，如图 10-4 所示，表示安装成功。

Here's netcat 1.11 compiled for both 32 and 64-bit Windows (but note that 64-bit version hasn't been tested much - use at your own risk).

I'm providing it here because I never seem to be able to find a working netcat download when I need it.

Small update: netcat 1.12 - adds -c command-line option to send CRLF line endings instead of just CR (eg. to talk to Exchange SMTP)

Warning: a bunch of antiviruses think that netcat (nc.exe) is harmful for some reason, and may block or delete the file when you try to download it. I could get around this by recompiling the binary every now and then (without doing any other changes at all, which should give you an idea about the level of protection these products offer), but I really can't be bothered.

Windows ports
Gifsicle
netcat
PCI Utilities
GNU Wget

Scripts
AutoHotKey
for (he)xchat
for VMWare ESXi

Other things
GIMP-related stuff

Provided by Jernej Simončič

Donate

图 10-3　netcat 下载页面

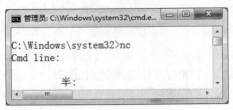

图 10-4　nc 运行界面

nc 的基本功能如下。

（1）连接到远程主机。语法格式如下：

```
nc [-options] hostname port[s] [ports]...
nc [-选项 ] 主机名　若干端口（用空格隔开）
```

（2）绑定端口等待连接，语法格式如下：

```
nc -l -p port [-options] [hostname] [ports]
nc -l -p 端口号（本地）[选项] [主机名] [端口号]
```

nc 命令的选项及说明如表 10-1 所示。

表 10-1　nc 命令的选项及说明

选项	说明
-C	类似-L 选项，一直不断开连接
-d	后台执行
-e prog	程序重定向，一旦连接就执行，慎用
-g gateway	源路由跳数，最大值为 8
-h	帮助信息
-i secs	延时的间隔
-l	监听模式，用于入站连接
-L	更"卖力"地监听，一直不断开连接
-n	指定数字形式的 IP 地址，不能用 hostname
-o file	记录十六进制数据的传输
-p port	本地端口
-r	任意指定本地及远程端口
-s addr	本地源地址
-u	UDP 模式，本地 nc -u ip port 连接，得到一个 Shell

选项	说明
-v	详细输出，用两个-v 可得到更详细的内容
-w secs	指定超时的时间
-z	将 I/O 关掉，用于扫描时

3. 编写 Spark Streaming 独立应用程序

在套接字流作为数据源的应用场景中，Spark Streaming 应用程序相当于 Socket 通信的客户端，它通过 Socket 方式请求数据，获取数据以后启动流计算过程进行处理。在 Windows 环境下，用 IntelliJ IDEA 创建项目，配置运行环境，编写如下 DStream_socket 源程序，实现流数据的词频统计的功能。

```scala
import org.apache.spark.SparkConf
import org.apache.spark.streaming.{Seconds, StreamingContext}
object DStream_socket {
  def main(args: Array[String]): Unit = {
    val Conf=new SparkConf().setAppName("套接字流").setMaster("local[2]")
    val ssc=new StreamingContext(Conf,Seconds(60))
    val lines=ssc.socketTextStream("localhost",8888)
    val words=lines.flatMap(_.split(" "))
    val wordCount=words.map(x=>(x,1)).reduceByKey((x,y)=>x+y)
    wordCount.print()
    ssc.start()
    ssc.awaitTermination()
  }
}
```

输入上述代码后的 IntelliJ IDEA 界面如图 10-5 所示。

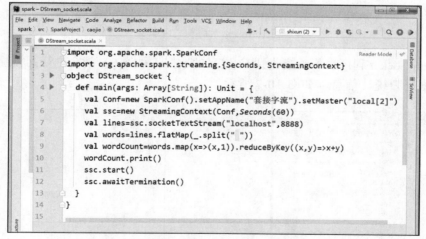

图 10-5 IntelliJ IDEA 的 DStream_socket 源程序文件界面

在上述代码中，ssc.socketTextStream("localhost",8888)用于创建一个套接字流类型的输入源，从而得到 DStream，localhost 设置了主机地址，8888 为设置的通信端口号，Socket 客户端使用该主机地址和端口号与服务器建立通信。lines.flatMap(_.split(" "))、words.map (x=>(x,1)).reduceByKey((x,y)=>x+y)、wordCount.print()是自定义的处理逻辑，用于实现对不断到达的流数据进行词频统计。

　　在 IntelliJ IDEA 中运行 DStream_socket 程序，就相当于启动了 Socket 客户端，然后打开 cmd 窗口，启动一个 Socket 服务器，让该服务器接收客户端的请求，并给客户端不断发送数据流。在 cmd 窗口中输入如下命令生成一个 Socket 服务器：

```
>nc -l -p 8888
```

　　在上面的 nc 命令中，-l 参数表示启动监听模式，也就是作为 Socket 服务器，nc 会监听本地主机（localhost）的 8888 号端口，只要监听到来自客户端的连接请求，就会与客户端建立连接通道，把数据发送给客户端。-p 参数表示监听的是本地端口。

　　由于之前已经运行 DStream_socket 程序，启动了 Socket 客户端，该客户端会向本地主机（localhost）的 8888 号端口发起连接请求，服务器的 nc 程序就会监听到本地主机的 8888 号端口有来自客户端（DStream_socket 程序）的连接请求，于是会建立服务器（nc 程序）和客户端（DStream_socket 程序）之间的连接通道。连接通道建立以后，nc 程序就会把我们在 cmd 窗口内手动输入的内容全部发送给 DStream_socket 程序进行处理。为了测试程序的运行效果，在 cmd 窗口内执行上面的 nc 命令后，可以通过键盘输入一行英文语句，然后按 Enter 键，反复多次输入英文语句并按 Enter 键，nc 程序就会自动把一行又一行的英文语句不断发送给 DStream_socket 程序进行处理，输入的英文内容如图 10-6 所示。

图 10-6　输入的英文内容

　　DStream_socket 程序会不断接收到 nc 发来的数据，每隔 60s 就会进行词频统计，并在控制台输出词频统计信息，如图 10-7 所示。

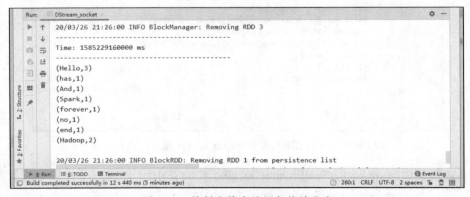

图 10-7　控制台输出的词频统计信息

10.4.3 定义 DStream 的数据源为 RDD 队列流

可以调用 StreamingContext 对象的 queueStream(queue of RDD)方法创建以 RDD 队列流为数据源的 DStream 对象。

下面给出定义 DStream 的数据源为 RDD 队列流的整个过程。

登录 Linux 系统，打开一个终端，首先创建一个 scala 目录。

```
$ mkdir -p /usr/local/spark/streaming/src/main/scala      #递归创建 scala 目录
$ cd /usr/local/spark/streaming/src/main/scala            #切换目录
```

在/usr/local/spark/streaming/src/main/scala 目录下，使用 Vim 编辑器新建一个 Scala 代码文件 rddQueueStream.scala，并输入以下代码：

```scala
import org.apache.spark.SparkConf
import org.apache.spark.rdd.RDD
import org.apache.spark.streaming.StreamingContext._
import org.apache.spark.streaming.{Seconds, StreamingContext}
object rddQueueStream {
    def main(args: Array[String]):Unit = {
        val sparkConf = new SparkConf().setAppName("rddQueue").setMaster("local[2]")
        val ssc = new StreamingContext(sparkConf, Seconds(2))
        val rddQueue = new scala.collection.mutable.SynchronizedQueue[RDD[Int]]
        val queueStream = ssc.queueStream(rddQueue)
        val result = queueStream.map(r => (r % 5, 1)).reduceByKey(_ + _)
        result.print()
        ssc.start()
        for (i <- 1 to 10){
            rddQueue += ssc.sparkContext.makeRDD(1 to 100, 2)
            Thread.sleep(2000)
        }
        ssc.stop()
    }
}
```

在上述代码中，val ssc = new StreamingContext(sparkConf, Seconds(2))语句用于创建每隔 2 s 对数据进行处理的 StreamingContext 对象。

val rddQueue = new scala.collection.mutable.SynchronizedQueue[RDD[Int]]用来创建一个 RDD 队列。

val queueStream = ssc.queueStream(rddQueue)语句用于创建一个以 RDD 队列流为数据源的 DStream 对象。

执行 ssc.start()语句后，流计算过程开始，Spark Streaming 每隔 2 s 从 rddQueue 队列中取出数据（若干个 RDD）进行处理。但是，这时的 RDD 队列 rddQueue 中还不存在任何 RDD，下面通过一个 for (i <-1 to 10)循环不断向 rddQueue 中加入新生成的 RDD。ssc.sparkContext.makeRDD(1 to 100, 2)语句用来创建一个 RDD，这个 RDD 被分成 2 个分区，RDD 中包含 100 个元素，即 1,2,3,…,100。

执行 for 循环 10 次以后，执行 ssc.stop()语句，整个流计算过程停止。

要想运行 rddQueueStream.scala 程序代码，需要先用 sbt 进行打包编译。首先在/usr/local/spark/streaming 目录下创建一个 sbt 文件 scalasbt.sbt，具体命令如下：

```
$ cd /usr/local/spark/streaming
$ vim scalasbt.sbt                        #使用 Vim 编辑器创建文件
```

在 scalasbt.sbt 文件中输入以下代码：

```
name := "rddQueueStream Project"
version := "1.0"
scalaVersion := "2.11.12"
libraryDependencies += "org.apache.spark" %% "spark-streaming" % "2.4.5"
```

保存该文件并退出 Vim 编辑器。然后使用 sbt 打包编译，具体命令如下：

```
$ cd /usr/local/spark/streaming
$ /usr/local/sbt/sbt package
```

生成的 JAR 包的位置为：/usr/local/spark/streaming/target/scala-2.11/rddqueuestream-project_2.11-1.0.jar。

将生成的 JAR 包通过 spark-submit 命令提交到 Spark 中运行，命令如下：

```
$ cd /usr/local/spark/streaming
$ /usr/local/spark/bin/spark-submit --class "rddQueueStream"  /usr/local/spark/
streaming/target/scala-2.11/rddqueuestream-project_2.11-1.0.jar
```

执行上述命令以后，程序开始运行，可以看到类似下面的结果：

```
-------------------------------------------
Time: 1585289046000 ms
-------------------------------------------
(4,20)
(0,20)
(2,20)
(1,20)
(3,20)
```

10.5 DStream 操作

与 RDD 类似，DStream 也提供了一系列操作方法，这些操作可以分成 3 类：无状态转换操作、有状态转换操作、输出操作。

10.5.1 DStream 无状态转换操作

所谓 DStream 无状态转换操作，指的是每次对新的批次数据进行处理时，只会记录当前批次数据的状态，不会记录历史数据的状态信息。表 10-2 给出了 DStream 常用的无状态转换操作。

表 10-2　Dstream 常用的无状态转换操作

操作	描述
map(func)	对 DStream 对象的每个元素，采用 func 函数进行转换，返回一个新的 DStream 对象
flatMap(func)	与 map()操作类似，不同的是 DStream 对象中的每个元素可以被映射为 0 个或多个元素
filter(func)	返回一个新的 DStream 对象，仅包含源 DStream 中满足 func 函数的元素
repartition(numPartitions)	增加或减少 DStream 对象中的分区数，从而改变 DStream 的并行度
union(otherStream)	将源 DStream 和输入参数为 otherDStream 的元素合并，并返回一个新的 DStream 对象

操作	描述
count()	通过对 DStream 中各个 RDD 中的元素进行计数，然后返回只有一个元素的 RDD 构成的 DStream 对象
reduce(func)	对源 DStream 中的各个 RDD 中的元素利用函数 func（有两个参数并返回一个结果）进行聚合操作，返回只有一个元素的 RDD 构成的新 DStream 对象
countByValue()	计算 DStream 中每个 RDD 内的元素出现的频次并返回一个键值对类型的 DStream 对象，其中键是 RDD 中元素的值，值是键出现的次数
reduceByKey(func, [numTasks])	当在由(k,v)键值对组成的 DStream 上调用时，返回一个新的由(k1,v1)键值对组成的 DStream 对象，其中每个键的值由源 DStream 中键为 K1 的值使用 func 函数聚合而成
transform(func)	通过对源 DStream 的每个 RDD 应用 RDD-to-RDD 函数，创建一个新的 DStream 对象

下面给出在 Spark Shell 中为 DStream 创建 HDFS 文件流及对 DStream 进行简单操作的示例。

首先，在 Linux 系统中打开一个终端（为了便于区分多个终端，这里称为数据源终端），创建一个 logfile 目录，命令如下：

```
$ mkdir -p /usr/local/spark/mydata/streaming/logfile    #递归创建 logfile 目录
$ cd /usr/local/spark/mydata/streaming/logfile
```

然后，在 Linux 系统中再打开一个终端（这里称为流计算终端），启动 Spark Shell，输入如下 Spark Streaming 应用程序语句：

```
scala> import org.apache.spark.streaming._
scala> val ssc = new StreamingContext(sc, Seconds(30))  //创建 StreamingContext 对象
scala> val lines = ssc.textFileStream("/user/hadoop/input")
scala> val words = lines.flatMap(_.split(" "))
scala> val wordPair = words.map((_,1))
scala> val wordCounts = wordPair.reduceByKey(_+_)
scala> wordCounts.print()
scala> ssc.start()
scala> ssc.awaitTermination()
```

在上面的代码中，ssc.textFileStream()语句用于创建一个文件流类型的数据源。接下来的 lines.flatMap()、words.map()、wordPair.reduceByKey()和 wordCounts.print()是流计算处理，负责对获取到的文件流数据进行词频统计。ssc.start()语句用于启动流计算过程，执行该语句后就开始循环监听/user/hadoop/input 目录，该目录是 HDFS 上的目录，运行 ssc.start()命令之前，需要先启动 Hadoop 系统。ssc.awaitTermination()方法用来等待流计算过程结束，该语句是无法输入命令提示符后面的，可以使用 Ctrl+C 组合键随时手动停止流计算过程。

在 Spark Shell 中执行 ssc.start()以后，自动进入循环监听状态，屏幕上会不断显示如下信息：

```
-------------------------------------------
Time: 1585744560000 ms
-------------------------------------------
```

在 10.4.1 节中，已经在/usr/local/spark/mydata/streaming/logfile 目录下新建了一个 log1.txt 文件，下面使用 cat 命令显示其文件内容。

```
$ cat /usr/local/spark/mydata/streaming/logfile/log1.txt
Hello World
Hello Scala
Hello Spark
Hello Python
```

由于监测的路径/user/hadoop/input 是 HDFS 上的路径，在启动 Hadoop 的终端后，通过如下命令将 log1.txt 文件放到监测路径就可以被文件流监测到：

```
$ ./bin/hdfs dfs -put /usr/local/spark/mydata/streaming/logfile/log1.txt /user/
hadoop/input
```

然后，在运行 ssc.start()命令的终端最多等待 30 s，就可以看到词频统计结果，具体的输出结果如图 10-8 所示。

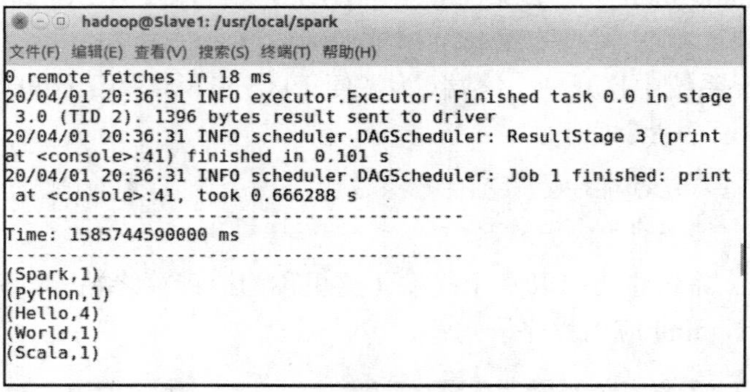

图 10-8　输出结果

10.5.2　DStream 有状态转换操作

在 Spark Streaming 中，数据处理是按批次进行的，而数据采集是逐条进行的。因此，在 Spark Streaming 中会先设置好批处理间隔，当超过批处理间隔的时候就会把采集到的数据汇总成一批数据交给系统处理。

DStream 的有状态转换操作是跨时间区间跟踪数据的操作，也就是说，一些先前批次的数据也可以被用来在新的批次中计算结果。有状态转换操作包括滑动窗口转换操作和 updateStateByKey()操作。

对于滑动窗口转换操作而言，在其窗口内部会有 n 个批处理数据，批处理数据的大小由窗口间隔决定，而窗口间隔指的就是窗口的持续时间。在滑动窗口转换操作中，只有窗口间隔满足了才会触发批数据的处理。除了窗口间隔，滑动窗口转换操作还有一个重要的参数，即滑动间隔，它指的是经过多长时间窗口滑动一次形成新的窗口。滑动间隔在默认情况下和批处理间隔相同，而窗口间隔一般设置得要比它们大。注意，滑动间隔和窗口间隔的大小一定要设置为批处理间隔的整数倍。

如图 10-9 所示，批处理间隔是 1 个时间单位，窗口间隔是 3 个时间单位，滑动间隔是 2 个时间单位。对于初始的窗口（time 1 ~ time 3），只有窗口间隔满足了才会触发数据的处理。

每经过 2 个时间单位，窗口滑动一次，这时会有新的数据流入窗口，窗口则移除最早的 2 个时间单位的数据，而与最新的 2 个时间单位的数据进行汇总，从而形成新的窗口（time 3 ~ time 5）。

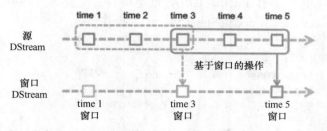

图 10-9 DStream 滑动窗口转换操作

通过滑动窗口对数据进行转换的滑动窗口转换操作如表 10-3 所示。

表 10-3 滑动窗口转换操作

操作	描述
window(windowLength, slideInterval)	返回一个基于源 DStream 的窗口批次计算后得到的新的 DStream
countByWindow(windowLength, slideInterval)	返回流中元素的滑动窗口数量
reduceByWindow(func, windowLength, slideInterval)	使用 func 函数对滑动窗口内的元素进行聚集，得到一个单元素流
reduceByKeyAndWindow(func, windowLength, slideInterval, [numTasks])	当在元素为键值对的 DStream 上调用时，返回一个新的元素为键值对的 DStream，其中每个键的值在滑动窗口中使用给定的 Reduce 函数 func 进行聚合计算
reduceByKeyAndWindow(func, invFunc, windowLength, slideInterval, [numTasks])	上述 reduceByKeyAndWindow() 的一个更高效的版本，其中每个窗口的 Reduce 值是使用前一个窗口的 Reduce 值递增计算的
countByValueAndWindow(windowLength, slideInterval, [numTasks])	在元素为(k,v)键值对的 DStream 上调用时，基于滑动窗口计算源 DStream 中每个 RDD 内每个元素出现的频次并返回 Dstream[[k,Long]]，其中 Long 是元素频次

上述介绍的滑动窗口转换操作，只能对当前窗口内的数据进行计算，无法在不同批次之间维护状态。如果要跨批次维护状态，就必须使用 updateStateByKey(func) 操作，例如流计算中的累加词频统计。updateStateByKey() 提供了对状态变量的访问来达到状态维护的目的。updateStateByKey() 用于(键, 事件)键值对形式的 DStream，传递一个指定如何根据新的事件更新每个键对应状态的函数，以此根据新的批次的数据构建出一个新的 DStream，其内部数据为(键, 状态)键值对。updateStateByKey() 的源代码如下：

```
def updateStateByKey[S: ClassTag](
    updateFunc: (Seq[V], Option[S]) => Option[S]
  ): DStream[(K, S)] = ssc.withScope {
  updateStateByKey(updateFunc, defaultPartitioner())
}
```

updateStateByKey() 函数可以进行带历史状态的计算，但是需要设置检查点目录以保存历史数据。Spark 在设置的检查点目录中有优化，该目录并非保存所有的历史数据，而是将当前计算结果保存，以便下一次计算时调用，这也大大简化了历史数据的读写。

要想使用 updateStateByKey() 的功能，需要完成下面两个操作。

（1）定义状态，状态可以是任意类型的数据。

（2）定义状态更新函数，用此函数实现使用之前的状态和来自输入流的新值对状态进行更新。

在 Windows 环境下，用 IntelliJ IDEA 创建项目，配置运行环境，编写如下源程序 StreamingUpdateByKey，演示 updateStateByKey()的操作：

```scala
import org.apache.log4j.{Level, Logger}
import org.apache.spark.SparkConf
import org.apache.spark.streaming.{Seconds, StreamingContext}
object StreamingUpdateByKey {
  Logger.getLogger("org.apache.spark").setLevel(Level.WARN)
  def main(args: Array[String]): Unit = {
    val conf = new SparkConf().setMaster("local[*]").setAppName(
        "StreamingUpdateByKey")
    val ssc = new StreamingContext(conf, Seconds(5))
    //设置检查点目录
    ssc.checkpoint("D:\\IdeaProjects\\SparkScala\\ckpt")
    val streams = ssc.socketTextStream("localhost", 8888)
    val wordCounts = streams.flatMap(_.split(" ")).map(w => (w,1)).reduceByKey(_+_)
      .updateStateByKey[Int](updateFunction _)
    wordCounts.print()
    ssc.start()
    ssc.awaitTermination()
  }
  /*
    参数 newValues：当前批次某个单词出现的次数的序列集合
    参数 runningCount：上一个批次计算出来的某个单词出现的次数
  */
  def updateFunction(newValues: Seq[Int], runningCount: Option[Int]): Option[Int] = {
    val newCount = newValues.sum + runningCount.getOrElse(0)  //更新状态
    Some(newCount)
  }
}
```

在 IntelliJ IDEA 中运行 StreamingUpdateByKey 程序，就相当于启动了 Socket 客户端，然后打开 cmd 窗口，启动一个 Socket 服务器，让该服务器接收客户端的请求，并给客户端不断发送数据流。在 cmd 窗口中输入 nc -l -p 8888 命令生成一个 Socket 服务器，并输入 3 行数据：

```
>nc -l -p 8888
hello world
hello python
hello spark
```

StreamingUpdateByKey 程序会接收到 nc 发来的数据，进行词频统计，在控制台输出如下词频统计信息：

```
(python,1)
(spark,1)
(hello,3)
(world,1)
```

10.5.3 DStream 输出操作

Spark Streaming 可以使用 DStream 对象的输出操作把 DStream 中的数据输出到外部系统，如数据库或文件系统。DStream 对象的输出操作触发对 DStream 对象的所有转换操作的实际执行（类似于 RDD 操作）。表 10-4 列出了 DStream 对象主要的输出操作。

表 10-4　DStream 对象主要的输出操作

输出操作	描述
print()	在运行流应用程序的驱动程序节点上输出 DStream 中每批数据的前 10 个元素
saveAsTextFiles(prefix, [suffix])	将 DStream 的内容保存为文本文件。每个批处理间隔的文件的文件名基于前缀 prefix 和后缀 suffix 生成：prefix-TIME_IN_MS [.suffix]
saveAsObjectFiles(prefix, [suffix])	将 DStream 的内容保存为序列化的文件。每个批处理间隔的文件名基于前缀和后缀生成：prefix-TIME_IN_MS [.suffix]
saveAsHadoopFiles(prefix, [suffix])	将 DStream 的内容保存为 Hadoop 文件。每个批处理间隔的文件名基于前缀和后缀生成：prefix-TIME_IN_MS [.suffix]
foreachRDD(func)	通用的输出操作，将函数 func 应用于从流中生成的每个 RDD。将每个 RDD 中的数据推送到外部系统，例如将 RDD 保存到文件，或通过网络将 RDD 写入数据库

10.6　案例实战：实时统计文件流的词频

调用 StreamingContext 对像的 start()方法启动接收和处理数据的流程；调用 StreamingContext 对象的 awaitTermination()方法等待程序处理结束，可手动停止程序或出错后停止程序，或者让程序持续不断地进行计算；调用 StreamingContext 对象的 stop()方法结束程序的运行。

在 Windows 的 IntelliJ IDEA 开发环境下，编程演示 Spark Streaming 的相关操作的程序代码如下：

```
import org.apache.spark.SparkConf
import org.apache.spark.streaming.{Seconds, StreamingContext}
object StreamWordCount {
  def main(args: Array[String]): Unit = {
    val conf = new SparkConf().setMaster("local[2]").setAppName("StreamWordCount")
    val ssc = new StreamingContext(conf,Seconds(20))
    //创建文件流类型的数据源
    val lines = ssc.textFileStream("D:/shuju")
    lines.cache() //持久化
    val words = lines.flatMap(_.split(" "))   //用" "拆分 lines
    val wordPair = words.map((_,1))
    val count = wordPair.reduceByKey(_+_)
    count.print()
    //启动 StreamingContext
    ssc.start()
    ssc.awaitTermination()
  }
}
```

运行上述流计算程序后，流计算程序自动进入循环监听状态，屏幕上会不断显示如下信息：

```
-----------------------------------------
Time: 1583589700000 ms
-----------------------------------------
```

这时打开 cmd 窗口，在 D:/shuju 目录下新建一个 test.txt 文件，在文件中输入 Hello world Hello Spark Hello Python 后保存并退出，具体命令如下：

```
D:\shuju>>test.txt echo Hello world Hello Spark Hello Python
```

执行上述命令后，它会在 D:/shuju 目录下生成一个名为 test.txt 的文件，文件内容为 Hello world Hello Spark Hello Python。

在控制台最多等待 20 s，就可以看到词频统计结果，具体的输出结果如下：

```
(Python,1)
(Spark,1)
(Hello,3)
(world,1)
```

10.7 习题

1. 简述流数据的特点。
2. 简述批处理和流处理的区别。
3. 简述 Spark Streaming 的工作原理。
4. 简述编写 Spark Streaming 程序的步骤。
5. Spark Streaming 主要包括哪 3 种类型的数据源？

第11章 Spark GraphX 图计算

图因具有直观、清晰、表达能力强等特点，被广泛应用于社交网络、生物数据分析、推荐系统等领域。GraphX 是 Spark 的专门用于处理图数据的组件，本章主要介绍 GraphX 图计算模型，GraphX 属性图的创建和属性图操作。

11.1 GraphX 图计算概述

GraphX 图计算
概述

11.1.1 图结构

图结构研究的是数据元素之间的多对多的关系。在这种结构中，任意两个元素之间都可能存在关系。在计算机科学中，一个图 G 定义为一个偶对(V,E)，记为 G=(V,E)。其中，V 是图 G 的顶点（vertex）的非空有限集合；E 是图 G 的顶点之间关系的集合，用弧（arc）表示两个顶点 v 和 w 之间存在的一个关系，记为偶对<v,w>。

若图 G 的关系集合 E 中，顶点偶对<v,w>的 v 和 w 之间是有序的，称图 G 是有向图。有向图如图 11-1 所示。在有向图中，若<v,w>∈E，表示从顶点 v 到顶点 w 有一条弧。其中，v 称为弧尾（tail）或始点（initial node），w 称为弧头（head）或终点（terminal node）。

若图 G 的关系集合 E 中，顶点偶对<v,w>的 v 和 w 之间是无序的，称图 G 是无向图。在无向图中，若∀<v,w>∈E，有<w,v>∈E，即 E 是对称的，则用无序对(v,w)表示 v 和 w 之间的一条边（edge），因此(v,w)和(w,v)代表的是同一条边。

图 11-1 所示的有向图的形式化定义是：G=(V, E)，V={a, c, d, e}，E={<a,c>, <a,e>, <c,d>, <c,e>, <d,a>, <e,d>}。

与图的边和弧相关的数称为权，权可以表示从一个顶点到另一个顶点的距离或耗费。

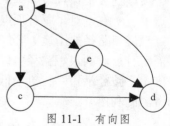

图 11-1　有向图

11.1.2 图计算的典型应用

图计算就是研究在大规模图数据下，如何高效存储、管理和处理图数据等相关问题的过程。图可以将各类数据关联起来，将不同来源、不同类型的数据融合到同一张图里进行分析，得到原本独立分析难以发现的结果，解决了传统的计算模式下关联查询的效率低、成本高的问题。图的表示可以让很多问题处理得更加高效，例如最短路径、连通分量等。图计算的典型应用有如下几个。

1．网页排序

搜索引擎的用户希望在查询过后，快速准确地找到需要的网页，因此需要行之有效的网页排名算法。Google 网站使用的网页排序的核心算法是 PageRank，PageRank 算法将页面的重要程度用 PageRank 值衡量，PageRank 值主要体现在两个方面：引用该页面的页面个数和引用该页面的页面重要程度。一个页面 P(A)被另一个页面 P(B)引用，可看成 P(B)推荐 P(A)，P(B)将其重要程度（PageRank 值）平均地分配给 P(B)所引用的所有页面，所以越多的页面引用 P(A)，则越多的页面分配 PageRank 值给 P(A)，PageRank 值也就越高，P(A)越重要。另外，P(B)越重要，它所引用的页面被分配到的 PageRank 值就越多。

2．社区发现

社交网络是一种典型的图结构，顶点表示人，边表示人际关系；更广义的社交网络可以将与人有关的实体也纳入进来，例如手机、汽车、家用电器等。社交网络分析的典型应用是社区发现，即将社交网络分成若干社区，每个社区内部的顶点之间具有相比于社区外部的顶点之间更紧密的连接关系。社区发现广泛应用于金融风控、国家安全、公共卫生等领域。

3．标签传播

近些年，随着知识图谱相关研究的兴起，用户兴趣图谱开始凸显其重要的数据价值。通过构建用户兴趣图谱为用户推荐感兴趣的信息，如新闻、图片、广告等。标签传播就是基于图结构实现的一种数据挖掘算法，它能够通过构建的社交网络，发现网络中密集连接的子图。

4．最短路径

在图上发现顶点与顶点之间的最短路径是一类很常见的图计算任务，根据起始顶点集合与目的顶点集合的大小，最短路径又可分为单对单（一个顶点到一个顶点）、多对多（多个顶点到多个顶点）、单源（一个顶点到所有其他顶点）、多源（多个顶点到所有其他顶点）、所有点对（所有顶点到其他所有顶点）等。

最短路径的用途十分广泛：在知识图谱中经常需要寻找两个实体之间的最短关联路径；而所有点对的最短路径可以帮助衡量各个顶点在整个图的拓扑结构中所处的位置（中心程度）；路径最短、代价最低的网络路由能够大大降低通信成本，节约网络资源，提高网络资源的利用率。

11.1.3　GraphX 简介

GraphX 是一个分布式图处理框架，是一个基于 Spark 平台提供图计算和图挖掘的简洁易用的接口，极大地方便了人们进行分布式图处理。Spark 的每一个模块都有一个基于 RDD 的便于自己计算的抽象数据结构，如 SQL 的 DataFrame、Streaming 的 DStream。为了便于图计算，GraphX 通过扩展 RDD 引入了图抽象数据结构弹性分布式属性图（以下简称属性图），一种点和边都带属性的有向多重图。

GraphX 的主要特点如下。

1．数据复用与快速运算

图计算通常要进行大量的迭代计算，如何保证图计算的执行效率是所有图计算模型面对的一个难题。基于 MapReduce 的图计算模型，在进行迭代计算时中间数据的处理是基于磁盘进行的，这使得数据的转换和复用开销非常大。相对于传统的图计算模型，GraphX 充分利用了 Spark 的任务调度策略和 RDD 操作方法，能够对图数据进行缓存和流水线操作，实现了图数据的复用与快速运算。

2．GraphX 引入了属性图

对 GraphX 提供的图类 Graph 进行实例化就可以得到一个具体的属性图。GraphX 统一了表视图和图视图。传统的图计算模型都是将表视图和图视图分别实现的，这意味着图计算模型要针对不同的视图分别进行维护，而且视图间的转换也比较烦琐。GraphX 通过弹性分布式属性图统一了表视图和图视图，如图 11-2 所示，即两种视图对应同一物理存储但是各自具有独立的操作，这使得操作更具有灵活性和高效性。

3．支持 Pregel 编程接口

Graphx 是基于 Pregel 图计算处理模型实现的图处理框架，因此 Spark 原生态地支持类 Pregel接口及操作。在 Pregel 中，图处理任务都是由一系列的迭代步骤（超步）构成的。

图 11-2　GraphX 属性图

4．具有良好的可扩展性

GraphX 将设计与实现相分离，函数实现简洁清晰，非常便于用户对所需功能进行扩展，如在 VertexRDD 和 EdgeRDD 的参数中，加入 StorageLevel 就可控制存储资源的利用，也可通过对 Graph 引入新操作来丰富 Graph 的属性图操作等。

11.2　GraphX 图计算模型

GraphX 图计算模型

11.2.1　属性图

GraphX 的数据处理模型是弹性分布式属性图（property graph），属性图是由带有属性信息的顶点和边构成的图，这些属性主要用来描述节点和边的特征。一个属性图具体包括：顶点标识（也称 ID）与顶点属性所组成的集合，边标识与边属性所组成的集合。GraphX 中，顶点有 ID 和顶点属性，边有源顶点 ID、目的顶点 ID 和边属性。

以微博社交网络图为例，如图 11-3 所示，图中顶点集 Vertex={1, 2, 3}有 3 个顶点，图中边集 Edge={"粉丝", "创建", "转发"}有 3 条边。顶点 1 和顶点 2 分别表示用户菲菲和乔乔，顶点 3 表示发布的某条微博。表示用户的顶点可以具有姓名和年龄等属性信息，表示微博的顶点可以具有内容和时间等属性信息。顶点与顶点之间的关系用有向边表示，具体有粉丝关系、创建关系和转发关系。边属性可以是具体的关系信息，也可以是具体的数值。

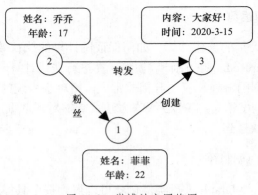

图 11-3　微博社交网络图

通过对 GraphX 提供的图类 Graph 进行实例化就可以得到一个属性图。和 RDD 一样，属性图是不可变的，属性图的值或者结构的改变将生成一个新的属性图。注意，原始图中不受影响的部分都可以在新图中重用，用来减少存储的成本。用户可以使用顶点分区方法对图进行分区存储，如 RDD 一样，图的每个分区可以在发生故障的情况下被重新创建在不同的机器上。

图是由顶点集和边集构成的一种数据结构，而 Spark 的 RDD 就类似于一个集合，所以图可以用两个 RDD 分别表示顶点集和边集。

- RDD[(VertexID, VD)]：表示一系列的顶点 ID、顶点数据（属性）。
- RDD[Edge[ED]]：表示一系列的边数据（包括边的源顶点 ID、目的顶点 ID 和边属性）。

逻辑上，属性图对应于一对 RDD，这两个 RDD 分别包含每一个顶点和边的属性。因此，Graph 图类中包含顶点和边的成员变量。

```
class Graph[VD, ED] {
  val vertices: VertexRDD[VD]
  val edges: EdgeRDD[ED]
}
```

VertexRDD[VD]和 EdgeRDD[ED]分别是对 RDD[(VertexID, VD)]和 RDD[Edge[ED]]的继承和优化，是更高级的封装。VD 和 ED 为 Graph 的类型参数，表示图的顶点和边。

假设我们想构造一个包括不同用户的属性图。用户信息包括 ID，用户属性包含姓名和职业，将用户信息保存在 vertices.txt 文件里，文件内容如图 11-4 所示，含有 3 个字段，分别表示用户 ID、姓名和职业。

将用户之间关系的信息保存在 edges.txt 文件（放在/home/hadoop 目录下）里，文件内容如图 11-5 所示，含有 3 个字段，第 1 个字段和第 2 个字段分别表示用户 ID，第 3 个字段表示第 1 个字段所表示的用户对于第 2 个字段所表示的用户的关系，如 "2 5 Colleague" 表示 2 是 5 的同事。

图 11-4　vertices.txt 文件

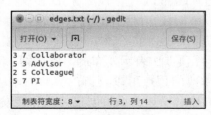

图 11-5　edges.txt 文件

将 vertices.txt 文件中的用户信息作为图的顶点数据,用户 ID 为顶点标识,其他字段为顶点属性。将 edges.txt 文件中的用户之间的关系的信息作为边数据,3 个字段分别表示边的源用户 ID、目标用户 ID、边属性。根据顶点数据和边数据,可以构建图 11-6 所示的用户关系网络图,顶点包含用户 ID 和用户属性,边有源顶点和目的顶点,并且有边属性和指向,如顶点 5 指向顶点 3、属性 Advisor,表示用户 5 是用户 3 的顾问。

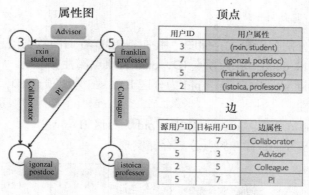

图 11-6　用户关系网络图

11.2.2　GraphX 图存储模式

在工业级的应用中,图的规模很大,为了提高处理的速度和数据量,人们希望使用分布式的方式存储、处理图数据。在分布式环境下处理图数据,必须对图数据进行有效的图分割。由于图数据本身固有的连通性和图计算表现出来的强耦合性等特点,因此想要实现图的高效并行处理,就必须尽可能地降低分布式处理的各子图之间的耦合度。有效的图分割就是实现解耦的重要手段。将一个大图分割为若干子图,有两个主要原则:提高子图内部的连通性,降低子图之间的连通性,这尤其适合分布式的并行处理机制;考虑子图规模的均衡性,尽量保证各子图的数据规模均衡,防止各并行任务的执行时间相差过大,从而影响任务同步控制。

图分割的分布式存储大致有两种方式:边分割(edge cut)存储、点分割(vertex cut)存储。

1．边分割存储模式

边分割是指保持图的顶点在各计算节点均匀分布,每个顶点都存储一次,但有的边会被打断分到两个计算节点上。这样做的好处是节省存储空间;坏处是对图进行基于边的计算时,对于一条两个顶点被分到不同计算节点上的边来说,要跨计算节点通信并传输数据。通过顶点复制策略可以减少跨节点的边数目,如图 11-7 所示。但不可避免地增加了邻接顶点和边的存储开销,而任何顶点和边的更新都需要进行数据同步和通信,这也增加了相应的网络开销。

2．点分割存储模式

点分割是指保持各个边在各计算节点均匀分布,每条边只存储一次,每条边只会出现在一个计算节点上,而点与点之间的邻接信息是通过复制邻接顶点维持的,如图 11-8 所示。邻居多的顶点会被复制到多个计算节点上,维持各个边的邻接顶点信息,增加了存储开销,同时会引发数据同步问题，好处是能够减少跨计算节点之间的数据通信。

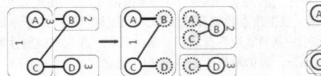

图 11-7　边分割存储模式

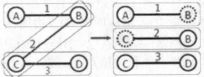

图 11-8　点分割存储模式

GraphX 使用点分割存储模式存储图，用 3 个 RDD 存储图数据信息。

- VertexTable(id, data)：id 为顶点 ID，data 为顶点属性。
- EdgeTable(pid, src, dst, data)：pid 为分区 ID，src 为源顶点 ID，dst 为目的顶点 ID，data 为边属性。
- RoutingTable(id, pid)：id 为顶点 ID，pid 为分区 ID。

图 11-9 所示的是 Spark 官方的点分割存储实现。

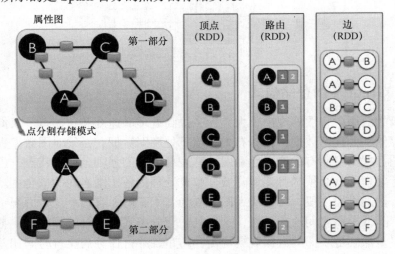

图 11-9　点分割存储实现

GraphX 图的分布式存储采用点分割存储模式，使用 partitionBy()方法实现，由用户指定划分策略（partition strategy）。目前有 EdgePartition2d、EdgePartition1d、RandomVertexCut 和 CanonicalRandomVertexCut 这 4 种策略。

11.2.3　GraphX 图计算原理

目前处理图的并行计算框架有很多，如 Google 公司的 Pregel 图计算框架、Apache 公司开源的 Giraph/HAMA 图计算框架，以及有名的 GraphLab。其中 Pregel、HAMA 和 Giraph 是基于 BSP（bulk synchronous parallel，块同步并行）计算模型，GraphLab 是基于 MPI（message passing interface，消息传递接口）计算模型。

BSP 计算模型如图 11-10 所示，将一个作业分成一系列超步（superstep）。所谓超步就是计算中的一次迭代。从纵向上看，它是一个串行模式。而从横向上看，它是一个并行模式。在每个超步中，各个计算节点执行局部计算，在该超步结束前通过消息传递机制在各个节点间进行消息交互。每两个超步之间设置一个栅栏同步（barrier synchronization），当一个 CPU 计算过程中遇到栅栏，会等到其他所有 CPU 完成它们的计算步骤后，再启动下一轮超步。

MPI 是一种消息传递计算模型。消息传递指用户必须通过显式地发送和接收消息来实现处理机间的数据交换。消息传递是 MPI 的基本特征。

GraphX 是基于 Pregel 图计算处理模型实现的，Spark 原生态地支持类 Pregel 接口及操作。Pregel 以顶点为中心进行操作上的抽象，一个典型的 Pregel 计算过程主要包括：读取顶点数据和边数据初始化图；图初始化完成后，运行一系列超步，直到整个计算结束；输出计算结果。

开始时，图的每个节点都是活动节点。一个节点通过投票停止（voting to halt）机制使自身失效，之后 Pregel 不再计算失效节点，直到失效节点接收到消息。收到消息并处理后，节点必须再次使自身失效。当图中所有节点失效并且没有消息传递时，算法结束。

下面使用图 11-11 所示的求最大值的例子来解释上述过程。

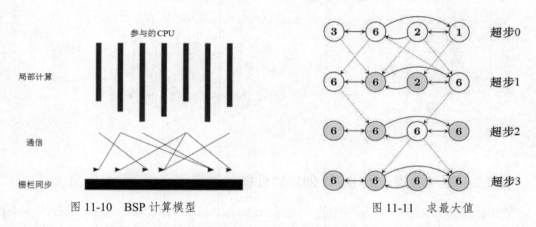

图 11-10　BSP 计算模型　　　　　图 11-11　求最大值

在超步 0 中，每个节点都是活动节点，且向邻居节点传递自身属性值。节点接收到邻居节点的属性值后，更新当前节点的属性值为当前已知最大值。需要更新值的节点保持活动状态，无须更新值的节点自动转入失效状态。重复这个过程，直到图 11-11 中不存在活动节点且没有消息传递。最后得到图中最大值 6。

11.3　GraphX 属性图的创建

在 GraphX 中，Graph 属性图对象是用户的操作入口，Graph 属性图对象由 Graph 类实例化生成。Graph 属性图对象具有边属性 edges、顶点属性 vertices，图的创建方法、查询方法和转换方法等。

11.3.1　使用顶点 RDD 和边 RDD 创建属性图

创建属性图（1）

从文件、RDD 中构造一个属性图有多种方式。一般的方法是利用 Graph 类实例化来生成属性图。下面的代码展示在 Spark Shell 中依据顶点 RDD 和边 RDD 生成属性图。

```scala
scala> import org.apache.spark.graphx._
scala> import org.apache.spark.rdd.RDD
//创建一个顶点集的 RDD, VertexId 是 Long 类型数据，顶点属性是二元组
```

```
scala> val users: RDD[(VertexId, (String, String))] = sc.parallelize(Array((3L,
("rxin", "student")), (7L, ("jgonzal", "postdoc")), (5L, ("franklin", "prof")), (2L,
("istoica", "prof"))))
//创建一个边集的 RDD
scala> val relationships: RDD[Edge[String]] = sc.parallelize(Array(Edge(3L, 7L,
"collab"),    Edge(5L, 3L, "advisor"), Edge(2L, 5L, "colleague"), Edge(5L, 7L, "pi")))
```

上述语句用到了 Edge 边样本类实例化 Edge 边对象，边有 srcId 属性和 dstId 属性，分别对应边的源顶点和目的顶点的 ID，另外，有一个 attr 属性用来存储边信息。

```
//定义边中用户缺失时的默认（缺失）用户
scala> val defaultUser = ("John Doe", "Missing")
//使用 users 和 relationships 两个 RDD 实例化 Graph 类建立一个 Graph 对象
scala> val graph = Graph(users, relationships, defaultUser)
```

Graph 对象 graph 创建成功后，可以用 graph 对象的 vertices 属性查看属性图的顶点信息，用 edges 属性查看属性图的边信息。

```
scala> graph.vertices.collect.foreach(println)    //查看属性图的顶点信息
(3,(rxin,student))
(7,(jgonzal,postdoc))
(5,(franklin,prof))
(2,(istoica,prof))
scala> graph.edges.collect.foreach(println)        //查看属性图的边信息
Edge(2,5,colleague)
Edge(3,7,collab)
Edge(5,3,advisor)
Edge(5,7,pi)
```

11.3.2 使用边集合的 RDD 创建属性图

使用边集合的 RDD 创建属性图的方法是 Graph.fromEdges(RDD[Edge[ED], defaultValue]，边的属性值缺失则设置为一个固定值，边中出现的所有顶点（包括源顶点和目的顶点）作为图的顶点集，顶点的属性值将被设置为一个默认值 defaultValue。fromEdges()方法的两个参数的含义如下。

创建属性图（2）

- RDD[Edge[ED]]：Edge 类型的 RDD，Edge 类型包含 srcId、dstId、attr 这 3 个属性。
- defaultValue：顶点的默认属性值。

Graph.fromEdges(RDD[Edge[ED], defaultValue]只用到边数据，下面给出使用 edges.txt 文件中的边数据创建属性图的过程，顶点由边数据中出现的顶点决定。

edges.txt 文件中的数据如下：

```
3 7 Collaborator
5 3 Advisor
2 5 Colleague
5 7 PI
```

使用 edges.txt 文件创建属性图的过程如下：

```
scala> import org.apache.spark.graphx._
scala> import org.apache.spark.rdd.RDD
//读取本地文件 edges.txt 创建 RDD
scala> val recordRDD: RDD[String] = sc.textFile("file:/home/hadoop/edges.txt")
```

```
scala> val EdgeRDD = recordRDD.map{ x=>val fields=x.split(" "); Edge(fields(0).toLong,
fields(1).toLong, fields(2) )}
```
//使用 EdgeRDD 实例化 Graph 类建立一个 Graph 对象
```
scala> val graph_fromEdges = Graph.fromEdges(EdgeRDD, "VerDefaultAttr")
```

下面对创建成功的 graph_fromEdges 分别进行顶点信息和边信息的查询。

```
scala> graph_fromEdges.vertices.collect.foreach(println)      //查看属性图的顶点信息
(3,VerDefaultAttr)
(7,VerDefaultAttr)
(5,VerDefaultAttr)
(2,VerDefaultAttr)
scala> graph_fromEdges.edges.collect.foreach(println)         //查看属性图的边信息
Edge(2,5,Colleague)
Edge(3,7,Collaborator)
Edge(5,3,Advisor)
Edge(5,7,PI)
```

11.3.3　使用边的两个顶点的 ID 所组成的二元组 RDD 创建属性图

使用边的源顶点 ID 和目的顶点 ID 所组成的二元组 RDD 创建属性图的
方法如下：

```
Graph.fromEdgeTuples(RDD[(VertexId,VertexId)], defaultValue )
```

该方法的两个参数的含义如下。

创建属性图（3）

- RDD[(VertexId,VertexId)]：源顶点 ID 和目的顶点 ID 的二元组 RDD。
- defaultValue：顶点的默认属性值。

Graph.fromEdgeTuples(RDD[(VertexId,VertexId)], defaultValue)只用到边的源顶点 ID 和
目的顶点 ID，下面给出使用 edges.txt 文件中的边数据的顶点 ID 创建图的过程。

```
scala> import org.apache.spark.graphx._
scala> import org.apache.spark.rdd.RDD
```
//读取本地文件 edges.txt 创建 RDD
```
scala> val recordRDD: RDD[String] = sc.textFile("file:/home/hadoop/edges.txt")
```
//创建源顶点 ID 和目的顶点 ID 的二元组 RDD
```
scala> val EdgeTupleRDD = recordRDD.map{ x=>val fields=x.split(" "); (fields(0).
toLong, fields(1).toLong)}
```
//使用 EdgeTupleRDD 实例化 Graph 类，建立一个 Graph 对象
```
scala> val graph_fromEdgeTuples = Graph.fromEdgeTuples(EdgeTupleRDD, 168L)
```

下面对创建成功的 graph_fromEdgeTuples 分别进行顶点信息和边信息的查询。

```
scala> graph_fromEdgeTuples.vertices.collect.foreach(println)   //查看属性图的顶点信息
(3,168)
(7,168)
(5,168)
(2,168)
scala> graph_fromEdgeTuples.edges.collect.foreach(println)      //查看属性图的边信息
Edge(2,5,1)
Edge(3,7,1)
Edge(5,3,1)
Edge(5,7,1)
```

从边的输出结果可以看出，边的默认属性值为 1。

11.4 属性图操作

属性图对象提供了大量操作属性图属性的方法，可以操作顶点属性和边属性。但是顶点的 ID，以及边的源顶点 ID 和目标顶点 ID 都是不能操作的，因为如果更改了 ID，相当于创建了新图。

下面首先创建图 11-12 所示的用户关系的有向图。

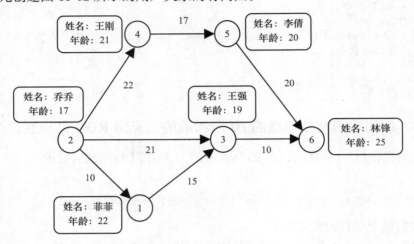

图 11-12 用户关系的有向图

```
scala> import org.apache.spark.graphx._
scala> import org.apache.spark.rdd.RDD
//创建一个顶点集的 RDD，VertexId 是 Long 类型数据，顶点属性是二元组
scala> val users: RDD[(VertexId, (String, Int))] = sc.parallelize(Array((1L, ("菲菲", 22)),
(2L, ("乔乔", 17)), (3L, ("王强", 19)), (4L, ("王刚", 21)),(5L, ("李倩", 20)),(6L, ("林锋", 25))))
//创建一个边集的 RDD
scala> val relationships: RDD[Edge[Int]] = sc.parallelize(Array(Edge(1L, 3L, 15),
Edge(2L, 1L, 10), Edge(2L, 3L, 21), Edge(2L, 4L, 22), Edge(3L, 6L, 10), Edge(4L, 5L, 17),
Edge(5L, 6L, 20)))
//定义边中用户缺失时的默认（缺失）用户
scala> val defaultUser = ("某某", 18)
//使用 users 和 relationships 两个 RDD 实例化 Graph 类，建立一个 Graph 对象
scala> val userGraph = Graph(users, relationships, defaultUser)
```

下面借助 userGraph 展示常用的属性图操作。

11.4.1 图的属性操作

下面通过图的属性获取属性图的边的数量、属性图的顶点的数量、属性图的所有顶点的入度、属性图的所有顶点的出度，以及属性图的所有顶点的入度与出度之和。

1. 获取属性图的边的数量

使用属性图对象的 numEdges 属性返回属性图的边的数量，返回值类型为 Long。

```
scala> userGraph.numEdges          //获取属性图的边的数量
res1: Long = 7
```

2．获取属性图的顶点的数量

使用属性图对象的 numVertices 属性返回属性图的顶点的数量，返回值类型为 Long。

```
scala> userGraph.numVertices                    //获取顶点的数量
res2: Long = 6
```

3．获取属性图的所有顶点的入度

使用属性图对象的 inDegrees 属性返回属性图的所有顶点的入度，返回值类型为
VertexRDD[Int]。

```
scala> userGraph.inDegrees.collect.foreach(println)    //输出所有顶点的入度
```

4．获取属性图的所有顶点的出度

使用属性图对象的 outDegrees 属性返回属性图的所有顶点的出度，返回值类型为
VertexRDD[Int]。

```
scala> userGraph.outDegrees.collect.foreach(println)    //输出所有顶点的出度
```

5．获取属性图的所有顶点的入度与出度之和

使用属性图对象的 degrees 属性返回属性图的所有顶点的入度与出度之和，返回值类型
为 VertexRDD[Int]。

```
scala> userGraph.degrees.collect.foreach(x=>print(x+","))    //输出所有顶点的入度和出度之和
(4,2),(1,2),(6,2),(3,3),(5,2),(2,3),
```

11.4.2　图的视图操作

GraphX 中的图有 3 种视图，包括顶点视图（调用图对象的 vertices 属性实现）、边
视图（调用图对象的 edges 属性实现）和边点三元组视图（调用图对象的 triplets 属性实
现），如图 11-13 所示。

边点三元组视图也称为整体视图，边点三元组中每个元的含义如图 11-14 所示。

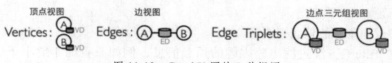

图 11-13　GraphX 图的 3 种视图

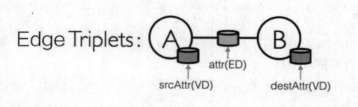

EdgeTriplet[(String,String), String]

属性	类型	举例
srcAttr	VD	(String,String)
destAttr	VD	(String,String)
attr	ED	String

图 11-14　边点三元组中每个元的含义

Edge Triplet 实际上继承了 Edge（有 srcId 和 destId），现在加上了 srtAttr 和 destAttr，信息更加丰富。

通过顶点视图返回所有顶点的信息，通过边视图返回所有边的信息，通过边点三元组视图同时返回所有源顶点、目的顶点和边的信息。

1. 顶点视图

顶点视图可以查看顶点信息，包括顶点 ID 和顶点属性。使用属性图的 vertices 属性获取顶点视图，返回属性图的所有顶点的信息，返回值的数据类型为 VertexRDD[VD]，VD 为顶点属性，它继承于 RDD[(VertexID,VD)]。下面给出顶点视图的具体实现方法。

（1）直接查看顶点信息

```
scala> userGraph.vertices.collect.foreach(println)     //输出所有顶点
(4,(王刚,21))
(1,(菲菲,22))
(6,(林锋,25))
(3,(王强,19))
(5,(李倩,20))
(2,(乔乔,17))
```

（2）通过模式匹配解构顶点视图

通过模式匹配解构由调用 vertices 属性返回的 VertexRDD 顶点视图的数据，返回指定呈现样式的顶点信息。

```
scala> userGraph.vertices.map{
case (id, (name, age)) =>      //利用 case() 进行模式匹配
(age, name)                    //定义自己所需的输出数据及样式
}.collect.foreach(println)
(21,王刚)
(22,菲菲)
(25,林锋)
(19,王强)
(20,李倩)
(17,乔乔)
```

在上述语句中，vertices 返回的是 RDD[(VertexId,(String, Int))]，通过 case() 模式匹配进行解构，去掉顶点 ID 后输出。

（3）增加过滤条件的顶点视图

可以通过 filter() 方法过滤出感兴趣的顶点信息，例如只查询年龄小于 20 的用户的顶点信息。

```
scala> userGraph.vertices.filter{case (id, (name, age)) => age<20}.collect.foreach(println)
(3,(王强,19))
(2,(乔乔,17))
```

（4）通过元组索引的方式查看顶点信息

```
scala> userGraph.vertices.map{v=>(" 姓 名 :"+v._2._1, " 年 龄 :"+v._2._2, "ID:"+
v._1)}.collect.foreach(println)
(姓名:王刚,年龄:21,ID:4)
(姓名:菲菲,年龄:22,ID:1)
```

```
(姓名:林锋,年龄:25,ID:6)
(姓名:王强,年龄:19,ID:3)
(姓名:李倩,年龄:20,ID:5)
(姓名:乔乔,年龄:17,ID:2)
```

2．边视图

边视图返回边的信息，包括源顶点 ID、目的顶点 ID 和边属性。边视图通过调用图对象的 edges 属性实现，返回一个包含 Edge[ED]对象的 RDD，ED 表示边属性的类型。Edge 类型包括 3 个字段，分别为源顶点 ID、目的顶点 ID 和边属性。下面给出具体用法。

（1）直接查看所有边信息

```
scala> userGraph.edges.collect.foreach(println)      //输出所有边
Edge(1,3,15)
Edge(2,1,10)
Edge(2,3,21)
Edge(2,4,22)
Edge(3,6,10)
Edge(4,5,17)
Edge(5,6,20)
```

（2）增加过滤条件的边视图

可以通过 filter()方法过滤出感兴趣的边信息，例如过滤出源顶点 ID 大于目的顶点 ID 的边。

```
scala> userGraph.edges.filter{case Edge(src, dst, attr) => src>dst}.collect.
foreach(println)
Edge(2,1,10)
```

（3）通过索引查看边的属性信息

由于 Edge 类型具有 srcId、dstId、attr 这 3 个属性，因此可以使用这 3 个属性查看边的属性信息。

```
scala> userGraph.edges.map{v =>("源点 ID:"+v.srcId+",目的点 ID:"+v.dstId+",边属性:"+v.attr)}.collect.foreach(println)
源点 ID:1,目的点 ID:3,边属性:15
源点 ID:2,目的点 ID:1,边属性:10
源点 ID:2,目的点 ID:3,边属性:21
源点 ID:2,目的点 ID:4,边属性:22
源点 ID:3,目的点 ID:6,边属性:10
源点 ID:4,目的点 ID:5,边属性:17
源点 ID:5,目的点 ID:6,边属性:20
```

3．边点三元组视图

调用图对象的 triplets 属性可获取边点三元组视图（完整视图），可同时看到顶点和边的所有信息，返回数据元素类型为 EdgeTriplet[VD, ED]的 RDD，EdgeTriplet 类继承于 Edge 类，所以可以直接访问 Edge 类的 3 个属性，并且加入了 srcAttr 和 dstAttr 属性，这两个属性分别为源顶点和目的顶点的属性。

（1）直接查看顶点和边的所有信息

```
scala> userGraph.triplets.collect.foreach(println)    //输出所有边的三元组
((1,(菲菲,22)),(3,(王强,19)),15)
((2,(乔乔,17)),(1,(菲菲,22)),10)
((2,(乔乔,17)),(3,(王强,19)),21)
((2,(乔乔,17)),(4,(王刚,21)),22)
((3,(王强,19)),(6,(林锋,25)),10)
((4,(王刚,21)),(5,(李倩,20)),17)
((5,(李倩,20)),(6,(林锋,25)),20)
```

上述返回结果包含顶点和边的所有信息，即包括源顶点信息、目的顶点信息和边属性。

（2）通过索引查询顶点和边的属性信息

通过 EdgeTriplet 对象的 srcAttr 和 dstAttr 属性可以分别获取源顶点属性值和目的顶点属性值，通过 attr 属性可以获取边的属性值。例如查询源顶点的用户姓名、目的顶点的用户姓名和边的属性值，具体命令如下：

```
scala> userGraph.triplets.map{v=>(v.srcAttr._1, v.dstAttr._1, v.attr)}.collect.
foreach(println)
(菲菲,王强,15)
(乔乔,菲菲,10)
(乔乔,王强,21)
(乔乔,王刚,22)
(王强,林锋,10)
(王刚,李倩,17)
(李倩,林锋,20)
```

11.4.3 图的缓存操作

下面给出对图进行缓存的操作和释放图缓存的方法。

1．图的缓存操作

当一个图需要被多次计算使用时，需要对图进行缓存，这样在多次使用该图时就不需要进行重复计算，从而提高运行效率。对图进行缓存的操作有 persist()和 cache()两种方法。

（1）def persist(StorageLevel.MEMORY_ONLY):Graph[VD,ED]

persist()方法缓存整个图，可以指定存储级别。如果想指定存储级别，需要先导入 org.apache. spark.storage.StorageLevel 包。

```
scala> import org.apache.spark.storage.StorageLevel
scala> userGraph.persist(StorageLevel.MEMORY_ONLY)        //指定缓存位置为内存
```

（2）def cache(): Graph[VD, ED]

cache()方法缓存整个图，默认存储在内存中。

```
scala> userGraph.cache()
```

2．释放图缓存

对于完成计算以后不再使用的图缓存可以进行释放，对于在迭代过程中不再使用的图缓存也可以释放。释放整个图缓存的方法如下：

```
def unpersist(blocking: Boolean = true): Graph[VD, ED]
scala> userGraph.unpersist(blocking = true)          //释放图缓存
```

11.4.4 图的顶点和边的属性变换

属性变换（property operator）能够通过调用图的属性变换方法对图的顶点和边进行属性变换操作，从而产生变换后的新图。属性变换操作具体包括以下 3 种方法。

1．使用 mapVertices() 方法对顶点属性进行变换

图对象的 mapVertices()方法可实现对顶点属性进行变换，该方法的语法格式如下：

```
def mapVertices[VD2](Map: (VertexID, VD) => VD2): Graph[VD2, ED]
```

mapVertices()方法通过对顶点属性按指定的函数进行 Map 操作，返回一个改变图中顶点属性值或类型之后的新图。用户关系图 userGraph 中顶点有姓名和年龄两个属性值，通过 mapVertices()方法只取姓名作为属性，得到一个新图，具体命令如下：

```
scala> val new_userGraph = userGraph.mapVertices((VertexID, VD) => VD._1)
scala> new_userGraph.vertices.collect.foreach(println)     //输出所有顶点
(4,王刚)
…
(2,乔乔)
```

2．使用 mapEdges() 方法对边属性进行变换

图对象的 mapEdges()方法可实现对边属性进行变换，该方法的语法格式如下：

```
def mapEdges[ED2](Map: Edge[ED] => ED2): Graph[VD, ED2]
```

mapEdges()方法通过对边属性按指定的函数进行 Map 操作，返回一个改变图中边属性值或类型之后的新图。Map 操作对 Edge 类型的数据进行边属性变换，就是对 Edge 类型的 attr 属性进行变换。用户关系图 userGraph 中边有一个属性值，通过 mapEdges()方法将边属性值乘 10 得到一个新图，具体命令如下：

```
scala> val new_edges_userGraph = userGraph.mapEdges(e=>e.attr*10)
scala> new_edges_userGraph.edges.collect.foreach(println)     //输出所有边
Edge(1,3,150)
…
Edge(5,6,200)
```

3．使用 mapTriplets() 方法对边属性进行变换

图对象的 mapTriplets()方法也可以改变边的属性值得到一个新图，该方法的语法格式如下：

```
def mapTriplets[ED2](Map: EdgeTriplet[VD, ED] => ED2): Graph[VD, ED2]
```

mapTriplets()方法的 Map 操作的元素类型是边点三元组类型，包含源顶点信息、目的顶点信息和边属性，因而修改边属性时可以使用顶点的属性值。

将顶点的姓名属性作为字符串添加到边属性里，具体命令如下：

```
scala> val new_userGraph = userGraph.mapTriplets(triplet => triplet.srcAttr._1 +
triplet.attr + triplet.dstAttr._1)
scala> new_userGraph.edges.collect.foreach(println)    //输出所有边
Edge(1,3,菲菲 15 王强)
…
Edge(5,6,李倩 20 林锋)
```

11.4.5　图的连接操作

在许多情况下，可能需要将外部数据加入图中。例如，可能有额外的用户属性需要合并到已有的图中或者可能想从一个图中取出顶点属性加入另一个图中。这些任务可以用连接操作完成。

1．joinVertices()连接

joinVertices()方法连接 ID 相同的顶点数据。joinVertices()方法的语法格式如下：

```
def joinVertices[U: ClassTag](table: RDD[(VertexId, U)])((VertexId, VD, U) => VD):
Graph [VD, ED]
```

joinVertices 操作通过 mapFunc 函数将 table 中提供的数据更新到顶点 ID 相同的属性里。

```
//创建顶点 RDD
scala> val join = sc.parallelize(Array((1L, ("女生", 5)), (2L, ("女生", 5))))
join: org.apache.spark.rdd.RDD[(Long, (String, Int))] = ParallelCollectionRDD[43]
at parallelize at <console>:31
//更新图的顶点属性并输出更新后的图的所有顶点
scala> userGraph.joinVertices(join)((VertexId, VD, U) => (U._1+VD._1,VD._2 +
U._2)).vertices.collect.foreach(println)
(4,(王刚,21))
(1,(女生菲菲,27))
(6,(林锋,25))
(3,(王强,19))
(5,(李倩,20))
(2,(女生乔乔,22))
```

2．outerJoinVertices()连接

outerJoinVertices()方法将顶点信息更新到图中，顶点属性值的个数和类型可变，table 中没有的顶点默认值为 None。outerJoinVertices()方法的语法格式如下：

```
def outerJoinVertices[U, VD2](table: RDD[(VertexId, U)])(mapFunc: (VertexId, VD,
Option[U]) => VD2): Graph[VD2, ED]
//创建顶点 RDD
scala> val join1 = sc.parallelize(Array((1L,"管理员"), (2L,"管理员")))
//更新图的顶点属性并输出更新后的图的所有顶点
scala> userGraph.outerJoinVertices(join1)((VertexId, VD, U) => (VD._1,VD._2,U )).
```

```
vertices.collect.foreach(println)
    (4,(王刚,21,None))
    (1,(菲菲,22,Some(管理员)))
    (6,(林锋,25,None))
    (3,(王强,19,None))
    (5,(李倩,20,None))
    (2,(乔乔,17,Some(管理员)))
```

11.4.6　图的结构操作

下面给出图的有向边翻转、获取子图、查找子图和合并图中的并行边的方法。

1．有向边翻转

通过调用图的 reverse 操作实现有向边翻转。reverse 操作的语法格式如下：

```
def reverse: Graph[VD, ED]
```

reverse 操作主要用来对图中所有的有向边进行翻转，保留原图的顶点和边的数量，以及顶点和边的所有属性信息。

```
scala> userGraph.inDegrees.collect.foreach(println)          //输出所有顶点的入度
(4,1)
(6,2)
(1,1)
(3,2)
(5,1)
scala> val reverseGraph = userGraph.reverse                  //有向边翻转
scala> reverseGraph.inDegrees.collect.foreach(println)       //输出 reserseGraph 所有顶
点的入度
(4,1)
(1,1)
(3,1)
(5,1)
(2,3)
```

2．获取子图

通过调用图的 subgraph()方法获取图的子图。subgraph()方法的语法格式如下：

```
def subgraph(epred: EdgeTriplet[VD,ED] => Boolean = (x => true),
             vpred: (VertexID, VD) => Boolean = ((v, d) => true)): Graph[VD, ED]
```

subgraph()方法利用边（epred）或顶点（vpred）满足一定条件来提取子图，从功能上看，类似于 RDD 中的过滤操作。

子图是图论的基本概念之一。子图是指顶点集和边集分别是某图的顶点集的子集和边集的子集的图。

可以使用以下 3 种操作方法获取满足条件的子图。

（1）通过顶点的操作获取子图

```
//获取顶点的 age<22 的子图
scala> val subGraph1= userGraph.subgraph(vpred=(id,attr)=>attr._2<22)
```

```
scala> subGraph1.vertices.collect.foreach(println)        //输出子图的顶点
(4,(王刚,21))
(3,(王强,19))
(5,(李倩,20))
(2,(乔乔,17))
scala> subGraph1.edges.collect.foreach(println)          //输出子图的边
Edge(2,3,21)
Edge(2,4,22)
Edge(4,5,17)
```

（2）通过边的操作获取子图

```
//获取边的属性 attr<22 的子图
scala> val subGraph2 = userGraph.subgraph(epred=>epred.attr<22)
scala> subGraph2.edges.collect.foreach(println)          //输出子图的边
Edge(1,3,15)
Edge(2,1,10)
Edge(2,3,21)
Edge(3,6,10)
Edge(4,5,17)
Edge(5,6,20)
//可以定义如下的操作获取源顶点的用户年龄大于目的顶点的用户年龄的子图
scala> val subGraph3=userGraph.subgraph(epred=>epred.srcAttr._2>epred.dstAttr._2)
scala> subGraph3.edges.collect.foreach(println)          //输出子图的边
Edge(1,3,15)
Edge(4,5,17)
```

（3）通过对顶点和边同时操作获取子图

```
scala> val subGraph4=userGraph.subgraph(epred=>epred.attr<22,vpred=(id,attr)=> attr._2<22)
scala> subGraph4.edges.collect.foreach(println)          //输出子图的边
Edge(2,3,21)
Edge(4,5,17)
scala> subGraph4.vertices.collect.foreach(println)        //输出子图的顶点
(4,(王刚,21))
(3,(王强,19))
(5,(李倩,20))
(2,(乔乔,17))
```

3．查找子图

通过调用图的 mask()方法可得到两个图中具有相同顶点和边的子图。

```
def mask[VD2, ED2](other: Graph[VD2, ED2]): Graph[VD, ED]
```

对于 a、b 两个图，b.mask(a)就是对 b 和 a 两个图进行比对，返回与 a 具有相同顶点和边的子图。

4．合并图中的并行边

调用图的 groupEdges()方法可合并图中的并行边。

```
def groupEdges(merge: (ED, ED) => ED): Graph[VD, ED]
```

groupEdges()方法合并多重图中的并行边（如顶点之间重复的边），可根据传入的合并函数合并两个边的属性。在大量的应用程序中，并行的边可以合并（它们的权重合并）为一条边，从而降低图的大小。

11.5 习题

1. 简述常见的图计算模型。
2. 简述创建 GraphX 属性图的 3 种方式。
3. 列举 GraphX 属性图的常用属性操作。
4. 简述 GraphX 属性图的 3 种视图操作。
5. 简述获取 GraphX 属性图的子图的 3 种方式。

第12章

项目实训：《平凡的世界》
中部分人物关系图分析

基于《平凡的世界》中部分人物关系图，构建属性图，利用属性图的操作方法进行图的各种分析并进行图的可视化。

12.1 需求分析

12.1.1 《平凡的世界》概述

《平凡的世界》是中国作家路遥创作的一部全景式表现中国当代城乡社会生活的长篇小说。该书以我国 20 世纪 70 年代中期到 80 年代中期为背景，通过复杂的矛盾纠葛，以孙少安和孙少平两兄弟为中心，刻画了当时社会各阶层众多普通人的形象；劳动与爱情、挫折与追求、痛苦与欢乐、日常生活与巨大社会冲突纷繁地交织在一起，展示了普通人在大时代历史进程中所走过的艰难曲折的道路。

这部小说所传达出的精神内涵，正是对中华民族千百年来"自强不息、厚德载物"精神的自觉继承。

12.1.2 《平凡的世界》中部分人物关系图可视化

Spark 的 GraphX 模块并不提供对数据可视化的支持，可通过第三方库 GraphStream 和 BreezeViz 实现图的可视化。

- GraphStream：用于画出网络图。
- BreezeViz：用于绘制图的结构化信息，比如度的分布。

1. 下载 GraphStream 和 BreezeViz 的 JAR 包

这里只绘制静态网络图，只需下载 GraphStream 的 core 和 ui 两个 JAR 包：gs-core-1.2.jar 和 gs-ui-1.2.jar。

对于 BreezeViz，也需要两个 JAR 包：breeze_2.13-1.0.jar 和 breeze-viz_2.13-1.0.jar。

由于 BreezeViz 是一个 Scala 库，它依赖了一个叫作 JfreeChart 的 Java 库，需要安装如下两个 JAR 包：jcommon-1.0.23.jar 和 jfreechart-1.0.19.jar。

2. 安装 GraphStream 和 BreezeViz 的 JAR 包

首先，打开 IntelliJ IDEA 软件，新建一个项目，这里命名为 Spark。选择"File→Project

Structure"命令（组合键为 Ctrl + Shift + Alt + S），在弹出的 Project Structure 对话框中，单击左侧栏的"Modules"，然后选择"Dependencies"选项卡，如图 12-1 所示。

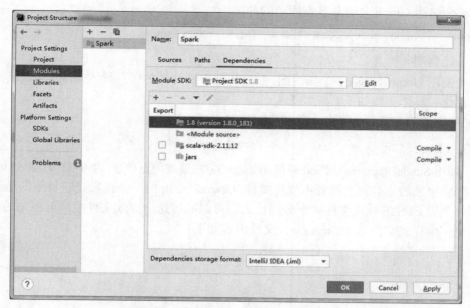

图 12-1　选择"Dependencies"选项卡

然后，在图 12-1 所示的对话框中，单击"Export"上方的"+"，选择"JARs or directories"，在弹出的窗口中找到 JAR 包所在位置，选择要添加的 JAR 包（按住 Shift 键可多选），单击"OK"按钮。回到 Project Structure 对话框，单击"OK"按钮。如图 12-2 所示，"External Libraries"下已经存在刚添加的 JAR 包。至此，JAR 包添加成功。

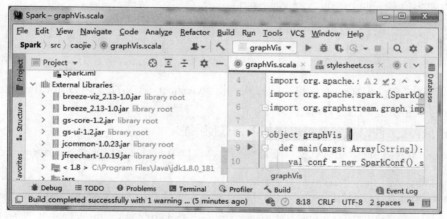

图 12-2　展示添加的 JAR 包

3．画图

首先在项目 Spark 的 src 文件夹下创建一个名为 caojie 的文件夹，在 caojie 文件夹下创建 graphVis.scala 文件。

（1）导入库

如果使用 GraphX 的 Graph，在导入前先将 GraphStream 的 Graph 重命名为 GraphStream，否则，都命名为 Graph 会有命名空间上的冲突。

```
import org.graphstream.graph.{Graph => GraphStream}
```

（2）绘制图

首先使用 GraphX 加载一个属性图，然后将这个属性图的信息导入 GraphStream 的图中进行可视化，具体步骤如下。

① 使用 GraphStream 创建一个 SingleGraph 对象：

```
val graph: SingleGraph = new SingleGraph("visualizationDemo")
```

② 调用 SingleGraph 的 addNode() 和 addEdge() 方法添加顶点和边，也可以调用 addAttribute() 方法给图或单独的边和顶点设置可视化属性。GraphStream 的一个优点是它将图的结构和可视化用一个类 CSS 的样式文件完全分离，人们可以通过这个样式文件控制可视化的样式。比如新建一个样式文件 stylesheet.css，文件内容如下：

```
node {
    fill-color: red;
    size: 20px;
    text-size: 12;
    text-alignment: at-right;
    text-padding: 2;
    text-background-color: #fff7bc;
}
edge {
    shape: cubic-curve;
    fill-color: #dd1c77;
    z-index: 0;
    text-background-mode: rounded-box;
    text-background-color: #fff7bc;
    text-alignment: above;
    text-padding: 2;
 }
```

上面的样式文件定义了顶点与边的样式，将 stylesheet.css 文件放到 D:\IdeaProjects1\Spark\src\caojie 目录下，也可放到其他目录下。

准备好样式文件以后，就可以用如下方式使用它：

```
graph.addAttribute("ui.stylesheet","url(D:\IdeaProjects1\Spark\src\caojie\
stylesheet.css)")
graph.addAttribute("ui.quality")
graph.addAttribute("ui.antialias")
```

ui.quality 和 ui.antialias 属性表示渲染引擎在渲染时以质量而非速度为先。如果不设置样式文件，顶点与边默认渲染出来的颜色是黑色。

③ 加入顶点和边。将 GraphX 所构建的属性图的 VertexRDD 和 EdgeRDD 加入 GraphStream 的图对象中。

实现图可视化的程序文件 graphVis.scala 中的代码如下：

```scala
package caojie
import org.apache.spark.graphx._
import org.apache.spark.rdd.RDD
import org.apache.spark.{SparkConf, SparkContext}
import org.graphstream.graph.implementations.{AbstractEdge, SingleGraph, SingleNode}
object graphVis {
    def main(args: Array[String]): Unit = {
        val conf = new SparkConf().setMaster("local").setAppName("graphVisualization")
        val sc = new SparkContext(conf)
        //创建 GraphStream 的 SingleGraph 对象 graph
        val graph: SingleGraph = new SingleGraph("visualizationDemo")
        //创建一个顶点集的 RDD，VertexId 是 Long 类型数据，顶点属性是二元组
        val users: RDD[(VertexId, (String, String))] = sc.parallelize(Array((1L,
("孙玉厚", "平民")), (2L, ("孙少平", "平民")), (3L, ("孙少安", "平民")), (4L, ("孙兰花",
"平民")),(5L, ("孙兰香", "平民")),(6L, ("孙玉亭", "平民"))))
        //创建一个边集的 RDD
        val relationships: RDD[Edge[String]] = sc.parallelize(Array(Edge(1L, 2L,
"父子"), Edge(1L, 3L, "父子"), Edge(1L, 4L, "父女"), Edge(1L, 5L, "父女"), Edge(1L, 6L,
"兄弟")))
        //定义边中用户缺失时的默认（缺失）用户
        val defaultUser = ("某某", "**")
        //使用 users 和 relationships 两个 RDD 实例化 Graph 类建立一个 Graph 对象
        val userGraph = Graph(users, relationships, defaultUser)
        //将 userGraph 的 VertexRDD 和 EdgeRDD 加入 GraphStream 的图对象中
        //将 userGraph 的 VertexRDD 加入 GraphStream 对象 graph 中
        for ((id, name) <- userGraph.vertices.collect()) {
          val node = graph.addNode(id.toString).asInstanceOf[SingleNode]
          node.addAttribute("ui.label", name)
        }
        //将 userGraph 的 EdgeRDD 加入 GraphStream 对象 graph 中
        for (Edge(x, y, relation) <- userGraph.edges.collect()) {
          val edge = graph.addEdge(x.toString ++ y.toString, x.toString, y.toString,
true).asInstanceOf[AbstractEdge]
          edge.addAttribute("ui.label", relation)
        }

        graph.addAttribute("ui.stylesheet", "url(D:\\IdeaProjects1\\Spark\\src\\caojie\\
stylesheet.css)")
        graph.setAttribute("ui.quality")
        graph.setAttribute("ui.antialias")
        graph.display()    //图可视化
    }
}
```

运行上述代码，可视化结果如图 12-3 所示。

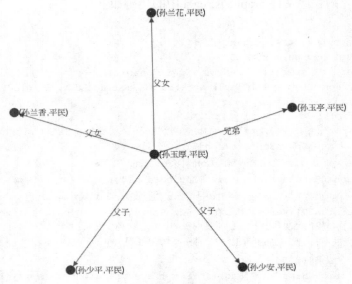

图 12-3　可视化结果

12.1.3　需求分析

本项目实训是对学生进行 Spark 大数据技术应用和实际开发综合训练的过程。通过一次集中的强化训练，学生独立完成一个有一定规模的程序，能及时巩固 Spark 大数据技术的基本知识，加深对 Spark 各功能模块的理解和应用，培养科学思维能力。

项目实训的任务是基于《平凡的世界》中部分人物关系图构建属性图，并充分使用属性图的操作方法进行图的各种分析处理，具体分析内容如下。

（1）展示全图信息。

（2）查看图的顶点信息。

（3）查看图的边信息。

（4）查看图中某顶点的入度和出度。

（5）查看某人及其直接关联人信息。

（6）生成某身份的关系图。

（7）生成屏蔽某身份后的关系图。

（8）生成某人的直接联系关系图。

（9）生成屏蔽某人后的关系图。

12.2　《平凡的世界》中部分人物关系图分析

12.2.1　功能实现

实现需求分析功能的完整代码如下。

```
package caojie
import org.apache.spark.graphx.{Edge, Graph, _}
import org.apache.spark.rdd.RDD
```

```scala
import org.apache.spark.{SparkConf, SparkContext}
import org.graphstream.graph.implementations.{AbstractEdge, SingleGraph, SingleNode}
import scala.collection.mutable.ArrayBuffer
import scala.io.StdIn
object shixun {
  def main(args: Array[String]): Unit = {
    var g = init()
    while (true) {
      memu(g)
    }
  }
  //菜单的样式
  def memu(g: Graph[(String, String), String]): Unit = {
    println("1.展示全图信息")
    println("2.查看图的顶点信息")
    println("3.查看图的边信息")
    println("4.查看图中某顶点的入度和出度")
    println("5.查看某人及其直接关联人信息")
    println("6.生成某身份的关系图")
    println("7.生成屏蔽某身份后的关系图")
    println("8.生成某人的直接联系关系图")
    println("9.生成屏蔽某人后的关系图")
    println("0.退出")
    printf("请输入要实现的功能的标号: ")
    val p = StdIn.readLine()
    if (p.equals("0")) {
      System.exit(0)
    }
    else if (p.equals("1")) {
      getGraph(g)
      println()
      println("----------------------------------------------------------")
      println()
    }
    else if (p.equals("2")) {
      getverview(g)
      println()
      println("----------------------------------------------------------")
      println()
    }
    else if (p.equals("3")) {
      getedgeview(g)
      println()
      println("----------------------------------------------------------")
      println()
    }
    else if (p.equals("4")) {
      printf("请输入人名: ")
      val name = StdIn.readLine()
      intAndout(g, name)
      println()
      println("----------------------------------------------------------")
      println()
    }
```

```scala
      else if (p.equals("5")) {
         printf("请输入人名: ")
         val name = StdIn.readLine()
         people(g, name)
         println()
         println("----------------------------------------------------------")
         println()
      }
      else if (p.equals("6")) {
         printf("请输入身份: ")
         val str = StdIn.readLine()
         getGraph1(g, str)
         println()
         println("----------------------------------------------------------")
         println()
      }
      else if (p.equals("7")) {
         printf("请输入身份: ")
         val str = StdIn.readLine()
         getGraph2(g, str)
         println()
         println("----------------------------------------------------------")
         println()
      }
      else if (p.equals("8")) {
         printf("请输入姓名: ")
         val str = StdIn.readLine()
         getSub2(g, str)
         println()
         println("----------------------------------------------------------")
         println()
      }
      else if (p.equals("9")) {
         printf("请输入姓名: ")
         val str = StdIn.readLine()
         getSub(g, str)
         println()
         println("----------------------------------------------------------")
         println()
      }
      else {
         println("请输入正确的编号! ")
         println()
         println("----------------------------------------------------------")
         println()
      }
   }

   def init(): Graph[(String, String), String] = {
      val conf = new SparkConf().setMaster("local").setAppName("pingfandeshijie")
      val sc = new SparkContext(conf)
      sc.setLogLevel("ERROR")
      val users: RDD[(VertexId, (String, String))] = sc.parallelize(
         Array(
            (1L, ("孙玉厚", "平民")),
```

```scala
        (2L, ("孙少平", "平民")),
        (3L, ("孙少安", "平民")),
        (4L, ("孙兰花", "平民")),
        (5L, ("孙玉亭", "平民")),
        (6L, ("奶奶", "平民")),
        (7L, ("贺凤英", "平民")),
        (8L, ("贺秀莲", "平民")),
        (9L, ("田润叶", "教师")),
        (10L, ("李向前", "司机")),
        (11L, ("孙兰香", "平民")),
        (12L, ("吴仲平", "大学生")),
        (13L, ("惠英嫂", "平民")),
        (14L, ("王世才", "平民")),
        (15L, ("田晓霞", "记者")),
        (16L, ("高朗", "记者")),
        (17L, ("郝红梅", "平民")),
        (18L, ("侯玉英", "平民")),
        (19L, ("顾养民", "书香门第")),
        (20L, ("金秀", "平民")),
        (21L, ("王满银", "二流子")),
        (22L, ("金波", "司机")),
        (23L, ("王彩娥", "平民")),
        (24L, ("金俊斌", "平民")),
        (25L, ("金俊文", "平民")),
        (26L, ("金富", "平民")),
        (27L, ("金强", "平民")),
        (28L, ("田润生", "司机")),
        (29L, ("田福堂", "官员")),
        (30L, ("田福军", "官员")),
        (31L, ("李登云", "官员")),
        (32L, ("吴斌", "官员")),
        (33L, ("金俊海", "司机")),
        (34L, ("孙卫红", "平民")),
        (35L, ("金俊山", "官员"))
    )
)

val relationships: RDD[Edge[String]] = sc.parallelize(
    Array(
        Edge(1, 2, "二儿子"),
        Edge(1, 3, "大儿子"),
        Edge(3, 2, "兄弟"),
        Edge(1, 4, "大女儿"),
        Edge(6, 1, "大儿子"),
        Edge(6, 5, "二儿子"),
        Edge(1, 5, "兄弟"),
        Edge(5, 7, "夫妻"),
```

```scala
            Edge(7, 8, "远房亲戚"),
            Edge(8, 3, "一见钟情"),
            Edge(3, 9, "青梅竹马"),
            Edge(10, 9, "夫妻"),
            Edge(1, 11, "小女儿"),
            Edge(12, 11, "大学情侣"),
            Edge(21, 4, "夫妻"),
            Edge(11, 20, "闺蜜"),
            Edge(2, 13, "师母"),
            Edge(14, 13, "夫妻"),
            Edge(14, 2, "煤矿师徒"),
            Edge(2, 15, "精神伴侣"),
            Edge(16, 15, "追求"),
            Edge(2, 17, "患难与共、互生情愫的朋友"),
            Edge(17, 19, "爱慕虚荣、后因偷窃分手的原情侣"),

    //定义默认（缺失）用户
    val defaultUser = ("John Doe", "Missing")
    val srcGraph = Graph(users, relationships, defaultUser)  //创建属性图
    return srcGraph;
  }

  def getGraph(g: Graph[(String, String), String]) = {
    val graph: SingleGraph = new SingleGraph("graphDemo")
    //将属性图 g 的 VertexRDD 加入 GraphStream 的 SingleGraph 对象 graph 中
    for ((id, name) <- g.vertices.collect()) {
      val node = graph.addNode(id.toString).asInstanceOf[SingleNode]
      node.addAttribute("ui.label", name)
    }

    //将属性图 g 的 EdgeRDD 加入 GraphStream 的 SingleGraph 对象 graph 中
    for (Edge(x, y, relation) <- g.edges.collect()) {
      val edge = graph.addEdge(x.toString ++ y.toString, x.toString, y.toString,
true).asInstanceOf[AbstractEdge]
      edge.addAttribute("ui.label", relation)
    }

    graph.addAttribute("ui.stylesheet", "url(D:\\IdeaProjects1\\Spark\\src\\caojie\\
stylesheet.css)")
    graph.setAttribute("ui.quality")
    graph.setAttribute("ui.antialias")
    graph.display()
  }

  //查看图的顶点信息
  def getvreview(g: Graph[(String, String), String]) = {
    g.vertices.collect.foreach(println)
    println("图中顶点的数量一共有: " + g.numVertices)
  }
  //查看图的边信息
  def getedgeview(g: Graph[(String, String), String]) = {
    g.edges.collect.foreach(println)
```

```
        println("图中边的数量一共有: " + g.numEdges)
    }
    //计算某顶点的入度与出度
    def intAndout(g: Graph[(String, String), String], str: String) = {
        var temp = -1
        g.vertices.filter { case (id, (name, s)) => name == str }.collect.foreach(x =>
temp = x._1.toInt)
        if (temp == -1) {
            println("没有找到该人! ")
        }
        else {
            println("入度有: ")
            g.inDegrees.collect.foreach(x => if (x._1 == temp || x._2 == temp)
              println(getOne(g, x._1)))
            println("出度有: ")
            g.outDegrees.collect.foreach(x => if (x._1 == temp || x._2 == temp)
              println(getOne(g, x._1)))
        }
    }
    //查看某人信息
    def people(g: Graph[(String, String), String], str: String): Unit = {
        var temp = -1
        g.vertices.filter { case (id, (name, s)) => name == str }.collect.foreach(j =>
temp = j._1.toInt)
        if (temp == -1) {
            println("没有找到该人! ")
        }
        else {
            println("该人信息为: ")
            g.vertices.collect.foreach(i => if (i._1 == temp) println(i))
            println("关联信息为: ")
            g.edges.filter { case (Edge(id1, id2, rel)) => id1 == temp || id2 == temp }
                .collect.foreach(x => println(getOne(g, x.srcId) + " " + getOne(g, x.dstId)
+ " " + x.attr))
        }
    }


    //生成某身份的关系图
    def getGraph1(g: Graph[(String, String), String], str: String) = {
        var temp = -1
        g.vertices.filter { case (id, (name, s)) => s.equals(str) }.collect.foreach(j =>
temp = j._1.toInt)
        if (temp == -1) {
            println("没有找到该身份! ")
        }
        else {
            getGraph(g.subgraph(vpred = (id, attr) => attr._2 == str))
        }
    }


    //生成屏蔽某身份后的关系图
    def getGraph2(g: Graph[(String, String), String], str: String) = {
        var temp = -1
        g.vertices.filter { case (id, (name, s)) => s.equals(str) }.collect.foreach(x =>
```

```
temp = x._1.toInt)
        if (temp == -1) {
          println("没有找到该身份！")
        }
        else {
          getGraph(g.subgraph(vpred = (id, attr) => attr._2 != str))
        }
    }

    def getOne(g: Graph[(String, String), String], num: VertexId): String = {
      var n = "无"
      g.vertices.filter { case (id, (name, s)) => id == num }.collect.foreach(x =>
n = x._2._1.toString)
      return n
    }

    def getOneInfo(g: Graph[(String, String), String], num: VertexId): String = {
      var n = "无"
      g.vertices.filter { case (id, (name, s)) => id == num }.collect.foreach(x =>
n = x._2.toString)
      return n
    }

    def cs(g: Graph[(String, String), String]) = {
      println(g.edges)
    }

    //生成屏蔽某人后的关系图
    def getSub(g: Graph[(String, String), String], str: String) = {
      var temp = -1
      g.vertices.filter { case (id, (name, s)) => name.equals(str) }.collect.foreach(j =>
temp = j._1.toInt)
        if (temp == -1) {
          println("没有找到该人！")
        }
        else {
          var tem = g.subgraph(epred => !epred.srcAttr._1.equals(str) && !epred.
dstAttr._1.equals(str))
          tem = tem.subgraph(vpred = (id, arrt) => id != temp)
          getGraph(tem)
        }
    }
    //生成某人的直接联系关系图
    def getSub2(g: Graph[(String, String), String], str: String) = {
      var temp = -1
      g.vertices.filter { case (id, (name, s)) => name.equals(str) }.collect.foreach(j =>
temp = j._1.toInt)
        if (temp == -1) {
          println("没有找到该人！")
        }
        else {
          var ids = ArrayBuffer[VertexId]()
          ids += temp
          g.edges.filter(x => x.srcId == temp || x.dstId == temp).collect().foreach(x =>
if (x.srcId == temp) ids += x.dstId else ids += x.srcId)
          val graph: SingleGraph = new SingleGraph("graphDemo")
```

```
            //将 GraphX 图的顶点添加到 GraphStream 图的顶点中
            for (id <- ids) {
                val node = graph.addNode(id.toString).asInstanceOf[SingleNode]
                node.addAttribute("ui.label", getOneInfo(g, id))
            }
            //将 GraphX 图的边添加到 GraphStream 图的边中
            for (Edge(x, y, relation) <- g.edges.filter(x => x.srcId == temp || x.dstId ==
temp).collect()) {
                val edge = graph.addEdge(x.toString ++ y.toString, x.toString, y.toString,
true).asInstanceOf[AbstractEdge]
                edge.addAttribute("ui.label", relation)
            }
            graph.addAttribute("ui.stylesheet",  "url(D:\\IdeaProjects1\\Spark\\src\\caojie\\
stylesheet.css)")
            graph.setAttribute("ui.quality")
            graph.setAttribute("ui.antialias")
            graph.display()
        }
    }

    def isNum(id: VertexId, ay: ArrayBuffer[VertexId]): Boolean = {
        for (str <- ay) {
            if (id == ay)
                return true
        }
        return false
    }

    def isEdge(g: Graph[(String, String), String], num: VertexId, num2: VertexId):
Boolean = {
        var temp = -1
        g.edges.filter { case (Edge(id1, id2, rel)) => (id1 == num && id2 == num2) ||
(id1 == num2 && id2 == num) }
            .collect.foreach(x => temp = 0)
        if (temp == -1) {
            return false
        }
        return true
    }
}
```

12.2.2　人物关系图分析结果

运行 12.2.1 节的程序代码后得到的输出结果如下。

1.展示全图信息

2.查看图的顶点信息

3.查看图的边信息

4.查看图中某顶点的入度和出度

5.查看某人及其直接关联人信息

6.生成某身份的关系图

7.生成屏蔽某身份的关系图

8.生成某人的直接联系关系图

9.生成屏蔽某人后的关系图

0.退出
请输入要实现的功能的标号：

输入 1，得到的展示全图信息的输出结果如图 12-4 所示。

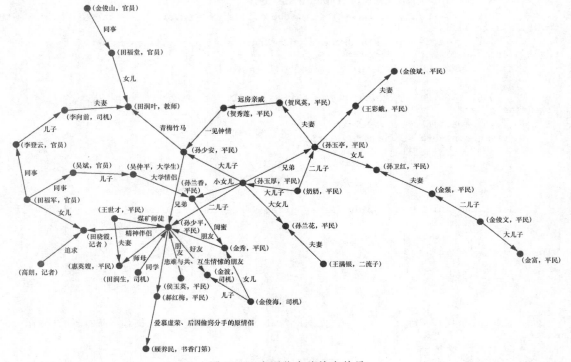

图 12-4　全图信息的输出结果

输入 5，然后输入"孙少平"，得到的输出结果如下。

该人信息为：

（2,（孙少平,平民））

关联信息为：

孙玉厚　孙少平　二儿子

孙少平　惠英嫂　师母

孙少平　田晓霞　精神伴侣

孙少平　郝红梅　患难与共、互生情愫的朋友

孙少平　金波　好友

孙少安　孙少平　兄弟

王世才　孙少平　煤矿师徒

侯玉英　孙少平　朋友

金秀　孙少平　朋友

田润生　孙少平　同学

输入 6，然后输入"平民"，得到的平民身份的关系图如图 12-5 所示。

输入 8，然后输入"孙少平"，得到的孙少平的直接联系关系图如图 12-6 所示。

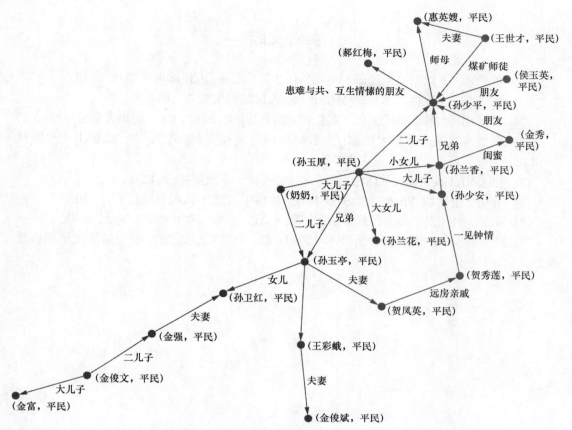

图 12-5　平民身份的关系图

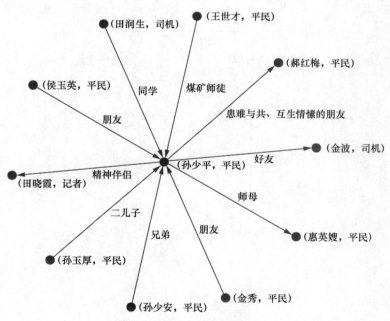

图 12-6　孙少平直接联系关系图

参考文献

[1] 林子雨. 大数据技术原理与应用[M]. 2 版. 北京: 人民邮电出版社, 2017.

[2] 薛志东. 大数据技术基础[M]. 北京: 人民邮电出版社, 2018.

[3] 林子雨. 大数据基础编程、实验和案例教程[M]. 2 版. 北京: 清华大学出版社, 2017.

[4] 黄宜华. 深入理解大数据: 大数据处理与编程实践[M]. 北京: 机械工业出版社, 2014.

[5] 陆嘉恒. Hadoop 实战[M]. 2 版. 北京: 机械工业出版社, 2012.

[6] 肖芳, 张良均. Spark 大数据技术与应用[M]. 北京: 人民邮电出版社, 2018.

[7] 曹洁, 孙玉胜. 大数据技术(微课版)[M]. 北京: 清华大学出版社, 2020.

[8] 曹洁. Spark 大数据分析技术(Scala 版)[M]. 北京: 北京航空航天大学出版社, 2021.